国网吉林省电力有限公司
STATE GRID JILIN ELECTRIC POWER COMPANY LIMITED

变电设备主人综合业务
技能培训指导手册①

国网吉林省电力有限公司人力资源部　编

吉林出版集团股份有限公司
全国百佳图书出版单位

图书在版编目（CIP）数据

变电设备主人综合业务技能培训指导手册.①/国
网吉林省电力有限公司人力资源部编.--长春:吉林出
版集团股份有限公司,2023.11
　　ISBN 978-7-5731-4512-3

　　Ⅰ.①变…Ⅱ.①国…Ⅲ.①变电所—电气设备—技
术手册Ⅳ.①TM63-62

中国国家版本馆 CIP 数据核字 (2023) 第 256823 号

变电设备主人综合业务技能培训指导手册①

BIANDIAN SHEBEI ZHUREN ZONGHE YEWU JINENG PEIXUN ZHIDAO SHOUCE

编　　写	国网吉林省电力有限公司人力资源部	
责任编辑	李婷婷	
封面设计	婷　婷	
开　　本	1/16	
字　　数	500千字	
印　　张	37.75	
定　　价	168.00元	
版　　次	2024年5月第1版	
印　　次	2024年5月第1次印刷	
印　　刷	天津和萱印刷有限公司	

出　　版	吉林出版集团股份有限公司
发　　行	吉林出版集团股份有限公司
地　　址	吉林省长春市福祉大路5788号
邮　　编	130000
电　　话	0431-81629968
邮　　箱	11915286@qq.com
书　　号	ISBN 978-7-5731-4512-3

编 委 会

前　言

为深入贯彻公司战略目标和"一体四翼"发展布局，加快构建现代设备管理体系，培养高素质技能人才队伍，做实、做强、做优基层班组，夯实公司高质量发展基础，全面提升设备运检体系专业技能水平，根据《国家电网有限公司关于加强设备运检全业务核心班组建设的指导意见》（国家电网设备〔2021〕554号）文件要求，以《国家电网公司生产技能人员职业能力规范》为依据，聚焦变电运维主责主业，兼顾新老业务，狠抓管理和业务能力提升。组织公司变电检修、变电运维、继电保护、电气试验等专业一大批优秀培训教学专家和变电运维专业技能专家，编写了《变电设备主人综合业务技能培训指导手册》。

本书以国家电网有限公司设备部规定的变电运维应掌握技能为依据，从通用部分，带电检测（状态评价）部分，变压器（油浸式电抗器）部分，GIS（HGIS）、互感器、电容器部分，继电保护及自动装置部分，站端监控系统部分，直流电源（含事故照明屏）部分，所用电系统部分，微机防误系统运行维护部分，在线监测部分，辅助设施部分，变电运维新技术部分，监控业务部分等十三个方面进行编制，内容上涵盖了变电运维（监控）班组应具备的生产准备和设备验收、设备监控、设备巡视、倒闸操作、检测分析、日常运维、缺陷管理、故障抢修、隐患排查治理的全业务自主实施能力。本书可指导变电运维全业务核心班组建设，可作为变电运维员工岗位培训、班组大讲堂、员工自身技能提升的专用教材。

本书经过实地调研，广泛收集吉林省各地市供电单位意见，并进行系统的总结和分析，凝练可借鉴的经验，保证了本书的针对性和实用性。本书由国网吉林省电力有限公司设备部、国网吉林培训中心、国网长春供电公司、国网吉林供电公司、国网延边供电公司、国网白山供电公司、国网通化供电公司、国网辽源供电公司、国网四平供电公司、国网白城供电公司、国网松原供电公司、国网吉林超高压公司共同编写。

我们希望本书的出版对加强高素质技能人才队伍建设、提升各类运检班组全业务自主实施能力、服务构建以新能源为主体的新型电力系统能够起到较大的推动作用。由于编写时间仓促，水平有限，不妥之处欢迎广大读者提出宝贵意见，以便今后修订补正。

编　者

2023年5月

目　　录

第一章　通用部分

第一节　设备巡视

变电站的设备巡视检查分为例行巡视、全面巡视、熄灯巡视和特殊巡视。

一、例行巡视

①例行巡视是指对站内设备及设施外观、异常声响、设备渗漏、监控系统、二次装置及辅助设施异常告警、消防安防系统完好性、变电站运行环境、缺陷和隐患跟踪检查等方面的常规性巡查，具体巡视项目按照现场运行通用规程和专用规程执行。

②一类变电站每2天不少于1次。二类变电站每3天不少于1次。三类变电站每周不少于1次。四类变电站每2周不少于1次。

③配置机器人巡检系统的变电站，机器人可巡视的设备可由机器人巡视代替人工例行巡视。

主要设备巡视项目如下：

（一）变压器例行巡视项目

1.**本体及套管**

①运行监控信号、灯光指示、运行数据等均正常。

②各部位无渗油、漏油。

③套管油位正常，套管外部无破损裂纹、无严重油污、无放电痕迹，

防污闪涂料无起皮、脱落等异常现象。

④套管末屏无异常声音，接地引线固定良好，套管均压环无开裂歪斜。

⑤变压器声响均匀、正常。

⑥引线接头、电缆应无发热迹象。

⑦外壳及箱沿应无异常发热，引线无散股、断股。

⑧变压器外壳、铁芯和夹件接地良好。

⑨35kV及以下接头和引线绝缘护套良好。

2.分接开关

①分接档位指示与监控系统一致。三相分体式变压器分接档位三相应置于相同档位，且与监控系统一致。

②机构箱电源指示正常，密封良好，加热、驱潮等装置运行正常。

③分接开关的油位、油色正常。

④在线滤油装置工作方式设置正确，电源、压力表指示正常。

⑤在线滤油装置无渗漏油。

3.冷却系统

①各冷却器（散热器）的风扇、油泵、水泵运转正常，油流继电器工作正常。

②冷却系统及连接管道无渗漏油，特别注意冷却器潜油泵负压区出现渗漏油。

③冷却装置控制箱电源投切方式指示正常。

④水冷却器压差继电器、压力表、温度表、流量表的指示正常，指针无抖动现象。

⑤冷却塔外观完好，运行参数正常，各部件无锈蚀，管道无渗漏，阀门开启正确，电机运转正常。

4.非电量保护装置

①温度计外观完好、指示正常，表盘密封良好，无进水，无凝露，温度指示正常。

②压力释放阀、安全气道和防爆膜完好无损。

③气体继电器内无气体。

④气体继电器、油流速动继电器、温度计防雨措施完好。

5.储油柜

①本体及有载调压开关储油柜的油位与制造厂提供的油温、油位曲线相对应。

②本体及有载调压开关吸湿器呼吸正常，外观完好，吸湿剂符合要求，油封油位正常。

6.其他

①各控制箱、端子箱和机构箱密封良好，加热、驱潮等装置运行正常。

②变压器室通风设备应完好，温度正常，门窗、照明完好，房屋无漏水现象。

③电缆穿管端部封堵严密。

④各种标志齐全、明显。

⑤原存在的设备缺陷没有发展。

⑥变压器导线、接头、母线上无异物。

（二）断路器例行巡视项目

1.本体

①外观清洁，无异物，无异常声响。

②油断路器本体油位正常，无渗漏油现象，油位计清洁。

③断路器套管电流互感器无异常声响，外壳无变形，密封条无脱落。

④分闸、合闸指示正确，与实际位置相符。SF$_6$密度继电器（压力表）指示正常、外观无破损或渗漏，防雨罩完好。

⑤外绝缘无裂纹、破损和放电现象，增爬伞裙粘接牢固、无变形，防污涂料完好，无脱落、无起皮现象。

⑥引线弧垂满足要求，无散股、断股，两端线夹无松动、裂纹、变色现象。

⑦均压环安装牢固，无锈蚀、变形、破损现象。

⑧套管防雨帽无异物堵塞，无鸟巢、蜂窝等。

⑨金属法兰无裂痕，防水胶完好，连接螺栓无锈蚀、松动、脱落。

⑩传动部分无明显变形、锈蚀，轴销齐全。

2.操动机构

①液压、气动操动机构压力表指示正常。

②液压操动机构油位、油色正常。

③弹簧储能机构储能正常。

3.其他

①名称、编号、铭牌齐全、清晰，相序标志明显。

②机构箱、汇控柜箱门平整，无变形、锈蚀现象，机构箱锁具完好。

③基础构架无破损、开裂、下沉，支架无锈蚀、松动或变形，无鸟巢、蜂窝等异物。

④接地引下线标志无脱落，接地引下线可见部分连接完整可靠，接地螺栓紧固，无放电痕迹，无锈蚀、变形现象。

⑤原存在的设备缺陷无发展。

（三）隔离开关例行巡视项目

1.导电部分

①合闸状态的隔离开关触头接触良好，合闸角度符合要求。分闸状态

的隔离开关触头间的距离或打开角度符合要求，操动机构的分闸、合闸指示与本体实际分闸、合闸位置相符。

②触头、触指（包括滑动触指），压紧弹簧无损伤、变色、锈蚀、变形，导电臂（管）无损伤、变形现象。

③引线弧垂满足要求，无散股、断股，两端线夹无松动、裂纹、变色等现象。

④导电底座无变形、裂纹，连接螺栓无锈蚀、脱落现象。

⑤均压环安装牢固，表面光滑，无锈蚀、损伤、变形现象。

2.绝缘子

①绝缘子外观清洁，无倾斜、破损、裂纹、放电痕迹或放电异声。

②金属法兰与瓷件的胶装部位完好，防水胶无开裂、起皮、脱落现象。

③金属法兰无裂痕，连接螺栓无锈蚀、松动、脱落现象。

3.传动部分

①传动连杆、拐臂、万向节无锈蚀、松动、变形现象。

②轴销无锈蚀、脱落现象，开口销齐全，螺栓无松动、移位现象。

③接地开关平衡弹簧无锈蚀、断裂现象，平衡锤牢固可靠。接地开关可动部件与其底座之间的软连接完好、牢固。

4.基座、机械闭锁及限位部分

①基座无裂纹、破损，连接螺栓无锈蚀、松动、脱落现象，其金属支架焊接牢固，无变形现象。

②机械闭锁位置正确，机械闭锁盘、闭锁板、闭锁销无锈蚀、变形、开裂现象，闭锁间隙符合要求。

③限位装置完好、可靠。

5.操动机构

①隔离开关操动机构机械指示与隔离开关实际位置一致。

②各部件无锈蚀、松动、脱落现象，连接轴销齐全。

6.其他

①名称、编号、铭牌齐全、清晰，相序标识明显。

②超B类接地开关辅助灭弧装置分合闸指示正确，外绝缘完好无裂纹，SF_6气体压力正常。

③机构箱无锈蚀、变形现象，机构箱锁具完好，接地连接线完好。

④基础无破损、开裂、倾斜、下沉，架构无锈蚀、松动、变形现象，无鸟巢、蜂窝等异物。

⑤接地引下线标志无脱落，接地引下线可见部分连接完整、可靠，接地螺栓紧固，无放电痕迹，无锈蚀、变形现象。

⑥五防锁具无锈蚀、变形现象，锁具芯片无脱落损坏现象。

⑦原存在的设备缺陷无发展。

（四）组合电器例行巡视项目

①设备出厂铭牌齐全、清晰。

②运行编号标识、相序标识清晰。

③外壳无锈蚀、损坏，漆膜无局部颜色加深或烧焦、起皮现象。

④伸缩节外观完好，无破损、变形、锈蚀现象。

⑤外壳间导流排外观完好，金属表面无锈蚀，连接无松动。

⑥盆式绝缘子分类标识清楚，可有效分辨通盆和隔盆，外观无损伤、裂纹现象。

⑦套管表面清洁，无开裂、放电痕迹及其他异常现象；金属法兰与瓷件胶装部位黏合应牢固，防水胶应完好。

⑧增爬措施（伞裙、防污涂料）完好，伞裙应无塌陷变形，表面无击穿，粘接界面牢固，防污闪涂料涂层无剥离、破损现象。

⑨均压环外观完好，无锈蚀、变形、破损、倾斜脱落等现象。

⑩引线无散股、断股，引线连接部位接触良好，无裂纹、发热变色、变形现象。

⑪设备基础应无下沉、倾斜，无破损、开裂现象。

⑫接地连接无锈蚀、松动、开断现象，无油漆剥落，接地螺栓压接良好。

⑬支架无锈蚀、松动或变形。

⑭对室内组合电器，进门前检查氧量仪和气体泄漏报警仪无异常。

⑮在运行中，组合电器无异味，重点检查机构箱中有无线圈烧焦气味。

⑯运行中组合电器无异常放电、振动声，内部及管路无异常声响。

⑰SF_6气体压力表或密度继电器外观完好，编号标识清晰完整，二次电缆无脱落，无破损或渗漏油，防雨罩完好。

⑱对于不带温度补偿的SF_6气体压力表或密度继电器，应对照制造厂提供的温度—压力曲线，并与相同环境温度下的历史数据进行比较，分析是否存在异常。

⑲压力释放装置（防爆膜）外观完好，无锈蚀、变形现象；防护罩无异常，释放出口无积水（冰）、无障碍物。

⑳开关设备机构油位计和压力表指示正常，无明显漏气、漏油。

㉑断路器、隔离开关、接地开关等位置指示正确，清晰可见，机械指示与电气指示一致，符合现场运行方式。

㉒断路器、油泵动作计数器指示值正常。

㉓机构箱、汇控柜等的防护门密封良好、平整，无变形、锈蚀现象。

㉔带电显示装置指示正常，清晰可见。

㉕各类配管和阀门应无损伤、变形、锈蚀现象，阀门开闭正确，管路法兰与支架完好。

㉖避雷器的动作计数器指示值正常，泄漏电流指示值正常。

㉗各部件的运行监控信号、灯光指示、运行信息显示等均应正常。

㉘智能柜散热冷却装置运行正常；智能终端、合并单元信号指示正确与设备运行方式一致，无异常告警信息；相应间隔内各气室的运行及告警信息显示正确。

㉙对集中供气系统，应检查以下项目：

第一，气压表压力正常，各接头、管路、阀门无漏气。

第二，各管道阀门开闭位置正确。

第三，空压机运转正常，机油无渗漏、乳化现象。

㉚在线监测装置外观良好，电源指示灯正常，应保持良好的运行状态。

㉛组合电器室的门窗、照明设备应完好，房屋无渗漏水，室内通风良好。

㉜本体及支架无异物，运行环境良好。

㉝对于有缺陷的设备，检查缺陷、异常有无发展。

㉞变电站现场运行专用规程中，根据组合电器的结构特点补充检查的其他项目。

（五）开关柜例行巡视项目

①开关柜运行编号标识正确、清晰，编号采用双重编号。

②开关柜上断路器或手车位置指示灯、断路器储能指示灯、带电显示装置指示灯指示正常。

③开关柜内断路器操作方式选择开关处于运行、热备用状态时置于"远方"位置，其余状态时置于"就地"位置。

④机械分闸、合闸位置指示与实际运行方式相符。

⑤开关柜内应无放电声、异味和不均匀的机械噪声。

⑥开关柜压力释放装置无异常，释放出口无障碍物。

⑦柜体无变形、下沉现象，柜门关闭良好，各封闭板螺栓齐全，无松动、锈蚀现象。

⑧开关柜闭锁盒、五防锁具闭锁良好，锁具标号正确、清晰。

⑨充气式开关柜气压正常。

⑩开关柜内SF_6断路器气压正常。

⑪开关柜内断路器储能指示正常。

⑫开关柜内照明正常，非巡视时间照明灯应关闭。

二、全面巡视

①全面巡视是指在例行巡视项目基础上，对站内设备开启箱门检查，记录设备运行数据，检查设备污秽情况，检查防火、防小动物、防误闭锁等有无漏洞，检查接地引下线是否完好，检查变电站设备厂房等方面的详细巡查。全面巡视和例行巡视可一并进行。

②一类变电站每周不少于1次，二类变电站每15天不少于1次，三类变电站每月不少于1次，四类变电站每2个月不少于1次。

③对于需要解除防误闭锁装置才能进行巡视的，巡视周期由各运维单位根据变电站运行环境及设备情况在现场运行专用规程中明确。

主要设备巡视项目如下：

（一）变压器全面巡视项目

变压器全面巡视在例行巡视的基础上增加以下项目：

①消防设施应齐全、完好。

②储油池和排油设施应保持良好状态。

③各部位的接地应完好。

④冷却系统各信号正确。

⑤在线监测装置应保持良好状态。

⑥抄录主变油温和油位。

（二）断路器全面巡视项目

断路器全面巡视是在例行巡视基础上增加以下巡视项目，并抄录断路器油位、SF_6气体压力、液压（气动）操动机构压力、断路器动作次数、操动机构电机动作次数等运行数据。

①断路器动作计数器指示正常。

②气动操动机构空压机运转正常，无异音，油位、油色正常；气水分离器工作正常，无渗漏油、锈蚀现象。

③液压操动机构油位正常，无渗漏，油泵和各储压元件无锈蚀。

④弹簧操动机构弹簧无锈蚀、裂纹或断裂现象。

⑤电磁操动机构合闸保险完好。

⑥SF_6气体管道阀门及液压、气动操动机构管道阀门位置正确。

⑦指示灯正常，压板投退、"远方/就地"切换把手位置正确。

⑧空气开关位置正确，二次元件外观完好、标志、电缆标牌齐全清晰。

⑨端子排无锈蚀、裂纹、放电痕迹；二次接线无松动、脱落，绝缘无破损、老化现象；备用芯绝缘护套完备；电缆孔洞封堵完好。

⑩照明、加热驱潮装置工作正常；加热驱潮装置线缆的隔热护套完好，附近线缆无过热灼烧现象；加热驱潮装置投退正确。

⑪机构箱透气口滤网无破损，箱内清洁无异物，无凝露、积水现象。

⑫箱门开启灵活，关闭严密，密封条无脱落、老化现象。

⑬五防锁具无锈蚀、变形现象，锁具芯片无脱落、损坏现象。

⑭高寒地区应检查罐式断路器罐体、气动机构及其连接管路加热带工作正常。

（三）隔离开关全面巡视项目

隔离开关全面巡视在例行巡视的基础上增加以下项目：

①隔离开关"远方/就地"切换把手、"电动/手动"切换把手位置正确。

②辅助开关外观完好，与传动杆连接可靠。

③空气开关、电动机、接触器、继电器、限位开关等元件外观完好，二次元件标识、电缆标牌齐全、清晰。

④端子排无锈蚀、裂纹、放电痕迹；二次接线无松动、脱落，绝缘无破损、老化现象；备用芯绝缘护套完备；电缆孔洞封堵完好。

⑤照明、驱潮加热装置工作正常，加热器线缆的隔热护套完好，附近线缆无烧损现象。

⑥机构箱透气口滤网无破损，箱内清洁无异物，无凝露、积水现象。

⑦箱门开启灵活，关闭严密，密封条无脱落、老化现象，接地连接线完好。

⑧五防锁具无锈蚀、变形现象，锁具芯片无脱落、损坏现象。

（四）组合电器全面巡视项目

组合电器全面巡视应在例行巡视的基础上增加以下项目：

1.机构箱

机构箱的全面巡视检查项目参考断路器部分相关内容。

2.汇控柜及二次回路

①箱门应开启灵活，关闭严密，密封条良好，箱内无水迹。

②箱体接地良好。

③箱体透气口滤网完好、无破损。

④箱内无遗留工具等异物。

⑤接触器、继电器、辅助开关、限位开关、空气开关、切换开关等二

次元件接触良好、位置正确，电阻、电容等元件无损坏，中文名称标识正确、齐全。

⑥二次接线压接良好，无过热、变色、松动现象，接线端子无锈蚀，电缆备用芯绝缘护套完好。

⑦二次电缆绝缘层无变色、老化或损坏，电缆标牌齐全、清晰。

⑧电缆孔洞封堵严密牢固，无漏光、漏风、裂缝和脱漏现象，表面光洁平整。

⑨汇控柜保温措施完好，温湿度控制器和加热器回路运行正常，无凝露，加热器位置应远离二次电缆。

⑩照明装置正常。

⑪指示灯和光字牌指示正常。

⑫光纤完好，虚端子清洁、无灰尘。

⑬压板投退正确。

3.防误闭锁装置

防误闭锁装置完好。

4.避雷器

记录避雷器动作次数、泄漏电流指示值。

（五）开关柜全面巡视项目

1.增加的项目

开关柜全面巡视在例行巡视的基础上增加以下项目：

①开关柜出厂铭牌齐全、清晰可识别，相序标识清晰可识别。

②开关柜面板上应有间隔单元的一次电气接线图，并与柜内实际一次接线一致。

③开关柜接地应牢固，封闭性能及防小动物设施应完好。

2.开关柜控制仪表室巡视检查项目及要求

①表计、继电器工作正常，无异声、异味。

②不带有温湿度控制器的驱潮装置小开关正常在合闸位置，驱潮装置附近温度应稍高于其他部位。

③带有温湿度控制器的驱潮装置，温湿度控制器电源灯亮，根据温湿度控制器设定启动温度和湿度，检查加热器是否正常运行。

④控制电源、储能电源、加热电源、电压小开关正常在合闸位置。

⑤环路电源小开关除在分段点处断开外，其他柜均在合闸位置。

⑥二次接线连接牢固，无断线、破损、变色现象。

⑦二次接线穿柜部位封堵良好。

3.通过观察窗检查的项目

有条件时，通过观察窗检查以下项目：

①开关柜内部无异物。

②支持瓷瓶表面清洁，无裂纹、破损和放电痕迹。

③引线接触良好，无松动、锈蚀、断裂现象。

④绝缘护套表面完整，无变形、脱落、烧损现象。

⑤油断路器、油浸式电压互感器等充油设备的油位在正常范围内，油色透明，无炭黑等悬浮物，无渗、漏油现象。

⑥检查开关柜内SF_6断路器气压是否正常，并抄录气压值。

⑦试温蜡片（试温贴纸）变色情况及有无熔化。

⑧隔离开关动、静触头接触良好。触头、触片无损伤、变色现象。压紧弹簧无锈蚀、断裂、变形现象。

⑨断路器、隔离开关的传动连杆、拐臂无变形，连接无松动、锈蚀现象，开口销齐全。轴销无变位、脱落、锈蚀现象。

⑩断路器、电压互感器、电流互感器、避雷器等设备外绝缘表面无脏污、受潮、裂纹、放电、粉蚀等现象。

⑪避雷器泄漏电流表电流值在正常范围内。

⑫手车动、静触头接触良好，闭锁可靠。

⑬开关柜内部二次线固定牢固，无脱落，无接头松脱、过热现象，无引线断裂、外绝缘破损等现象。

⑭柜内设备标识齐全、无脱落。

⑮一次电缆进入柜内处封堵良好。

（6）检查遗留缺陷

检查遗留缺陷有无发展变化。

（7）补充检查项目

根据开关柜的结构特点，在变电站现场运行专用规程中补充检查的其他项目。

三、熄灯巡视

①熄灯巡视指夜间熄灯开展的巡视，重点检查设备有无电晕、放电现象，接头有无过热现象。

②熄灯巡视每月不少于1次。

四、特殊巡视

特殊巡视指因设备运行环境、方式变化而开展的巡视。遇以下情况，应进行特殊巡视：

①大风后。

②雷雨后。

③冰雪、冰雹后、雾霾过程中。

④新设备投入运行后。

⑤设备经过检修、改造或长期停运后重新投入系统运行后。

⑥设备缺陷有发展时。

⑦设备发生过负载或负载剧增、超温、发热、系统冲击、跳闸等异常情况。

⑧法定节假日、上级通知有重要保供电任务时。

⑨电网供电可靠性下降或存在发生较大电网事故（事件）风险时段。

主要设备巡视项目如下：

1.变压器特殊巡视项目

特殊巡视指因设备运行环境、方式变化而开展的巡视。遇有以下情况，应进行特殊巡视：

（1）新投入或者经过大修的变压器巡视

①各部件无渗漏油。

②声音应正常，无不均匀声响或放电声。

③油位变化应正常，应随温度的增加合理上升，并符合变压器的油温曲线。

④冷却装置运行良好，每一组冷却器温度应无明显差异。

⑤油温变化应正常，变压器（电抗器）带负载后，油温应符合厂家要求。

（2）异常天气时的巡视

①气温骤变时，检查储油柜的油位和瓷套管的油位是否有明显变化，各侧连接引线是否受力，是否存在断股或者接头部位、部件发热现象。各密封部位、部件有无渗漏油现象。

②浓雾、小雨、雾霾天气时，瓷套管有无沿表面闪络和放电，各接头部位、部件在小雨中不应有水蒸气上升现象。

③下雪天气时，应根据接头部位积雪融化迹象检查是否发热。检查导引线积雪累积厚度情况，为了防止套管因积雪过多受力引发套管破裂和渗漏油等，应及时清除导引线上的积雪和形成的冰柱。

④高温天气时，应特别检查油温、油位、油色和冷却器是否正常运

行。必要时，可以启动备用冷却器。

⑤大风、雷雨、冰雹天气过后，检查导引线摆动幅度及有无断股迹象，设备上有无飘落积存杂物，瓷套管有无放电痕迹及破裂现象。

⑥覆冰天气时，观察外绝缘的覆冰厚度及冰凌桥接程度，覆冰厚度不超10mm，冰凌桥接长度不宜超过干弧距离的1/3，放电不超过第二伞裙，不出现中部伞裙放电现象。

（3）过载时的巡视

①定时检查并记录负载电流，检查并记录油温和油位的变化。

②检查变压器声音是否正常，接头是否发热，冷却装置投入数量是否足够。

③防爆膜、压力释放阀是否动作。

（4）故障跳闸后的巡视

①检查现场一次设备（特别是保护范围内设备）有无着火、爆炸、喷油、放电痕迹、导线断线、短路、小动物爬入等情况。

②检查保护及自动装置（包括气体继电器和压力释放阀）的运作情况。

③检查各侧断路器运行状态（位置、压力、油位）。

2.断路器特殊巡视项目

特殊巡视指因设备运行环境、方式变化而开展的巡视。遇以下情况，应进行特殊巡视：

（1）对于三种状态下断路器的巡视

新安装的断路器或A类、B类检修后投运的断路器、长期停用的断路器投入运行72h内，应增加巡视次数（不少于3次），巡视项目按照全面巡视执行。

（2）异常天气时的巡视

①大风天气时，检查引线摆动情况，有无断股、散股，均压环及绝缘

子是否倾斜、断裂，各部件上有无搭挂杂物。

②雷雨天气后，检查外绝缘有无放电现象或放电痕迹。

③大雨后、连阴雨天气时，检查机构箱、端子箱、汇控柜等有无进水，加热驱潮装置工作是否正常。

④冰雪天气时，检查导电部分是否有冰雪立即融化现象，大雪时还应检查设备积雪情况，及时处理过多的积雪和悬挂的冰柱。

⑤覆冰天气时，观察外绝缘的覆冰厚度及冰凌桥接程度，覆冰厚度不超10mm，冰凌桥接长度不宜超过干弧距离的1/3，爬电不超过第二伞裙，不出现中部伞裙爬电现象。

⑥冰雹天气后，检查引线有无断股、散股，绝缘子表面有无破损现象。

⑦大雾、重度雾霾天气时，检查外绝缘有无异常电晕现象，重点检查污秽部分。

⑧温度骤变时，检查断路器油位、压力变化情况、有无渗漏现象。加热驱潮装置工作是否正常。

⑨高温天气时，检查引线、线夹有无过热现象。

（3）高峰负荷期间的巡视

高峰负荷期间，增加巡视次数，检查引线、线夹有无过热现象。

（4）故障跳闸后的巡视

①断路器外观是否完好。

②断路器的位置是否正确。

③外绝缘、接地装置有无放电现象、放电痕迹。

④断路器内部有无异音。

⑤SF_6密度继电器（压力表）指示是否正常，操动机构压力是否正常，弹簧机构储能是否正常。

⑥油断路器有无喷油，油色及油位是否正常。

⑦各附件有无变形，引线、线夹有无过热、松动现象。

⑧保护动作情况及故障电流情况。

3.隔离开关特殊巡视项目

特殊巡视指因设备运行环境、方式变化而开展的巡视。遇以下情况，应进行特殊巡视：

（1）对于两种状态下断路器的巡视

新安装或A类、B类检修后投运的隔离开关应增加巡视次数，巡视项目按照全面巡视执行。

（2）异常天气时的巡视

①大风天气时，检查引线摆动情况，有无断股、散股，均压环及绝缘子是否倾斜、断裂，各部件上有无搭挂杂物。

②雷雨天气后，检查绝缘子表面有无放电现象或放电痕迹，检查接地装置有无放电痕迹。

③大雨、连阴雨天气时，检查机构箱、端子箱有无进水，驱潮加热装置工作是否正常。

④冰雪天气时，检查导电部分是否有冰雪立即融化现象，大雪时还应检查设备积雪情况，及时处理过多的积雪和悬挂的冰柱。

⑤覆冰天气时，观察外绝缘的覆冰厚度及冰凌桥接程度，覆冰厚度不超过10mm，冰凌桥接长度不宜超过干弧距离的1/3，爬电不超过第二伞裙，不出现中部伞裙爬电现象。

⑥冰雹天气后，检查引线有无断股、散股，绝缘子表面有无破损现象。

⑦大雾、重度雾霾天气时，检查绝缘子有无放电现象，重点检查污秽部分。

⑧高温天气时，检查触头、引线、线夹有无过热现象。

（3）高峰负荷期间的巡视

高峰负荷期间，增加巡视次数，重点检查触头、引线、线夹有无过热现象。

（4）关于故障跳闸的巡视

故障跳闸后，检查隔离开关各部件有无变形，触头、引线、线夹有无过热、松动，绝缘子有无裂纹或放电痕迹。

4.组合电器特殊巡视项目

特殊巡视指因设备运行环境、方式变化而开展的巡视。遇以下情况，应进行特殊巡视：

（1）新设备投入运行后巡视项目与要求

新设备或大修后投入运行72h内应开展不少于3次特巡，重点检查设备有无异声、压力变化、红外检测罐体及引线接头等有无异常发热。

（2）异常天气时的巡视项目和要求

①严寒季节时，检查设备SF_6气体压力有无过低，管道有无冻裂，加热保温装置是否正确投入。

②气温骤变时，检查加热器投运情况，压力表计变化、液压机构设备有无渗漏油等情况。检查本体有无异常位移、伸缩节有无异常。

③大风、雷雨、冰雹天气过后，检查导引线位移、金具固定情况及有无断股迹象，设备上有无杂物，套管有无放电痕迹及破裂现象。

④浓雾、重度雾霾、毛毛雨天气时，检查套管有无表面闪络和放电，各接头部位在小雨中出现水蒸气上升现象时，应进行红外测温。

⑤冰雪天气时，检查设备积雪、覆冰厚度情况，及时清除外绝缘上形成的冰柱。

⑥高温天气时，增加巡视次数，监视设备温度，检查引线接头有无过热现象，设备有无异常声音。

（3）故障跳闸后的巡视

①检查现场一次设备（特别是保护范围内设备）外观，导引线有无断股等情况。

②检查保护装置的动作情况。

③检查断路器运行状态（位置、压力、油位）。

④检查各气室压力。

5.开关柜特殊巡视项目

（1）新设备或大修投入运行后巡视

重点检查有无异声、触头是否发热、发红、打火，绝缘护套有无脱落等现象。

（2）雨、雪天气特殊巡视项目

①检查开关室有无漏雨、开关柜内有无进水情况。

②检查设备外绝缘有无凝露、放电、爬电、电晕等异常现象。

（3）高温大负荷期间巡视

①检查试温蜡片（试温贴纸）变色情况。

②用红外热像仪检查开关柜有无发热情况。

③观察窗检查柜内接头、电缆终端有无过热现象，绝缘护套有无变形。

④开关室的温度较高时应开启开关室所有的通风、降温设备，若此时温度还不断升高，则应减低负荷。

⑤检查开关室湿度是否超过75%，否则应开启全部通风、除湿设备进行除湿，并加强监视。

（4）故障跳闸后的巡视

①检查开关柜内断路器控制、保护装置动作和信号情况。

②检查事故范围内的设备情况，开关柜有无异音、异味，开关柜外壳、内部各部件有无断裂、变形、烧损等异常现象。

五、运维班设备巡视工作的主要危险点分析与预防控制措施

运维班设备巡视工作的主要危险点分析与预防控制措施，参见附录1-1-1。

六、填写记录

各类巡视完成后应填写记录巡视记录，巡视记录见附录1-1-2。

附录1-1-1：巡视危险点分析与预防控制措施

巡视危险点分析与预防控制措施

序号	防范类型	危险点	预防控制措施
1	人身触电	误碰、误动、误登运行设备，误入带电间隔	巡视检查时应与带电设备保持足够的安全距离，10kV-0.7m，35（20）kV-1m，110（66）kV-1.5m，220kV-3m，330kV-4m，500kV-5m，750kV-7.2m，1 000kV-8.7m
			巡视中运维人员应按照巡视路线进行，在进入设备室，打开机构箱、屏柜门时不得进行其他工作（严禁进行电气工作），不得移开或越过遮栏
		设备有接地故障时，巡视人员误入产生跨步电压	高压设备发生接地时，室内不得接近故障点4m以内，室外不得靠近故障点8m以内，进入上述范围人员应穿绝缘靴，接触设备的外壳和构架时，应戴绝缘手套
2	SF$_6$气体防护	进入户内SF$_6$设备室或SF$_6$设备发生故障气体外溢，巡视人员窒息或中毒	进入户内SF$_6$设备室巡视时，运维人员应检查其氧量仪和SF$_6$气体泄漏报警仪显示是否正常。显示SF$_6$含量超标时，人员不得进入设备室
			进入户内SF$_6$设备室之前，应先通风15min以上。并用仪器检测含氧量（不低于18%）合格后，人员才准进入
			室内SF$_6$设备发生故障，人员应迅速撤出现场，开启所有排风机进行排风。未佩戴防毒面具或正压式空气呼吸器人员禁止入内。只有经过充分的自然排风或强制排风，并用检漏仪测量SF$_6$气体合格，用仪器检测含氧量（不低于18%）合格后，人员才准进入
3	高空坠落	登高检查设备，如登上断路器机构平台检查设备时，感应电造成人员失去平衡，造成人员碰伤、摔伤	登高巡视时应注意力集中，登上断路器机构平台检查设备、接触设备的外壳和构架时，应做好感应电防护
4	高空落物	高空落物伤人	进入设备区，应正确佩戴安全帽
5	设备故障	使用无线通信设备，造成保护误动	在保护室、电缆层禁止使用移动通信工具，防止造成保护及自动装置误动
		小动物进入，造成事故	进出高压室、打开端子箱、机构箱、汇控柜、智能柜、保护屏等设备箱（柜、屏）门后应随手将门关闭锁好

附录1-1-2：设备巡视记录

设备巡视记录

变电站		电压等级	
巡视日期		变电站类别	
巡视类型		天气	
气温（℃）		巡视班组	
巡视人		是否使用巡检仪巡视	
巡视开始时间		巡视结束时间	
巡视内容			
巡视结果			
备注			

第二节　运行维护

一、接地网及接地引下线检查、防腐、维护

（一）检查、维护、开挖抽检要求

1.环境要求

（1）室内作业

①通风完好。

②照明完好。

③无系统接地。

④无直流接地。

（2）室外作业

①无直流接地。

②无系统接地。

③应在无雨、无雷电情况下进行作业。

2.人员要求

①具有一定的现场工作经验，熟悉并能严格遵守电力生产和工作现场的相关安全管理规定。

②具备倒闸操作权限。

③外来作业人员应征得运维人员的许可，方可进入变电站进行工作。

④外来作业人员进入变电站应持有准入证，准入证须在合格期内。

3.安全要求

①应严格执行国家电网公司《电力安全工作规程（变电部分）》的相关要求。

②工作不得少于两人。作业负责人应由有经验的人员担任，开始作业前，作业负责人应向全体作业人员详细布置作业中的安全注意事项。

③在进行作业时，要防止误碰误动设备。

④使用工器具时应注意个人及他人防护。

⑤作业现场出现明显异常情况时，应立即停止作业工作，查明异常原因。

（二）检查、维护、开挖抽检周期

1.检查周期

（1）例行巡视

按照变电站例行巡视要求，二类变电站至少三天检查一次，三类变电站至少每周检查一次，四类变电站至少每半个月检查一次。

（2）全面巡视

全面巡视按照例行巡视执行。并重点检查连接部件、螺栓牢固，无锈蚀、松动、焊缝开裂、断裂现象。

（3）特殊巡视

①对中性点直接接地变压器，发生不对称短路故障后，应检查变压器中性点成套装置、接地开关及接地引下线有无烧蚀、伤痕、断股。对接地装置进行一次特殊巡视。

②雷雨过后，重点检查避雷器、避雷针等设备接地引下线有无烧蚀、伤痕、断股现象，接地端子是否牢固。对接地装置进行一次特殊巡视。

③洪水后，地网不得露出地面、发生破坏，接地引下线无变形、破损。对接地装置进行一次特殊巡视。

2.维护周期

每年春季、秋季检修预试前进行普查和维护。

3.开挖抽检周期

非地下变电站定期（时间间隔应不大于5年）通过开挖抽查等手段确定接地网的腐蚀情况，铜质材料接地体地网不必定期开挖检查。若接地网接地阻抗或接触电压和跨步电压测量不符合设计要求，怀疑接地网被严重腐蚀时，应进行开挖检查。

（三）检查、维护、开挖抽检准备工作

1.资料

作业所需的资料包括标准化作业指导卡（见附录1-2-1、附录1-2-2）、检查记录等。

2.工器具

作业所需的工器具见表1-2-1。

表1-2-1 工器具

序号	名称	型号	单位	数量
1	接地电阻表	—	块	1
2	万用表	—	块	1
3	铁锹	—	把	1
4	铁镐	—	把	1

（四）检查、维护、开挖抽检内容

1.检查内容

①变压器中性点应有两根与主地网不同干线连接的接地引下线，重要设备及设备架构等宜有两根与主地网不同干线连接的接地引下线。

②主设备及设备构架接地引下线均应符合热稳定校核及机械强度的要求。接地引下线应便于定期进行检查测试，连接良好，且截面符合要求。

③螺栓连接接地体应有可靠的防松动措施，避雷针接地体应采用焊接

连接。

④接地电阻不符合规定要求者，巡视设备时，应穿绝缘靴，并及时通知现场作业人员。

⑤设备接地回路上有工作需断开时，须先建立可靠的旁路接地后方可执行。

⑥禁止在有雷电时进行接地导通、接地电阻检测工作。

⑦独立避雷针导通电阻低于500MΩ时应进行校核测试。其他部分导通电阻大于50MΩ时应进行校核测试，应不大于200MΩ且初值差不大于50%。

⑧根据历次接地引下线导通、接地电阻测试结果，分析接地装置腐蚀程度，按要求对接地网进行开挖检查。

⑨变电站有土建施工及其他作业时，应防止外力破坏接地网。

⑩变电站的接地网不得作为电焊机地线使用。

2.维护内容

①接地引下线修饰，色标脱落、变色，应及时进行处理。

②检查接地引下线连接螺栓、压接件，有松动、锈蚀时应进行紧固、防腐处理。

3.开挖抽检内容

①检查接地体、接地引下线的腐蚀及连接情况。

②开挖抽检过程应留有完整的影像资料。

（五）常见故障和异常处理

1.接地引下线连接螺栓、焊接部位松动，或存在烧伤、断裂、严重腐蚀

①检查接地引下线有无松动、腐蚀、烧伤。

②若接地连接螺栓松动，应紧固或更换连接螺栓、压接件，加防松

垫片。

③若接地引下线烧伤、断裂、严重腐蚀，应联系检修人员处理。

2.接地导通测试值超标

①若接地导通测试值数据严重超标，且接地引下线连接部位无异常，应对接地网开挖检查。

②检修处理完毕后，应进行接地导通测试。

（六）填写记录

检查（维护、开挖抽检）结束后，当天在记录本上填写检查（维护、开挖抽检）人的姓名、检查（维护、开挖抽检）内容、检查（维护、开挖抽检）结果及时间等。

变电设备主人综合业务
接地网及接地引下线检查、防腐、维护标准化作业指导卡

变电站名称：_____ 指导卡编号：_____

一、准备阶段

序号	准备工作	内容	√
1	召开班前会	分工明确，任务落实到人，安全措施到位；明确危险点及控制措施	
2	劳动组织及人员要求	着装符合要求，有批准权限	
3	作业人员明确作业标准	熟悉作业内容、作业标准	
4	危险点分析、预控	安全措施及危险点预控到位	
5	检查安全措施	检查现场符合工作条件	
6	工器具检查、准备	检查完好、齐全	
7	材料准备	准备适量的防腐漆、除锈剂等	

二、实施阶段

序号	内容	注意事项	√
1	接地网、接地引下线、接地扁铁检查		
（1）	引向建筑物的入口处、设备检修用临时接地点的"⏚"接地黑色标识清晰可识别	防止误触、误碰带电部位，并仔细核对	
（2）	黄绿相间的色漆或色带标识清晰、完好	防止误触、误碰带电部位，并仔细核对	
（3）	接地引下线无松脱、锈蚀、伤痕和断裂，与设备、接地网接触良好，防腐处理完好	防止误触、误碰带电部位，并仔细核对	
（4）	运行中的接地网无开挖及露出土层，地面无塌陷下沉	防止误触、误碰带电部位，并仔细核对	
2	接地网、接地引下线、接地扁铁防腐维护		
（1）	维护前核对设备构架的名称和编号避免误登	防止误触、误碰带电部位，并仔细核对	

序号	内容	注意事项	√
（2）	将金属表面的铁锈除去	表面无油脂、污垢、氧化皮、铁锈等附着物	
（3）	清扫基层表面灰尘	表面无灰尘、水分、焊渣、毛刺等附着物	
（4）	涂漆时要注意保持漆面均匀	均匀平整，无漏涂、流挂、杂质、裂纹、起皮等现象	

三、结束阶段

序号	内容	注意事项	√
1	复核工作质量	对本次作业内容进行全面检查	
2	完工场地清洁	清理工作现场，将工器具收拢并清点，废弃物按相关规定处理，材料回收清点	
3	召开班后会	对本次作业进行总结	
4	填写相关记录	规范填写	

作业时间： 年 月 日 时 分至 年 月 日 时 分

工作人员：_____ 工作负责人：_____

变电设备主人综合业务
接地网开挖抽检标准化作业指导卡

变电站名称：_____ 指导卡编号：_____

一、准备阶段

序号	准备工作	内容	√
1	召开班前会	分工明确，任务落实到人，安全措施到位；明确危险点及控制措施	
2	劳动组织及人员要求	着装符合要求，有批准权限	
3	作业人员明确作业标准	熟悉作业内容、作业标准	
4	危险点分析、预控	开挖时，其他人员不得站在开挖人员的对面或抛土方面	
		其他人员不得站在开挖人员的正面或后面，防止镐头脱落伤人	
5	检查安全措施	核对工作设备名称正确，检查现场符合工作条件	
6	工器具检查、准备	十字镐、铁铲、游标卡尺	

二、实施阶段

序号	内容	注意事项	√
1	沿着引下线开挖	防止误触、误碰带电部位，注意力度和位置，不能损伤引下线	
2	检查接地体情况	腐蚀严重部分用游标卡尺测量其长度并做好记录	
3	回填	将开挖部分全部恢复	

三、结束阶段

序号	内容	注意事项	√
1	复核工作质量	对本次作业内容进行全面检查	
2	完工场地清洁	清理工作现场，将工器具收拢并清点，废弃物按相关规定处理，材料回收清点	
3	召开班后会	对本次作业进行总结	
4	填写相关记录	规范填写	

作业时间：　年　月　日　时　分至　年　月　日　时　分

工作人员：＿＿＿＿＿＿＿＿＿＿＿　工作负责人：＿＿＿＿＿＿＿＿

二、设备构架、基础检查和防腐维护

（一）检查、维护要求

1.环境要求

（1）室内作业

①通风完好。

②照明完好。

③无系统接地。

④无直流接地。

（2）室外作业

①无直流接地。

②无系统接地。

③应在无雨、无雷电情况下进行作业。

2.人员要求

①具有一定的现场工作经验，熟悉并能严格遵守电力生产和工作现场的相关安全管理规定。

②熟悉设备构架结构及维护要求。

3.安全要求

①应严格执行国家电网公司《电力安全工作规程（变电部分）》的相关要求。

②工作不得少于两人。作业负责人应由有经验的人员担任，开始作业前，作业负责人应向全体作业人员详细布置作业中的安全注意事项。

③维护时与带电设备保持足够的安全距离。

④在进行作业时，要防止误碰误动设备。

⑤使用工器具时应注意个人及他人防护。

⑥作业现场出现明显异常情况时，应立即停止作业工作，查明异常

原因。

（二）检查、维护周期

1.检查周期

（1）例行巡视

按照变电站例行巡视要求，二类变电站至少三天检查一次，三类变电站至少每周检查一次，四类变电站至少每半个月检查一次。

（2）全面巡视

全面巡视按照例行巡视执行。

（3）特殊巡视

①新投运或维修后的构支架，对其进行一次特殊巡视。

②大风、大雨、冰雹、暴雪恶劣天气后，对设备构架进行一次特殊巡视。

2.维护周期

每年春季、秋季检修预试前进行普查和维护，确保设备构架完好。

（三）检查、维护准备工作

1.资料

作业所需的资料包括标准化作业指导卡（见附录1-2-3）、检查记录等。

2.工器具

作业所需的工器具见表1-2-2。

表1-2-2 工器具

序号	名称	型号	单位	数量
1	毛刷	—	把	1
2	砂纸	—	张	1
3	防腐漆	—	kg	5

（四）检查、维护内容

1.检查内容

①主设备构支架应有两根与主地网不同干线连接的接地引下线。

②鸟类活动频繁的变电站，应在设备构支架合适的位置上安装必要的防鸟、驱鸟装置。

③构架爬梯安全防护设施应齐全、完备。

④构架应装设爬梯门，并应上锁，悬挂"禁止攀登，高压危险！"标示牌。

⑤钢管构架应有排水孔。

2.维护内容

发现构支架及接地线严重锈蚀，应进行防腐处理。

（五）常见故障和异常处理

1.构支架倒塌、断裂

①穿绝缘靴进行全站检查，确认故障范围。

②汇报值班调控人员，布置现场安全措施。

2.构支架存在异物

①判断异物摆动情况，与带电导体安全距离是否满足《国家电网公司电力安全工作规程（变电部分）》要求，如不满足，立即向值班调控人员汇报申请停运。

②如异物位置较低且满足带电安全距离时，应立即移除。

③如异物位置较高且不影响设备正常运行，应联系检修人员处理。

④处理前应加强监视。

3.构支架异常倾斜

①布置现场安全措施，对异常构架进行隔离。

②查看导线紧绷情况，对瓷瓶及设备正常运行造成威胁时，应立即向

值班调控人员申请停运处理。

③不影响设备正常运行时，可结合停运处理。

④处理前应加强监视。

4.锈蚀、风化

①布置现场安全措施，对异常构支架进行隔离。

②判断钢构支架锈蚀情况，若已影响钢构支架机械强度及功能实现，应立即联系专业人员处理，必要时申请停运处理。

③若不影响钢构支架机械强度及功能实现，应进行除锈防腐处理。

④若钢筋混凝土结构支架出现风化露筋，纵向及横向裂纹时，应立即联系专业人员进行评估、处理，必要时申请停运处理。

⑤处理前应加强监视。

（六）填写记录

检查（维护）结束后，当天在记录本上填写检查（维护）人的姓名、检查（维护）内容、检查（维护）结果及检查（维护）时间等。

变电设备主人综合业务
设备构架、基础检查和防腐维护标准化作业指导卡

变电站名称：_____ 指导卡编号：_____

一、准备阶段

序号	准备工作	内容	√
1	召开班前会	分工明确，任务落实到人，安全措施到位；明确危险点及控制措施	
2	劳动组织及人员要求	着装符合要求，有批准权限	
3	作业人员明确作业标准	熟悉作业内容、作业标准	
4	危险点分析、预控	安全措施及危险点预控到位	
5	检查安全措施	核对工作设备名称正确，检查现场符合工作条件	
6	工器具检查、准备	检查完好、齐全	
7	材料准备	准备适量的防腐漆、除锈剂等	

二、实施阶段

序号	内容	注意事项	√
1	设备架构、基础检查		
（1）	无变形、倾斜，无严重裂纹	防止误触、误碰带电部位，并仔细核对	
（2）	基础无沉降、开裂，保护帽、散水注完好	防止误触、误碰带电部位，并仔细核对	
（3）	无异物搭挂	防止误触、误碰带电部位，并仔细核对	
（4）	接地引下线无断裂、锈蚀，连接紧固，色标清晰可辨	防止误触、误碰带电部位，并仔细核对	
（5）	构架爬梯门应关闭上锁	防止误触、误碰带电部位，并仔细核对	
（6）	钢构支架防腐涂层完好、无锈蚀，排水孔畅通，无堵塞、积水	防止误触、误碰带电部位，并仔细核对	

序号	内容	注意事项	√
（7）	钢筋混凝土结构支架两杆连接抱箍横梁处无锈蚀、腐烂，连接牢固	防止误触、误碰带电部位，并仔细核对	
（8）	钢筋混凝土结构支架外皮无脱落，无风化露筋、无贯穿性裂纹	防止误触、误碰带电部位，并仔细核对	
（9）	构支架基础沉降指示在标高基准点范围内	防止误触、误碰带电部位，并仔细核对	
2	设备架构、基础防腐维护		
（1）	维护前核对设备构架的名称和编号避免误登	防止误触、误碰带电部位，并仔细核对	
（2）	将金属表面的铁锈除去	无油脂、污垢、氧化皮、铁锈等	
（3）	清扫基层表面灰尘	表面无灰尘、焊渣、毛刺等附着物	
（4）	涂漆时要注意保持漆面均匀	层间应纵横交错，均匀平整，无漏涂、流挂、裂纹、起皮等现象	

三、结束阶段

序号	内容	注意事项	√
1	复核工作质量	对本次作业内容进行全面检查	
2	完工场地清洁	清理工作现场，将工器具收拢并清点，废弃物按相关规定处理，材料回收清点	
3	召开班后会	对本次作业进行总结	
4	填写相关记录	规范填写	

作业时间：　年　月　日　时　分至　年　月　日　时　分

工作人员：＿＿＿＿＿＿＿＿＿＿　工作负责人：＿＿＿＿＿＿

三、加热器、防潮防凝露器检查

（一）检查要求

1.环境要求

（1）室内作业

①通风完好。

②照明完好。

③无系统接地。

④无直流接地。

（2）室外作业

①无直流接地。

②无系统接地。

③应在无雨、无雷电情况下进行作业。

2.人员要求

①具有一定的现场工作经验，熟悉并能严格遵守电力生产和工作现场的相关安全管理规定。

②符合安全准入要求，并经安规考试合格。

3.安全要求

①应严格执行国家电网公司《电力安全工作规程（变电部分）》的相关要求。

②工作不得少于两人，作业负责人应由有经验的人员担任，开始作业前，作业负责人应向全体作业人员详细布置作业中的安全注意事项。

③在进行作业时，要防止误碰误动设备。与带电设备保持足够的安全距离。

④使用工器具时应注意个人及他人防护。

⑤作业现场出现明显异常情况时，应立即停止作业工作，查明异常

原因。

（二）检查周期

每季度进行一次驱潮加热装置的检查维护。

（三）检查、维护准备工作

1.资料

作业所需的资料包括：标准化作业指导卡（见附录1-2-4）、检查记录等。

2.工器具

作业所需的工器具见表1-2-3。

表1-2-3　工器具

序号	名称	型号	单位	数量
1	一字螺丝刀	6mm×125mm	把	1
2	十字螺丝刀	6mm×125mm	把	1
3	绝缘垫	—	块	2
4	温湿度计	—	块	1
5	万用表	—	块	1
6	钢丝钳	—	把	1

（四）检查内容

①箱内应加装驱潮加热装置，装置应设置为自动或常投状态，驱潮加热装置电源应单独设置，可手动投退。

②温湿度传感器应安装于箱内中上部，发热元器件悬空安装于箱内底部，与箱内导线及元器件保持足够的距离。

③驱潮加热装置运行正常，温湿度控制器参数设定正确，手动加热器按照环境温湿度变化投退（通常为温度不低于5℃，湿度不大于75%）。

④箱内应设置可自动投切的加热驱潮装置，低温地区还应有保温措施，对于不满足当地最低环境温度要求的混合气体断路器、罐式断路器罐

体及气动机构及其连接管路应加装加热带。

⑤检查驱潮加热回路内二次线接头是否牢固，防止接线松动出现断线。

⑥气温骤降后，检查箱体内驱潮加热装置正确投入，手动加热器要及时投入。

⑦大雨过后，通风孔无堵塞，箱体内无进水，驱潮加热装置应正确投入。

⑧检查加热器工作状况时，工作人员不宜用皮肤直接接触加热器表面，以免造成烫伤。

（五）常见故障和异常处理

1.驱潮加热、防潮防凝露模块故障

（1）现象

驱潮加热、防潮防凝露模块不工作，伴随箱内有凝露。

（2）处理原则

①检查驱潮加热装置运行是否正常。如果驱潮加热装置故障，应及时更换。

②如果是天气原因造成箱体凝露，可开启箱门通风干燥并做好防小动物措施，必要时使用干燥的抹布均匀地擦除，擦拭的过程应缓慢，并做好防范措施。

③如箱体凝露危及设备安全运行时，向值班调控人员申请停运处理。

2.驱潮加热、防潮防凝露回路出现断线

（1）现象

驱潮加热、防潮防凝露模块不工作伴随箱内有凝露。

（2）处理原则

①检查驱潮加热装置运行是否正常，如果驱潮加热装置、防潮防凝露

模块均正常,则检查装置电源、回路接通情况。

②电源空开损坏则及时更换空开,回路接线松动应及时加固。

③对更换后的空开及松动的端子进行红外测温,加强巡视,并做好记录。

(六)填写记录

检查结束后,当天在记录本上填写检查人的姓名、检查内容、检查结果及检查时间等。

变电设备主人综合业务
加热器、防潮防凝露器检查标准化作业指导卡

变电站名称：_____ 指导卡编号：_____

一、准备阶段

序号	准备工作	内容	√
1	召开班前会	分工明确，任务落实到人，安全措施到位；明确危险点及控制措施	
2	劳动组织及人员要求	作业人员着装符合要求，有批准权限	
3	作业人员明确作业标准	作业人员熟悉作业内容、作业标准	
4	危险点分析、预控	安全措施及危险点预控到位	
5	工器具检查、准备	检查完好、齐全	
6	材料准备	准备适当的工器具	

二、检查试验阶段

序号	内容	注意事项	√
1	箱内应加装驱潮加热装置，装置设置为自动或常投状态，装置电源单独设置，可手动投退	防止误触、误碰带电部位，并仔细核对	
2	温湿度传感器应安装于箱内中上部，发热元器件悬空安装于箱内底部，与箱内导线及元器件保持足够的距离	防止误触、误碰带电部位，并仔细核对	
3	驱潮加热装置运行正常，温湿度控制器参数设定正确，手动加热器按照环境温湿度变化投退（通常为温度不低于5℃，湿度不大于75%）	防止误触、误碰带电部位，并仔细核对	

序号	内容	注意事项	√
4	箱内应设置可自动投切的加热驱潮装置，低温地区还应有保温措施，对于不满足当地最低环境温度要求的混合气体断路器、罐式断路器罐体及气动机构及其连接管路应加装加热带	防止误触、误碰带电部位，并仔细核对	
5	检查驱潮加热回路内二次线接头是否牢固，防止接线松动出现断线	防止误触、误碰带电部位，并仔细核对	
6	气温骤降后，投入驱潮加热装置	防止误触、误碰带电部位，并仔细核对	
7	大雨过后，检查箱内有无积水，投入驱潮加热装置	防止误触、误碰带电部位，并仔细核对	
8	检查加热器工作状况	防止误触、误碰带电部位，并仔细核对	

三、结束阶段

序号	内容	注意事项	√
1	复核工作质量	对本次作业内容进行全面检查	
2	完工场地清洁	清理工作现场，将工器具全部收拢并清点，废弃物按相关规定处理，材料回收清点	
3	召开班后会	对本次作业进行总结	
4	填写相关记录	规范填写	

作业时间： 年 月 日 时 分至 年 月 日 时 分

工作人员： _____ 工作负责人： _____

四、二次电缆及箱体防水、防潮、封堵、密封检查及维护

（一）检查、修补要求

1.环境要求

（1）室内作业

①通风完好。

②照明完好。

③无系统接地。

④无直流接地。

（2）室外作业

①无直流接地。

②无系统接地。

③应在无雨、无雷电情况下进行作业。

2.人员要求

①具有一定的现场工作经验，熟悉并能严格遵守电力生产和工作现场的相关安全管理规定。

②符合安全准入要求，并经安规考试合格。

3.安全要求

①应严格执行国家电网公司《电力安全工作规程（变电部分）》的相关要求。

②工作不得少于两人，作业负责人应由有经验的人员担任，开始作业前，作业负责人应向全体作业人员详细布置作业中的安全注意事项。

③在进行作业时，要防止误碰误动设备。与带电设备保持足够的安全距离。

④使用工器具时应注意个人及他人防护。

⑤作业现场出现明显异常情况时，应立即停止作业工作，查明异常

原因。

（二）检查、修补周期

①端子箱、汇控柜、机构箱、冷控箱体防水、密封设施的检查每半年进行1次。

②端子箱、汇控柜、机构箱、冷控箱体防潮设施的检查每季度进行1次。

③端子箱、汇控柜、机构箱、冷控箱体封堵的检查每月进行一次。

（三）检查、修补准备工作

1.资料

作业所需的资料包括：标准化作业指导卡（见附录1-2-5）、检查记录等。

2.工器具

作业所需的工器具见表1-2-4。

表1-2-4　工器具

序号	名称	型号	单位	数量
1	一字螺丝刀	6mm×125mm	把	1
2	十字螺丝刀	6mm×125mm	把	1
3	绝缘垫	—	块	1
4	钢丝钳	—	把	1
5	防火封堵材料	—	kg	5
6	毛刷	—	把	1

（四）检查、修补内容

1.检查内容

（1）防水、密封设施的检查

①箱体基座高于地面，周围地面无塌陷、无积水。

②箱体内部应干净、整齐，无灰尘、蛛网等异物。箱内无积水、无凝

露现象。箱内通风孔畅通，无堵塞、箱体锁具应完好。

③柜门应开启灵活，关闭严密，密封条良好，箱内无水迹。

（2）防潮设施检查

检查驱潮加热是否正确投入。

（3）封堵检查

①箱内电缆孔洞封堵严密，防火板无变形翘起，封堵无塌陷、变形。

②箱体与基础间电缆孔洞采用绝缘、防火材料封堵，封堵应完好、平整、无缝隙。

③检修电源箱门侧面临时电源接入孔洞封闭良好。

2.修补内容

①密封条老化或破损造成密封不严时，及时更换箱体密封条，更换后检查箱门关闭密封良好。箱门铰链或把手损坏造成箱门关不严，及时维修或更换铰链和把手，维护完毕后检查箱门关闭良好、严密、无卡涩现象。

②加热驱潮装置故障时应及时更换加热装置。

（五）常见故障和异常处理

1.封堵破损

（1）现象

封堵损坏，有明显漏洞伴随箱内有凝露、灰尘等现象。

（2）处理原则

①用防火堵料封堵，必要时用防火板等绝缘材料封堵后再用防火堵料封堵严密，以防止发生堵料塌陷。

②封堵完毕后，检查孔洞封堵完好可靠。

③封堵时应防止电缆损伤，松动造成设备异常。

④及时清理箱内凝露、灰尘。

2.箱体密封不严

（1）现象

箱门密封条老化、破损，箱体与柜门间有明显的缝隙伴随箱内有凝露、灰尘等现象。

（2）处理原则

①及时更换密封条，检查柜门是否平整，更换后检查箱门关闭密封良好。

②及时清理箱内凝露、灰尘。

（六）填写记录

检查（修补）结束后，当天在记录本上填写检查（修补）人的姓名、检查（修补）内容、检查（修补）结果及检查（修补）时间等。

变电设备主人综合业务
二次电缆及箱体防水、防潮、封堵、密封检查及维护标准化作业指导卡

变电站名称：_____ 指导卡编号：_____

一、准备阶段

序号	准备工作	内容	√
1	召开班前会	分工明确，任务落实到人，安全措施到位；明确危险点及控制措施	
2	劳动组织及人员要求	作业人员着装符合要求，有批准权限	
3	作业人员明确作业标准	作业人员熟悉作业内容、作业标准	
4	危险点分析、预控	安全措施及危险点预控到位	
5	工器具检查、准备	检查完好、齐全	
6	材料准备	准备适当的工器具	

二、检查试验阶段

序号	内容	注意事项	√
1	防水、密封设施的检查		
（1）	箱体基座高于地面，周围地面无塌陷、无积水	防止误触、误碰带电部位，并仔细核对	
（2）	箱体内部应干净、整齐，无灰尘、蛛网等异物。箱内无积水、无凝露现象。箱内通风孔畅通，无堵塞、箱体锁具应完好	防止误触、误碰带电部位，并仔细核对	
（3）	柜门应开启灵活，关闭严密，密封条良好，箱内无水迹	防止误触、误碰带电部位，并仔细核对	
2	防潮设施检查		
	检查驱潮加热装置正确投入	防止误触、误碰带电部位	

序号	内容	注意事项	√
3	封堵检查		
（1）	箱内电缆孔洞封堵严密，防火板无变形翘起，封堵无塌陷、变形	防止误触、误碰带电部位	
（2）	箱体与基础间电缆孔洞采用绝缘、防火材料封堵，封堵应完好、平整、无缝隙。	防止误触、误碰带电部位	
（3）	检修电源箱门侧面临时电源接入孔洞封闭良好	防止误触、误碰带电部位	

三、结束阶段

序号	内容	注意事项	√
1	复核工作质量	对本次作业内容进行全面检查	
2	完工场地清洁	清理工作现场，将工器具全部收拢并清点，废弃物按相关规定处理，材料回收清点	
3	召开班后会	对本次作业进行总结	
4	填写相关记录	规范填写	

作业时间：　年　月　日　时　分至　年　月　日　时　分

工作人员：_____　　　工作负责人：_____

五、端子箱、汇控柜、机构箱、冷控箱、二次屏柜外观清扫

（一）清扫要求

1.环境要求

（1）室内作业

①通风完好。

②照明完好。

③无系统接地。

④无直流接地。

（2）室外作业

①无直流接地。

②无系统接地。

③应在无雨、无雷电情况下进行作业。

2.人员要求

①具有一定的现场工作经验，熟悉并能严格遵守电力生产和工作现场的相关安全管理规定。

②符合安全准入要求，并经安规考试合格。

3.安全要求

①应严格执行国家电网公司《电力安全工作规程（变电部分）》的相关要求。

②工作不得少于两人，作业负责人应由有经验的人员担任，开始作业前，作业负责人应向全体作业人员详细布置作业中的安全注意事项。

③在进行作业时，要防止误碰、误动设备。与带电设备保持足够的安全距离。

④使用工器具时应注意个人及他人防护。

⑤作业现场出现明显异常情况时，应立即停止作业工作，查明异常

原因。

（二）清扫周期

每半年进行一次设备清扫

（三）清扫准备工作

1.资料

作业所需的资料包括标准化作业指导卡（见附录1-2-6）、清扫记录等。

2.工器具

作业所需的工器具见表1-2-5。

表1-2-5 工器具

序号	名称	型号	单位	数量
1	毛刷	—	把	1
2	清洁用毛巾	—	块	3

（四）清扫内容

①对箱体外部灰尘、蛛网等异物及时清理。

②箱体标识有无脱落缺失。

③箱体外观有无锈蚀、破损。

④箱门或箱体发生变形。

（五）常见故障和异常处理

1.箱体外观锈蚀严重

（1）现象

箱体外观锈蚀严重。

（2）处理原则

对锈蚀部分用砂纸打磨光滑、平整、喷漆。

2.箱门或箱体变形

（1）现象

箱门或箱体发生变形。

（2）处理原则

①发现因外力引起的端子箱门或箱体严重变形、损坏时，立即联系检修人员处理。

②箱体变形处理时应做好相应防范措施，防止端子短路、开路引起设备误动，防止电缆绝缘受损，必要时向值班调控人员申请停运处理。

（六）填写记录

清扫结束后，当天在记录本上填写清扫人员的姓名、清扫内容、清扫结果及清扫时间等。

变电设备主人综合业务
端子箱、汇控柜、机构箱、冷控箱、二次屏柜外观清扫标准化作业指导卡

变电站名称：_____ 指导卡编号：_____

一、准备阶段

序号	准备工作	内容	√
1	召开班前会	分工明确，任务落实到人，安全措施到位；明确危险点及控制措施	
2	劳动组织及人员要求	作业人员着装符合要求，有批准权限	
3	作业人员明确作业标准	作业人员熟悉作业内容、作业标准	
4	危险点分析、预控	安全措施及危险点预控到位	
5	工器具检查、准备	检查完好、齐全	
6	材料准备	准备适当的工器具	

二、检查试验阶段

序号	内容	注意事项	√
1	清理箱体外部灰尘、蛛网等异物	防止误触、误碰带电部位，并仔细核对	
2	箱体标识有无脱落缺失	防止误触、误碰带电部位，并仔细核对	
3	箱体外观有无锈蚀、破损	防止误触、误碰带电部位，并仔细核对	
4	箱门或箱体发生变形	防止误触、误碰带电部位，并仔细核对	

三、结束阶段

序号	内容	注意事项	√
1	复核工作质量	对本次作业内容进行全面检查	
2	完工场地清洁	清理工作现场，将工器具全部收拢并清点，废弃物按相关规定处理，材料回收清点	
3	召开班后会	对本次作业进行总结	
4	填写相关记录	规范填写	

作业时间： 年 月 日 时 分至 年 月 日 时 分

工作人员：＿＿＿＿＿＿＿＿＿＿＿ 工作负责人：＿＿＿＿＿＿

六、设备照明灯具及门控开关的更换

（一）作业条件

1.环境要求

（1）室内作业

①通风完好。

②照明完好。

③消防设备完好。

④无直流接地。

⑤含氧量检测合格。

（2）室外作业

①无直流接地。

②无系统接地。

③应在无雨、无雷电情况下进行作业。

2.人员要求

①具有一定的现场工作经验，熟悉并能严格遵守电力生产和工作现场的相关安全管理规定。

②熟悉被更换部件的结构及工作原理。

③经过上岗培训考试合格。

3.安全要求

①应严格执行国家电网公司《电力安全工作规程（变电部分）》的相关要求。

②更换工作不得少于两人。作业负责人应由有经验的人员担任，开始作业前，作业负责人应向全体作业人员详细布置作业中的安全注意事项。

③在含有SF_6设备进行室内作业时必须开启通风装置，含氧量检测合格后方可进行作业。

④在进行作业时，要防止误碰误动设备。

⑤作业时严禁造成接地、短路。

⑥使用绝缘工具并站在绝缘垫上，不能造成人身触电。

⑦作业现场出现明显异常情况时，应立即停止作业工作，查明异常原因。

⑧作业后必须认真检查接线，应确保接线正确无误。

（二）更换前准备工作

1.资料

作业所需的资料包括：标准化作业指导卡（见附录1-2-7）、记录本等。

2.仪器、仪表

作业所需的仪器、仪表见表1-2-6。

表1-2-6　仪器、仪表

序号	名称	型号	单位	数量
1	万用表	—	块	1

3.工具

作业所需的工具见表1-2-7。

表1-2-7　工具

序号	名称	型号	单位	数量
1	一字螺丝刀	5mm×75mm	把	1
2	十字螺丝刀	5mm×75mm	把	1
3	绝缘垫	—	个	1

4.材料

作业所需的材料见表1-2-8。

表1-2-8 材料

序号	名称	规格及型号	单位	数量
1	软铜线	2.5mm²	m	20
2	门控开关	—	个	1
3	照明灯具	—	个	1

①检查新照明灯具或门控开关型号与旧照明灯具或门控开关型号应一致。

②新照明灯具或门控开关外观应完好。

③用万用表检测新照明灯具或门控开关接通状态下导通良好，断开状态下绝缘良好。

（三）现场更换

1.停电、验电

①在要更换的照明灯具或门控开关设备门前放置绝缘垫。

②拉开要更换的照明灯具或门控开关电源开关。

③对断开的照明灯具或门控开关电源测验明确无电压（0V）。

2.旧照明灯具及门控开关拆除

①用螺丝刀，将照明灯具或门控开关电源接线拆下，用绝缘胶布做好绝缘。

②用螺丝刀挑开照明灯具或门控开关固定卡扣（用螺栓固定的，拆除固定螺栓），将旧照明灯具或门控开关从卡槽上拆下。

3.新照明灯具及门控开关安装

①将新的照明灯具或门控开关安装在卡槽上合适位置（用螺栓固定的，用螺栓固定好，各螺栓平垫及弹簧垫应齐全，螺栓螺口应完好），并扣好固定卡扣。

②照明灯具或门控开关应安装牢固。

③用螺丝刀，将照明灯具或门控开关电源接线安装牢固。

④各接线端接线应正确，接触良好、无松动。

4.新照明灯具及门控开关试验

①合上照明灯具或门控开关电源开关。

②用万用表检测照明灯具或门控开关电源进线电压为220V。

③打开设备箱（柜）门照明灯具亮。

④关闭设备箱（柜）门照明灯具灭。

（四）作业现场整理

1.工具及材料整理

将作业现场使用的工具及材料整理好。

2.清扫现场

检查并清扫工作现场，将垃圾运出作业场地。

（五）填写记录

更换结束后，当天在记录簿上填写更换人的姓名、更换内容、更换结果及时间等。

变电设备主人综合业务
设备照明灯具及门控开关的更换标准化作业指导卡

变电站名称：＿＿＿＿＿＿　电压等级：＿＿＿＿＿＿　设备名称：＿＿＿＿＿＿

设备型号：＿＿＿＿＿＿　生产厂家：＿＿＿＿＿＿　指导卡编号：＿＿＿＿＿＿

一、准备阶段

序号	准备工作	内容	√
1	召开班前会	分工明确，任务落实到人，安全措施到位；明确危险点及控制措施	
2	劳动组织及人员要求	作业人员着装符合要求，有批准权限	
3	作业人员明确作业标准	作业人员熟悉作业内容、作业标准	
4	危险点分析、预控	安全措施及危险点预控到位	
5	工器具检查、准备	检查完好、齐全	
6	材料准备	准备适量的照明灯具或门控开关	

二、实施阶段

序号	内容	注意事项	√
1	拉开照明灯具或门控开关电源开关	防止误触、误碰带电部位	
2	用万用表测量照明灯具或门控开关确无电压	防止误触、误碰带电部位	
3	拆除旧的照明灯具或门控开关		
（1）	用螺丝刀将旧照明灯具或门控开关接线拆下，缠好绝缘胶布，做好标记	螺丝刀大小要适合	
（2）	将照明灯具或门控开关拆下	防止误触、误碰带电部位	
4	安装照明灯具或门控开关并固定牢固		
（1）	检查照明灯具或门控开关无松动	用力均匀，防止损坏	

序号	内容	注意事项	√
（2）	按照之前做好记录的接线方式将连接线接入照明灯具或门控开关，拧紧螺栓	防止误接、误触误碰带电部位	
5	照明灯具及门控开关试验		
（1）	投入照明灯具或门控开关电源开关	防止误合电源开关，防止误触、误碰带电部位	
（2）	检查照明灯具或门控开关应工作正常	防止误触、误碰带电部位	

三、结束阶段

序号	内容	注意事项	√
1	复核工作质量	对本次作业内容进行全面检查	
2	完工场地清洁	清理工作现场，将工器具全部收拢并清点，废弃物按相关规定处理，材料回收清点	
3	召开班后会	对本次作业进行总结	
4	填写相关记录	规范填写	

作业时间：　年　月　日　时　分至　年　月　日　时　分

工作人员：＿＿＿＿＿＿＿＿＿　工作负责人：＿＿＿＿＿＿＿

七、高压带电显示装置功能检查

（一）作业条件

1.环境要求

（1）室内作业

①通风完好。

②照明完好。

③无系统接地。

④无直流接地。

（2）室外作业

①无直流接地。

②无系统接地。

③应在无雨、无雷电情况下进行作业。

2.人员要求

①具有一定的现场工作经验，熟悉并能严格遵守电力生产和工作现场的相关安全管理规定。

②熟悉高压带电显示装置功能检查工作原理。

3.安全要求

①应严格执行国家电网公司《电力安全工作规程（变电部分）》的相关要求。

②更换工作不得少于两人。作业负责人应由有经验的人员担任，开始作业前，作业负责人应向全体作业人员详细布置作业中的安全注意事项。

③在进行作业时，要防止误碰、误动设备。

④使用工器具时应注意个人及他人防护。

⑤作业现场出现明显异常情况时，应立即停止作业工作，查明异常原因。

⑥在含有SF₆设备进行室内作业时必须开启通风装置，含氧量检测合格后方可进行作业。

4.检查周期

高压带电显示装置应每月检查维护。如发现高压带电显示装置显示异常，应立即进行维护，维护后应检查装置运行正常，显示正确。

（1）检查前准备工作

准备好标准化作业指导卡（见附录1-2-8）、记录本等。

（2）现场情况检查

①高压带电显示本体装置检查

第一，设备标识清晰，无缺失、脱落。箱体无裂纹、锈蚀。运行无异音。

第二，箱内二次回路正常、二次电缆封堵完好。

②高压带电显示装置功能检查

带电显示装置显示信号正确。试验按钮试验功能良好。自检功能测试：当三相不带电时，按下自检开关，自检灯亮，三相高压指示灯同时亮。断开自检开关，自检灯灭，三相高压指示灯同时灭。注意：高压带电时，请断开自检开关。

（3）填写记录

检查结束后，当天在记录簿上填写检查人的姓名、检查内容、检查结果及时间等。

变电设备主人综合业务
高压带电显示装置功能检查标准化作业指导卡

变电站名称：_____ 指导卡编号：_____

一、准备阶段

序号	准备工作	内容	√
1	召开班前会	分工明确，任务落实到人，安全措施到位；明确危险点及控制措施	
2	劳动组织及人员要求	作业人员着装符合要求，有批准权限	
3	作业人员明确作业标准	作业人员熟悉作业内容、作业标准	
4	危险点分析、预控	安全措施及危险点预控到位	
5	工器具检查、准备	检查完好、齐全	
6	材料准备	准备适当的工器具	

二、检查阶段

序号	内容	注意事项	√
1	高压带电显示本体装置检查		
（1）	设备标识清晰，无缺失、脱落。箱体无裂纹、锈蚀。运行无异音	防止误触、误碰带电部位	
（2）	箱内二次回路正常、二次电缆封堵修完善	防止误触、误碰带电部位	
2	高压带电显示装置功能检查		
（1）	带电显示装置显示信号正确	防止误触、误碰带电部位	
（2）	试验按钮试验功能良好	防止误触、误碰带电部位	

三、结束阶段

序号	内容	注意事项	√
1	复核工作质量	对本次作业内容进行全面检查	
2	完工场地清洁	清理工作现场，将工器具全部收拢并清点，废弃物按相关规定处理，材料回收清点	
3	召开班后会	对本次作业进行总结	
4	填写相关记录	规范填写	

作业时间： 年 月 日 时 分至 年 月 日 时 分

工作人员：_____ 工作负责人：_____

八、安全工器具、仪器仪表检查、维护、送检

（一）作业条件

1.环境要求

①室内通风完好。

②室内照明完好。

2.人员要求

①具有一定的现场工作经验，熟悉并能严格遵守电力生产和工作现场的相关安全管理规定。

②熟悉安全工器具、仪表操作规程及维护要求。

3.安全要求

①应严格执行国家电网公司《电力安全工作规程（变电部分）》的相关要求。

②使用工器具时应注意个人及他人防护。

4.试验周期

①每半年开展安全工器具清查盘点，确保账、卡、物一致。

②每月进行一次安全工器具检查，填写检查记录。

（二）试验前准备工作

准备好标准化作业指导卡（见附录1-2-9）、记录本等。

（三）检查、维护、送检

1.检查

①检查外观、试验时间有效性。

②检查温度、湿度及通风条件处，与其他物资材料、设备设施是否分开存放。

③仪表是否配备足够的备用电池及专用表线，常用工器具的金属部分

绝缘套是否完好无损。

2. 维护

①建立仪器仪表及工器具台账记录。仪器仪表、工器具应存放在专用柜内。

②工器具放置地点和仪器仪表、工器具，均应同时标明名称和编号。

③检查工器具、仪表柜温湿度正常，对工器具、仪表定期进行擦拭。

3. 送检

建立试验计划表，试验到期前运维人员应及时送检，确认合格后方可使用。

（四）现场整理

将作业现场使用的工具及材料整理好。

（五）填写记录

检查、维护结束后，当天在记录簿上填写检查（维护）人的姓名、检查（维护）内容、检查（维护）结果及时间等。

变电设备主人综合业务
安全工器具、仪器仪表检查、维护、送检标准化作业指导卡

变电站名称：_____ 指导卡编号：_____

一、准备阶段

序号	准备工作	内容	√
1	备件、工器具准备	检查备件一切正常和所需工器具合格备齐	
2	检查安全措施	核对检查安全工器具名称正确，检查现场符合工作条件	

二、检查试验阶段

序号	内容	注意事项	√
1	检查		
(1)	检查外观、试验时间有效性	打开工器具柜门后应将门关闭锁好	
(2)	检查温度、湿度及通风条件处，与其他物资材料、设备设施是否分开存放	根据工器具类型安全工器具配置除湿加热装置	
(3)	仪表是否配备足够的备用电池及专用表线，常用工器具的金属部分绝缘套是否完好无损	备用电池及专用表线应分类做好标识标记	
2	维护		
(1)	建立仪器仪表及工器具台账记录。仪器仪表、工器具应存放在专用柜内。	台账和实物必须一一对应	
(2)	工器具放置地点和仪器仪表、工器具，均应同时标明名称和编号	名称编号与实物必须一一对应	

序号	内容	注意事项	√
（3）	检查工器具、仪表柜温湿度正常，对工器具、仪表定期进行擦拭	擦拭后应进行通风	
3	送检		
（1）	建立试验计划表，试验到期前运维人员应及时送检	提前进行试验，防止超期	
（2）	确认合格后方可使用		

三、结束阶段

序号	内容	注意事项	√
1	复核工作质量	对本次作业内容进行全面检查	
2	完工场地清洁	清理工作现场，将工器具全部收拢并清点，废弃物按相关规定处理，材料回收清点	
3	填写相关记录	规范填写	

作业时间：　年　月　日　时　分至　年　月　日　时　分

工作人员：＿＿＿＿＿＿＿＿＿＿＿　工作负责人：＿＿＿＿＿＿＿＿＿

九、避雷器显示装置数据抄录及初步判断

（一）作业条件

1.环境要求

（1）室内作业

①通风完好。

②照明完好。

③无系统接地。

④无直流接地。

（2）室外作业

①无直流接地。

②无系统接地。

③应在无雨、无雷电情况下进行作业。

2.人员要求

①具有一定的现场工作经验，熟悉并能严格遵守电力生产和工作现场的相关安全管理规定。

②熟悉避雷器泄漏电流标准。

3.安全要求

①应严格执行国家电网公司《电力安全工作规程（变电部分）》的相关要求。

②工作不得少于两人。作业负责人应由有经验的人员担任，开始作业前，作业负责人应向全体作业人员详细布置作业中的安全注意事项。

③在进行作业时，要防止误碰误动设备。

④使用工器具时应注意个人及他人防护。

⑤作业现场出现明显异常情况时，应立即停止作业工作，查明异常原因。

4.抄录、判断周期

①避雷器动作次数、泄漏电流抄录每月1次。

②雷雨天气及系统发生过电压后，记录放电计数器的放电次数，判断避雷器是否动作，记录泄漏电流的指示值，检查避雷器泄漏电流变化情况。

（二）抄录、判断前准备工作

1.资料

作业所需的资料包括：标准化作业指导卡（见附录1-2-10）、避雷器检查记录等。

2.工器具

作业所需的工器具见表1-2-9。

表1-2-9　工器具

序号	名称	型号	单位	数量
1	绝缘靴	—	双	1
2	安全帽	—	个	1
3	望远镜	—	个	1

（三）现场检查

1.避雷器动作次数、泄漏电流抄录

①检查避雷器是否动作，并记录动作次数。

②检查避雷器泄漏电流是否在合格范围内，数值是否有异常升高，并记录泄漏电流值。

2.初步判断

①发现泄漏电流指示异常增大时，应检查本体外绝缘积污程度，是否有破损、裂纹，内部有无异常声响，并进行红外检测，根据检查及检测结果，综合分析异常原因。

②正常天气情况下，泄漏电流读数超过初始值1.2倍，为严重缺陷，应

登记缺陷并按缺陷流程处理。

③正常天气情况下，泄漏电流读数超过初始值1.4倍，为危急缺陷，应汇报值班调控人员申请停运处理。

④发现泄漏电流读数低于初始值时，应检查避雷器与监测装置连接是否可靠，中间是否有短接，绝缘底座及接地是否良好、牢靠，必要时通知检修人员对其进行接地导通试验，判断接地电阻是否合格。

⑤若泄漏电流读数为零，可能是泄漏电流表指针失灵，可用手轻拍监测装置检查泄漏电流表指针是否卡死，如无法恢复时为严重缺陷，应登记缺陷并按缺陷流程处理。

（四）现场整理

将作业现场使用的工具及材料整理好。

（五）填写记录

抄录、判断结束后，当天在记录簿上填写抄录（判断）人的姓名、抄录（判断）内容、抄录（判断）结果及时间等。

变电设备主人综合业务
避雷器显示装置数据抄录及初步判断标准化作业指导卡

变电站名称：_____ 指导卡编号：_____

一、准备阶段

序号	准备工作	内容	√
1	召开班前会	分工明确，任务落实到人，安全措施到位；明确危险点及控制措施	
2	劳动组织及人员要求	作业人员着装符合要求，有批准权限	
3	作业人员明确作业标准	作业人员熟悉作业内容、作业标准	
4	危险点分析、预控	安全措施及危险点预控到位	
5	工器具检查、准备	检查完好、齐全	
6	材料准备	准备适当的工器具	

二、检查试验阶段

序号	内容	注意事项	√
1	检查避雷器是否动作，并记录动作次数	工作中与带电部分保持足够的安全距离	
		进入设备区，应正确佩戴安全帽	
		雷雨过后巡视时，应穿绝缘靴	
2	检查避雷器泄漏电流是否在合格范围内，数值是否有异常升高，并记录泄漏电流值	工作中与带电部分保持足够的安全距离	
		进入设备区，应正确佩戴安全帽	
		雷雨过后巡视时，应穿绝缘靴	

序号	内容	注意事项	√
3	发现泄漏电流指示异常增大时，应检查本体外绝缘积污程度，是否有破损、裂纹，内部有无异常声响，并进行红外检测，根据检查及检测结果，综合分析异常原因	工作中与带电部分保持足够的安全距离	
		进入设备区，应正确佩戴安全帽	
		雷雨过后巡视时，应穿绝缘靴	
4	正常天气情况下，泄漏电流读数超过初始值1.2倍为严重缺陷，应登记缺陷并按缺陷流程处理	注意做好记录	
5	正常天气情况下，泄漏电流读数超过初始值1.4倍为危急缺陷，应汇报值班调控人员申请停运处理	注意做好记录	
6	发现泄漏电流读数低于初始值时，应检查避雷器与监测装置连接是否可靠，中间是否有短接，绝缘底座及接地是否良好、牢靠，必要时通知检修人员对其进行接地导通试验，判断接地电阻是否合格	工作中与带电部分保持足够的安全距离	
		进入设备区，应正确佩戴安全帽	
		雷雨过后巡视时，应穿绝缘靴	
7	若泄漏电流读数为零，可能是泄漏电流表指针失灵，可用手轻拍监测装置检查泄漏电流表指针是否卡死，如无法恢复时，为严重缺陷，应登记缺陷并按缺陷流程处理	工作中与带电部分保持足够的安全距离	
		进入设备区，应正确佩戴安全帽	
		雷雨过后巡视时，应穿绝缘靴	

三、结束阶段

序号	内容	注意事项	√
1	复核工作质量	对本次作业内容进行全面检查	
2	完工场地清洁	清理工作现场，将工器具全部收拢并清点，材料回收清点	
3	召开班后会	对本次作业进行总结	
4	填写相关记录	规范填写	

作业时间：　年　月　日　时　分至　年　月　日　时　分

工作人员：＿＿＿＿＿＿＿＿＿＿＿＿　工作负责人：＿＿＿＿＿＿＿

第三节　资料维护

一、变电站PMS（3.0）台账维护

（一）维护条件

1.人员要求

①具有一定的PMS系统维护工作经验。

②熟悉PMS系统台账修改、新建、图形修改、新建流程。

2.维护周期

①变电站技术员每月对PMS台账进行一次检查。

②运维单位每季度至少组织一次PMS台账检查。

③新建变电站设备台账、主接线图等信息应在投运前一周内录入PMS系统。

（二）维护内容

1.台账修改

登录账号进入电网资源管理微应用，在左侧我的微应用下选择投运转资管理菜单，在弹出的对话框选择设备投运，在新弹出页面选择变电设备投运管理流程进入设备变更界面，项目来源选择项目预投（此时将自动生成工程编号），工程名称和任务名称按所修改台账的变电站自己编写，申请单位、申请人、所属地市、申请时间自动生成，计划异动时间填当前时间即可，点击保存并启动设备维护弹出提示框点击确定。在变更任务下的

同源维护客户端左侧设备树选择需要修改的设备，点击右键选择台账编辑，修改完毕后点击左上方保存按钮。全部修改完毕后在同源客户端最上方菜单栏选择设备，点击数据检查，检查完毕后点击提交，将流程发送至审核环节。用接受变更申请人账号重新进入系统，从待办事项中找到相应的变更申请任务点击进入填写审核意见后，点击图数发布，整个台账修改流程执行完毕。

2.PMS主页端新增设备台账

登录账号进入电网资源管理微应用，在左侧我的微应用下选择投运转资管理菜单，在弹出的对话框选择设备投运，在新弹出页面选择变电设备投运管理流程进入设备变更界面，项目来源选择项目预投（此时将自动生成工程编号），工程名称和任务名称按所修改台账的变电站自己编写，申请单位、申请人、所属地市、申请时间自动生成，计划异动时间填当前时间即可，点击保存并启动设备维护弹出提示框点击确定。在任务下的同源维护客户端左侧设备树选择相应的电压等级右键点击新建电站，变电站建好后右键选择新增设备，弹出分页面选择间隔，维护好间隔台账后右键选择新增设备，弹出分页面选择各种设备类型，变电站、间隔、设备创建完成后，对各种字段进行维护。字段维护标准按照"变电专业PMS台账填写标准"进行维护，各基础数据按照设备的原始资料进行对照填写。全部修改完毕后在同源客户端最上方菜单栏选择设备，点击数据检查，检查完毕后点击提交，将流程发送至审核环节。用接受变更申请人账号重新进入系统，从待办事项中找到相应的变更申请任务点击进入填写审核意见后，关联相应工程名称和工程编号，下方会出现根据此工程新建的所有设备，点击确认同步，新建的设备信息就会自动同步至ERP系统中，生成相应的PM码。用PM码或设备编码在ERP系统中可以查询到相应的设备信息。整个台账新增流程执行完毕。

3.图形新增

登录账号进入电网资源管理微应用，在左侧我的微应用下选择投运转资管理菜单，在弹出的对话框选择设备投运，在新弹出页面选择变电设备投运管理流程进入设备变更界面，项目来源选择项目预投（此时将自动生成工程编号），工程名称和任务名称按所修改台账的变电站自己编写，申请单位、申请人、所属地市、申请时间自动生成，计划异动时间填当前时间即可，点击保存并启动设备维护弹出提示框点击确定。在任务下的同源维护客户端左侧设备树选择相应的变电站，右键点击编辑一次图，点击上方工具栏的编辑出现各种设备类型的图形符号，选择设备类型进行图形绘制并与设备关联。全部图形新增完毕后在同源客户端最上方菜单栏选择设备，点击数据检查，检查完毕后点击提交，将流程发送至审核环节。用接受变更申请人账号重新进入系统，从待办事项中找到相应的变更申请任务点击进入填写审核意见后，点击图数发布，整个图形新增流程执行完毕。

（三）填写记录

维护结束后，当天在记录簿上填写维护人的姓名、维护内容、维护结果及时间等。

二、变电站图纸资料维护

（一）维护条件

1.人员要求

①具有一定的图纸资料整理经验。

②熟悉图纸资料分类及维护要求。

2.维护周期

①图纸资料应及时归档，且每年进行一次清查确认。

②每天交接班应对当值收纳的图纸资料进行检查整理。

（二）图纸资料归档

对站内图纸进行分类：电气一次部分、电气二次部分、配电装置构支架及基础、生产综合楼结构图、生产综合楼建筑施工图、零米沟道施工图、全站照明及动力图、采暖通风施工图、给排水施工图、全站消防图、全站总图部分。

每个类型图纸存放在一个档案盒中，一个类型图纸如果一个档案盒存放不了，可以多个存放，但应编号。每类图纸应做一个目录表，填写图纸小的种类和数量并按目录表顺序进行整理存放，保证图纸资料目录与图纸资料对应，以便能随时借阅、查询。

检查和核对图纸资料情况，查看是否有霉烂、虫蛀等情况，对图纸资料室进行卫生清理。

对站内新增加或更换的图纸进行分类归档。

第四节　变电站环境保护监测

变电站环境保护监测内容包括电磁辐射、噪声、外排废水、土壤腐蚀、大气腐蚀等监测。

一、监测作业条件

（一）环境要求

1.室内作业

①通风完好。

②照明完好。

③无系统接地。

④无直流接地。

2.室外作业

①无直流接地。

②无系统接地。

③应在无雨、无雷电的情况下进行作业。

（二）人员要求

①具有一定的现场工作经验，熟悉并能严格遵守电力生产和工作现场的相关安全管理规定。

②站内运维人员应进行上岗前和定期环保培训，使其掌握相关的环保

知识和要求，熟悉和掌握变电站内各种设备的安全操控技能。

（三）安全要求

①应严格执行国家电网公司《电力安全工作规程（变电部分）》的相关要求。

②监测工作不得少于两人。作业负责人应由有经验的人员担任，开始作业前，作业负责人应向全体作业人员详细布置作业中的安全注意事项。

③在进行作业时，要防止误碰误动设备。

④使用工器具时应注意好个人及他人防护。

⑤作业现场出现明显异常情况时，应立即停止作业，查明异常原因。

⑥在设备检修和运行维护过程中产生的废油、SF_6 等废弃物应回收利用，严禁随意排放，保护周围环境和植被。固体废弃物应按照国家有关废弃物污染防治法规要求处置，按照其对环境的影响或危害程度，分类存放、处理，并备有记录及存档。

（四）监测周期

运维人员每年对电磁辐射、外排废水、土壤腐蚀、大气腐蚀以及噪声进行监测，并做好监测数据的管理和归档工作。

二、监测前准备工作

（一）资料

作业所需的资料包括：标准化作业指导卡（见附录1-4-1）、上次监测记录、记录本等。

（二）工器具

作业所需的工器具见表1-4-1。

表1-4-1 工器具

序号	名称	型号/尺寸	单位	数量
1	噪声频谱分析仪	HS5671B	个	1
2	绝缘垫	—	个	1
3	绝缘手套	低压	套	1
4	生铁	10mm×5mm×2mm	块	3
5	热镀锌	100mm×50mm×5mm	块	6
6	铜棒	Φ14×50mm	块	6
7	碳钢	10mm×5mm×2mm	块	3
		150mm×30mm×5mm	块	6
8	铁锹		个	1

三、检测内容

（一）电磁辐射监测

对变电站中的电磁辐射量进行系统的测量，并根据测量结果，控制电磁辐射污染，保护环境和人身安全。

①作业环境的电磁辐射监测应在电磁辐射体正常工作的时间内进行，每个测量点连续测5次，每次时间不小于15s，并读取稳定状况的最大值。若测量读数起伏较大，应适当延长测量时间。测量位置除选作业人员操作位置外，还应选电磁辐射体各辅助设施环境、值班室环境。

②环境电磁辐射检测的测量时间应选在5:00～9:00、11:00～14:00、18:00～23:00城市环境电磁辐射的高峰期或电磁辐射体正常工作时间。每次测量观察时间不小于15s，如测量读数起伏较大，应当延长测量时间。

（二）土壤腐蚀测试

土壤腐蚀现场埋样根据运行经验、环境特点、重腐蚀区域合理选择监测点。同一监测点在站内、站外同时布样，并纳入例行巡视。站内选择接地网附近（不影响站内巡视、工程施工等）。站外选择出线杆塔20m内，塔基附近。

碳钢、热镀、锌铜棒数量尺寸如表1-4-2：

表1-4-2　尺寸

序号	材料	尺寸	数量	
			1年期	3年期
1	碳钢	150mm×30mm×5mm	3	3
2	热镀锌	100mm×50mm×5mm	3	3
3	铜棒	Φ14×50mm	3	3

按照期限取出掩埋件，并现场取土3～5kg，送相关部门进行土壤腐蚀检测。

（三）大气腐蚀测试

在变电站场地合适的位置放置腐蚀件，远离运行设备，腐蚀件上空无任何遮挡，材料选择生铁和碳钢，一年后将腐蚀件送相关部门进行大气腐蚀检测。

（四）噪声测试

变电站内产生噪声的主要是变压器和油浸式电抗器。

①噪声检测仪开启：到达指定噪声测试点位，开启检测仪器电源开关。

②检测仪校准：用声校准器对检测仪进行校准，使其示值偏差不得大于0.5dB。

③定点稳态噪声检测：将检测仪对准被测量方位开始检测，时间不少于1min。记录检测结果。将检测仪移动到下一个检测点继续检测。同一位置检测3次，结果取平均值。

④检测结束，将检测仪关闭。

（五）外排废水

变电站的外排废水，大多为生活用水所产生，站内应节约用水，一水多用，减少废水的排放。

四、现场整理

将作业现场使用的工具及材料整理好。

五、填写记录

监测结束后，当天在记录簿上填写监测人的姓名、监测内容、监测结果及时间等。

附录1-4-1：标准化作业指导卡

变电设备主人综合业务
变电站环境保护监测标准化作业指导卡

变电站名称：_____ 电压等级：_____ 被试设备名称及编号：_____

检测仪器型号：_____ 检测仪器生产厂家：_____

检测现场环境温度：____ 检测现场环境湿度：____ 指导卡编号：____

一、准备阶段

序号	准备工作	内容	√
1	召开班前会	分工明确，任务落实到人，安全措施到位；明确危险点及控制措施	
2	劳动组织及人员要求	作业人员着装符合要求，有批准权限	
3	作业人员明确作业标准	作业人员熟悉作业内容、作业标准	
4	危险点分析、预控	安全措施及危险点预控到位	
5	工器具检查、准备	准备测试工具等	
6	记录准备	准备记录、笔	

二、实施阶段

序号	内容	注意事项	√
1	选择噪声源，确定测试地点	满足与测试地点的距离要求	
2	将测试噪声工具取出，安装电池及测试球	正确组装测试工具	
3	测试噪声工具良好	打开电源，检查测试工具良好可用	
4	在不同的地点测试噪声分贝数值	正确记录数值、测试方位、时间、天气	
5	进行复测	确认数据准确	
6	将测试工具电池测试球取下装入工具箱	防止设备落地损坏	

三、结束阶段

序号	内容	注意事项	√
1	完工场地清洁	清理工作现场,将工器具全部收拢并清点,材料回收清点	
2	召开班后会	对本次作业进行总结	
3	整理相关记录,进行数据分析,得出结论	规范填写	

作业时间: 年 月 日 时 分至 年 月 日 时 分

工作人员:_____ 工作负责人:_____

第五节 工程管控

一、新、改、扩工程项目可研初设审查

可研初设审查是指在可研初设阶段从设备安全运行、运检便利性方面对工程可研报告、初设文件、技术规范书等开展的审查。

（一）新建工程项目可研初设审查

1.参加人员

①500（330）kV及以上变电站基建工程可研初设审查，由省公司运检部选派相关专业技术人员参加。

②220kV变电站基建工程可研初设审查，由省公司或地市公司（省检修公司）运检部选派相关专业技术人员参加。

③110（66）kV及以下变电站基建工程可研初设审查，由地市公司运检部选派相关专业技术人员参加。

④审查时应按照可研初设评审记录（见附录1-5-1）要求执行，应做好记录，报送运检部门。

2.审查内容

（1）系统部分

①系统接入方案。

②短路电流计算、主要设备选择，及设备更换选择原则。

③电气设备的绝缘配合及防止过电压措施。

④确定电气设备及绝缘子串的防污要求。

（2）一次部分

①变电站电气主接线形式。

②变电站电气主接线及主要电气设备选择原则主要参数要求。

③确定电气设备总平面布置方案、配电装置型式及电气连接方式。

④设备及建筑物的防雷保护方式。

⑤主变压器的容量、台数、卷数、接线组别、调压方式（有载或无励磁、调压范围、分接头）及阻抗等参数。

⑥无功补偿装置的总容量及分组容量、形式、连接方式。

⑦选择中性点接地方式、中性点设备电气参数，对不接地系统电容电流进行评估。

⑧断路器设备的选型及电气参数。

⑨防误系统的具体配置，远方集控操作及电源供给要求。

⑩大型设备运输方案。

⑪避雷器选型及其配置情况。

⑫接地系统设计方案、接地电阻控制目标值及接地装置的敷设方式。

⑬站用电负荷，站用电系统的接线方式、配电装置的布置，外引站用电源。

⑭事故照明系统。

⑮隔离开关选型及电气参数。

⑯互感器选型及电气参数。

（3）站用交直流电源系统

①站用交直流一体化电源系统的结构、功能、监控范围。

②交直流系统接线方式。

③蓄电池及充电设备主要参数。

④直流负荷统计及计算。

⑤不停电电源系统接线配置。

（4）辅助控制系统

①系统联动配合方案、设备配置、传输通道、主站接口。

②图像监视及安全警卫子系统。

③全站图像监视、范围及摄像设备布点方案。

④安全警戒设计。

⑤火灾报警子系统结构、布线要求及主机、控制模块、联动方案。

⑥环境监测子系统、结构、监测范围、传感器配置布点。

⑦在线监测等其他辅助电气设施的配置及布置。

⑧电子围栏及红外对射配置方式。

⑨门禁配置方式。

（5）土建部分

①站址所处位置、站址地理状况和相关交通运输条件。

②站区地层分布、地质构造，土壤情况。

③站外出线走廊规划、周边公共基础设施、建构筑物、地下管沟、道路、绿化设施等布置方案，站区主要出入口与站外主要道路的衔接及设备运输情况。

④主要建构筑物基础方案、形式及埋置深度、地基处理方案。

⑤站区所采取的抗震烈度。

⑥变电站用水解决方案。

（6）拆旧物资利用

①废旧物资技术鉴定报告审查，报废结论审查。

②拆旧物资利用方案审查，转备品保管方案审查。

（7）停电实施方案

①大型改造过程中临时供电过渡方案审查。

②大型改造过程中负荷转移方案审查。

③大型改造过程与带电设备安全措施审查。

④每一阶段需完成的工作内容，对现有系统的停电配合要求。

（二）改（扩）建工程项目可研初设审查

因变电站内设备种类多本书以主要设备为例，来说明可研初设审查验收标准内容。

1.变压器可研初设审查

（1）参加人员

①变压器可研初设审查由所属管辖单位运检部选派相关专业技术人员参与。

②变压器可研初设审查参加人员应为技术专责或在本专业工作满3年以上的人员。

（2）验收要求

①变压器可研初设审查需由变压器专业技术人员提前对可研报告、初设资料等文件审查，并提出相关意见。

②可研和初设审查阶段主要对变压器选型涉及的技术参数、结构形式进行审查、验收。

③审查时应审核变压器选型是否满足电网运行、设备运维、反措等各项规定要求。

④审查时应按照可研初设评审记录（见附录1-5-1）要求执行，应做好记录，报送运检部门。

（3）验收标准

变压器可研初设审查验收标准见附录1-5-2。

2.断路器可研初设审查

（1）参加人员

①断路器可研初设审查由所属管辖单位运检部选派相关专业技术人员

参与。

②断路器可研初设审查参加人员，应为技术专责或在本专业工作满3年以上的人员。

（2）验收要求

①断路器可研初设审查验收，需由断路器专业技术人员提前对可研报告、初设资料等文件进行审查，并提出相关意见。

②可研初设审查阶段，主要对断路器选型涉及的技术参数、结构形式、安装处地理条件进行审查、验收。

③审查时应审核断路器选型是否满足电网运行、设备运维、反事故措施（简称反措）等各项要求。

④审查时应按照可研初设评审记录（见附录1-5-1）要求执行，应做好记录，报送运检部门

（3）验收标准

断路器可研初设审查验收标准见附录1-5-3。

3.隔离开关可研初设审查

（1）参加人员

①隔离开关可研初设审查，由所属管辖单位运检部选派相关专业技术人员参与。

②隔离开关可研初设审查参加人员，应为技术专责或在本专业工作满3年以上的人员。

（2）验收要求

①隔离开关可研初设审查验收，需由隔离开关专业技术人员提前对可研报告、初设资料等文件进行审查，并提出相关意见。

②可研初设审查阶段，主要对隔离开关选型涉及的技术参数、结构形式、安装处地理条件进行审查、验收。

③审查时应审核隔离开关选型是否满足电网运行、设备运维、反措等

各项要求。

④审查时应按照可研初设评审记录（见附录1-5-1）要求执行，应做好记录，报送运检部门。

（3）验收标准

隔离开关可研初设审查验收标准见附录1-5-4。

4.组合电器可研初设审查

（1）参加人员

①组合电器可研初设审查，由所属管辖单位运检部选派相关专业技术人员参与。

②组合电器可研初设参加人员，应为技术专责，或在本专业工作满3年以上的人员。

（2）验收要求

①组合电器可研初设审查验收，需由组合电器专业技术人员提前对可研报告、初设资料等文件进行审查，并提出相关意见。

②可研初设审查阶段，主要对组合电器选型涉及的技术参数、结构形式等进行审查。

③审查时应审核组合电器选型是否满足电网运行、设备运维、反措等各项要求。

④审查时应落实《国家电网公司关于印发电网设备技术标准差异条款统一意见的通知》各项要求。

⑤审查时应按照可研初设评审记录（见附录1-5-1）要求执行，应做好记录，报送运检部门。

（3）验收标准

组合电器可研初设审查验收标准见附录1-5-5。

5.开关柜可研初设审查

（1）参加人员

①高压开关柜可研初设审查，由所属管辖单位运检部选派相关专业技术人员参与。

②高压开关柜可研初设参加人员应为技术专责，或在本专业工作满3年以上的人员。

（2）验收要求

①高压开关柜可研初设审查验收，需由高压开关柜专业技术人员提前对可研报告、初设资料等文件进行审查，并提出相关意见。

②可研初设审查阶段，主要对高压开关柜选型设计的技术参数、结构形式进行审查、验收。

③审查时应审核高压开关柜选型是否满足电网运行、设备运维要求、反措等各项要求。

④审查时应按照可研初设评审记录（见附录1-5-1）要求执行，应做好记录，报送运检部门。

（3）验收标准

开关柜可研初设审查验收标准见附录1-5-6。

6.电流互感器可研初设审查

（1）参加人员

①电流互感器可研初设审查，由所属管辖单位运检部选派相关专业技术人员参与。

②电流互感器可研初设审查参加人员，应为技术专责或在本专业工作满3年以上的人员。

（2）验收要求

①电流互感器可研初设审查验收，需由专业技术人员提前对可研报告、初设资料等文件进行审查，并提出相关意见。

②可研初设审查阶段，主要针对电流互感器选型涉及的技术参数、结构形式、安装处地理条件进行审查、验收。

③审查时应审核电流互感器选型是否满足电网运行、设备运维、反措等各项要求。

④审查时应按照可研初设评审记录（见附录1-5-1）要求执行，应做好记录，报送运检部门。

（3）验收标准

电流互感器可研初设审查验收标准见附录1-5-7。

7.电压互感器可研初设审查

（1）参加人员

①电压互感器可研初设审查，由所属管辖单位运检部选派相关专业技术人员参与。

②电压互感器可研初设审查参加人员，应为技术专责或在本专业工作满3年以上的人员。

（2）验收要求

①电压互感器可研初设审查验收，需由专业技术人员提前对可研报告、初设资料等文件进行审查，并提出相关意见。

②可研初设审查阶段，主要是对电压互感器选型涉及的技术参数、结构型式、安装处地理条件进行审查、验收。

③审查时应审核电压互感器选型是否满足电网运行、设备运维、反措等各项要求。

④审查时应按照可研初设评审记录（见附录1-5-1）要求执行，应做好记录，报送运检部门。

（3）验收标准

电压互感器可研初设审查验收标准见附录1-5-8。

二、新、改、扩工程设备厂内验收

新建工程设备厂内验收，是指对设备厂内制造的关键点进行见证和出厂验收。

（一）新建工程设备厂内验收（关键点见证、驻厂监造）

1.参加人员

①500（330）kV及以上变电站基建工程厂内验收，由省公司运检部选派相关专业技术人员参加。

②220kV变电站基建工程厂内验收，由省公司或地市公司（省检修公司）运检部选派相关专业技术人员参加。

③110（66）kV及以下变电站基建工程厂内验收，由地市公司运检部选派相关专业技术人员参加。

2.关键点见证和出厂验收人员要求

①应有一定的实际工作经验和专业知识。

②熟悉设备的原理、结构、工艺、试验和相关标准。

③熟悉合同要求及相应技术文件，有较强工作责任心。

3.关键点见证条件及要求

关键点见证是按照技术监督要求，在设备制造环节组织开展的质量监督工作，监督、检查设备的生产制造过程是否符合设备订货合同、有关规范、标准的要求。

（1）关键点见证的参与人员

关键点见证由建设管理单位（部门）或物资部门组织，运检部选派相关专业技术人员参加。

（2）关键点见证的记录

关键点见证过程应当形成记录（见附录1-5-9），交建设管理单位（部门）或物资部门督促整改，运检单位保存记录并跟踪整改情况，重大问题报本单位运检部协调解决。

（3）关键点见证前期应做好以下工作

①了解设备的技术要求，包括设计联络会、技术交底、设计变更等内容。

②了解《关键节点见证实施方案》相关内容。

③了解合同中明确需见证的关键点。

（4）关键点见证的主要工作方法

①调阅监造日志和记录。

②抽样检查主要材料，如变压器电磁线抽检。

③抽样检查关键工艺的检验记录，如抽样检查突发短路试验。

（5）关键点见证的主要内容

①审查供应商的质量管理体系及运行情况。

②查验主要生产工序的生产工装设备、操作规程、检测手段、测量试验设备。

③查验有关人员的上岗资格、设备制造和装配场所环境。

④查验外购主要原材料、组部件的质量证明文件、试验、检验报告。

⑤查验外协加工件、材料的质量证明以及供应商提交的进厂检验资料，并与实物相核对。

⑥在制造现场对主要及关键组部件的制造工序、工艺和制造质量进行监督和见证。

⑦查验在合同中约定的产品制造过程中拟采用的新技术、新材料、新工艺的鉴定资料和试验报告。

⑧掌握设备生产、加工、装配和试验的实际进展情况。

⑨做好见证信息的记录工作，在15个工作日内完成关键点见证工作总结并提交物资管理部门。

（二）改（扩）建工程设备厂内验收（关键点见证、驻厂监造）

改（扩）建工程设备厂内验收，是指对设备厂内制造的关键点进行见证和出厂验收。

1.变压器厂内验收

（1）参加人员

①变压器关键点见证由所属管辖单位运检部选派相关专业技术人员参与。

②1000（750）kV变压器验收人员应为技术专责，或具备班组工作负责人及以上资格，或在本专业工作满10年以上的人员。

③500（330）kV及以下变压器验收人员应为技术专责，或具备班组工作负责人及以上资格，或在本专业工作满3年以上的人员。

（2）验收要求

①1000（750）kV变压器关键点见证应逐台逐项进行。

②500（330）kV变压器应逐台进行关键点的一项或多项验收。

③对首次入网或者有必要的220kV及以下变压器应进行关键点的一项或多项验收。

④关键点见证采用查阅制造厂记录、监造记录和现场见证方式。

⑤物资部门应督促制造厂在制造变压器前20天提交制造计划和关键节点时间，有变化时物资部门应提前5个工作日告知运检部门。

⑥关键点见证项目包括设备选材、抗短路能力、油箱及储油柜制作、器身装配、器身干燥处理过程、总装配等。

⑦关键点见证时应按照附录1-5-10要求执行。

（3）异常处置

验收发现质量问题时，验收人员应及时告知物资部门、制造厂家，提出整改意见，填入"关键点见证记录"（见附录1-5-9），报送运检部门。

（4）验收标准

①变压器关键点见证验收标准见附录1-5-10。

②变压器出厂验收（外观）标准见附录1-5-11。

③变压器出厂绝缘油验收标准见附录1-5-12。

④500（330）kV-1 000kV 变压器出厂验收（试验）标准见附录1-5-13。

⑤110（66）kV-220kV 变压器出厂验收（试验）标准见附录1-5-14。

⑥35kV变压器出厂验收（试验）标准见附录1-5-15。

2.断路器厂内验收

（1）参加人员

①断路器关键点见证，由所属管辖单位运检部选派相关专业技术人员参与。

②750kV高压断路器验收人员应为技术专责，或具备班组工作负责人及以上资格，或在本专业工作满10年以上的人员。

③500（330）kV及以下断路器验收人员应为技术专责，或具备班组工作负责人及以上资格，或在本专业工作满3年以上的人员。

（2）验收要求

①500（330）kV及以上断路器，应逐批进行关键点的一项或多项验收。

②对首次入网或者有必要的220kV及以下断路器，应进行关键点的一项或多项验收。

③关键点见证采用查询制造厂家记录、监造记录和现场察看方式。

④物资部门应督促制造厂家在制造断路器前20天，提交制造计划和关键节点时间，有变化时物资部门应提前5个工作日告知运检部门。

⑤关键点见证包括、灭弧室装配、断路器触头磨合、总装配等。

⑥关键点见证时应按照附录1-5-16要求执行。

（3）异常处置

验收发现质量问题时，验收人员应及时告知物资部门、制造厂家，提出整改意见，填入"关键点见证记录"（见附录1-5-7），报送运检部门。

（4）验收标准

①断路器关键点见证验收标准见附录1-5-16。

②断路器设备出厂验收标准见附录1-5-17。

3.隔离开关厂内验收

（1）参加人员

①隔离开关关键点见证，由所属管辖单位运检部选派相关专业技术人员参与。

②500（330）kV及以上隔离开关的关键点见证人员，应为技术专责或具备班组工作负责人及以上资格，或在本专业工作满10年以上的人员。

③220kV及以下隔离开关关键点见证人员，应为技术专责或具备班组工作负责人及以上资格，或在本专业工作满3年以上的人员。

（2）验收要求

①500（330）kV及以上隔离开关应逐批进行关键点的一项或多项验收。

②对首次入网或者有必要的220kV及以下隔离开关，应进行关键点的一项或多项验收。

③关键点见证采用查询制造厂家记录、监造记录和现场察看方式。

④物资部门应督促制造厂家在制造隔离开关前20天提交制造计划和关键节点时间，有变化时物资部门应提前5个工作日告知运检部门。

⑤关键点见证包括设备选材、装配及调试、试验见证等。

⑥关键点见证时应按照附录1-5-18要求执行。

（3）异常处置

验收发现质量问题时，验收人员应及时告知物资部门、制造厂家，提出整改意见，填入"关键点见证记录"（见附录1-5-7），报送运检部门。

（4）验收标准

①隔离开关关键点见证验收标准见附录1-5-18。

②隔离开关出厂验收标准见附录1-5-19。

4.组合电器厂内验收

（1）参加人员

①组合电器关键点见证，由所属管辖单位运检部选派相关专业技术人员参与。

②1000（750）kV组合电器验收人员应为技术专责，或具备班组工作负责人及以上资格，或在本专业工作满10年以上的人员。

③500（330）kV及以下组合电器验收人员应为技术专责，或具备班组工作负责人及以上资格，或在本专业工作满3年以上的人员。

（2）验收要求

①1000（750）kV特高压组合电器关键点见证应逐台进行，省检修分公司运维分部应委派1～2人参与全部关键点见证。

②500（330）kV及以上组合电器，应逐项进行关键点的一项或多项验收。

③对首次入网或者有必要的220kV及以下组合电器，应进行关键点的一项或多项验收。

④关键点见证采用查阅制造厂家记录、监造记录和现场察看方式。

⑤物资部门应督促制造厂家在制造组合电器前20天，提交制造计划和关键节点时间，有变化时物资部门应提前5个工作日告知运检部门。

⑥关键点见证包括设备选材、气体密封性、绝缘件、导体、器身装

配、总装配等。

⑦关键点见证时应按照附录1-5-20要求执行。

（3）异常处置

验收发现质量问题时，验收人员应及时告知物资部门、制造厂家，提出整改意见，填入"关键点见证记录"（见附录1-5-7），报送运检部门。

（4）验收标准

①组合电器关键点见证验收标准见附录1-5-20。

②组合电器出厂验收（外观）标准见附录1-5-21。

③组合电器出厂验收（试验）标准见附录1-5-22。

5. 开关柜厂内验收

（1）参加人员

①高压开关柜关键点见证，由所属管辖单位运检部选派相关专业技术人员参与。

②高压开关柜验收人员应为技术专责，或具备班组工作负责人及以上资格，或在本专业工作满3年以上的人员。

（2）验收要求

①对首次入网或者在必要时对高压开关柜应进行关键点的一项或多项验收。

②关键点见证采用查询制造厂家记录、监造记录和现场察看方式。

③物资部门应督促制造厂家在制造高压开关柜前20天，提交制造计划和关键节点时间，有变化时物资部门应提前5个工作日告知运检部门。

④关键点见证包括设备选材、投切电容器组用断路器老练试验、开关柜绝缘件局放试验、开关柜总装配验收等。

⑤关键点见证时应按照附录1-5-23要求执行。

（3）异常处置

验收发现质量问题时，验收人员应及时告知物资部门、制造厂家，提出整改意见，填入"关键点见证记录"（见附录1-5-7），报送运检部门。

（4）验收标准

①开关柜关键点见证验收标准见附录1-5-23。

②开关柜出厂验收（外观）标准见附录1-5-24。

③开关柜出厂验收（试验）标准见附录1-5-25。

6.电流互感器厂内验收

（1）参加人员

①电流互感器关键点见证，由所属管辖单位运检部选派相关专业技术人员参与。

②1000（750）kV电流互感器验收人员应为技术专责，或具备班组工作负责人及以上资格，或在本专业工作满10年以上的人员。

③500（330）kV及以下电流互感器验收人员应为技术专责，或具备班组工作负责人及以上资格，或在本专业工作满3年以上的人员。

（2）验收要求

①1000（750）kV电流互感器验收，应对电流互感器制造过程的关键点进行验收。

②对首次入网的500（330）kV及以下电流互感器设备或者在运检部门认为必要时应进行关键点见证。

③关键点见证采用查阅制造厂家记录、监造记录和现场查看方式。

④物资部门应督促制造厂家在制造电流互感器前20天，提交制造计划和关键节点时间，有变化时物资部门应提前5个工作日告知运检部门。

⑤关键点见证包括设备选材、装配、干燥处理过程、总装配等。

⑥关键点见证时应按照附录1-5-26要求执行。

（3）异常处置

验收发现质量问题时，验收人员应及时告知物资部门、制造厂家，提出整改意见，填入"关键点见证记录"（见附录1-5-7），报送运检部门。

（4）验收标准

①电流互感器关键点见证验收标准见附录1-5-26。

②电流互感器出厂验收标准见附录1-5-27。

7.电压互感器厂内验收

（1）参加人员

①电压互感器关键点见证，由所属管辖单位运检部选派相关专业技术人员参与。

②1000（750）kV电压互感器验收人员应为技术专责，或具备班组工作负责人及以上资格并在本专业工作满10年以上的人员。

③500（330）kV及以下电压互感器验收人员应为技术专责，或具备班组工作负责人及以上资格并在本专业工作满3年以上的人员。

（2）验收要求

①1000（750）kV电压互感器验收，应对电压互感器制造过程的关键点进行验收。

②对首次入网的500（330）kV及以下电压互感器设备或者在运检部门认为必要时应进行关键点见证。

③关键点见证采用查阅制造厂家记录、监造记录和现场查看方式。

④物资部门应督促制造厂家在制造电压互感器前20天，提交制造计划和关键节点时间，有变化时物资部门应提前5个工作日告知运检部门。

⑤关键点见证包括设备选材、干燥处理、器身装配、真空充油等制造环节。

⑥关键点见证时应按照附录1-5-28要求执行。

（3）异常处置

验收发现质量问题时，验收人员应及时告知物资部门、制造厂家，提出整改意见，填入"关键点见证记录"（见附录1-5-7），报送运检部门。

（4）验收标准

①电压互感关键点见证验收标准见附录1-5-28。

②电压互感器出厂验收标准见附录1-5-29。

三、新、改、扩工程到货验收

到货验收是指设备运送到现场后进行的验收。

（一）新建工程到货验收

1.参加人员

①500（330）kV及以上变电站基建工程到货验收，由省公司运检部选派相关专业技术人员参加。

②220kV变电站基建工程到货验收，由省公司或地市公司（省检修公司）运检部选派相关专业技术人员参加。

③110（66）kV及以下变电站基建工程到货验收，由地市公司运检部选派相关专业技术人员参加。

2.验收条件及要求

①运检单位（部门）提出需参加到货验收的设备清单，并在开工前向建设管理单位（部门）提交，建设管理单位（部门）在验收前5个工作日通知运检单位。

②到货验收由建设管理单位（部门）或物资部门组织，运检部选派相关专业技术人员参与。

③参加验收过程应形成记录（见附录1-5-30），交建设管理单位（部

门）督促整改，运检单位保存记录并跟踪整改情况，重大问题报本单位运检部协调解决。

④运检部门根据需要，可采用重大问题反馈联系单方式协调解决。

⑤运检部必要时应派员参与对大件设备、易损设备、重要设备出厂运输方案的审查。

⑥主要设备到货后，制造厂、运输部门、用户三方人员应共同验收。

⑦到货验收应检查运输过程是否引起货物质量的损坏，并审核设备、材料的质量证明。

⑧到货后，应检查设备运输过程记录，查看包装、运输安全措施是否完好。

⑨设备运抵现场后应检查确认各项记录数值是否超标。

⑩设备运输应严格遵照设备技术规范和制造厂家要求，同时落实各项反措要求。

⑪检查实物与供货单及供货合同一致。

⑫随产品提供的产品清单、产品合格证（含组附件）、出厂试验报告、产品使用说明书（含组附件）等资料齐全完整。

（二）改（扩）建工程到货验收

1.变压器到货验收

（1）参加人员

变压器到货验收，由所属管辖单位运检部选派相关专业技术人员参与。

（2）验收要求

①1 000kV变压器到货验收，应全过程参与。

②750kV及以下变压器到货验收，在运检部门认为有必要时参与。

③变压器本体运输应安装三维冲撞记录仪，三维冲撞记录仪就位后方

可拆除，卸货前、就位后两个节点应检查三维冲击记录仪的冲击值。

④本体或升高座等充气运输的设备，应安装显示充气压力的表计，卸货前应检查压力表指示符合厂家要求，变压器制造厂家应提供运输过程中的气体压力记录。充油运输的本体或升高座设备应检查无渗漏现象。

⑤到货验收应进行货物清点、运输情况检查、包装及外观检查。

⑥变压器附件和资料包装应有防雨措施。

⑦到货验收工作按附录1-5-31要求执行。

（3）异常处置

验收发现质量问题时，验收人员应及时告知物资部门、制造厂家，提出整改意见。

（4）验收标准

变压器到货验收标准见附录1-5-31。

2.断路器到货验收

（1）参加人员

断路器到货验收由所属管辖单位运检部选派相关专业技术人员参与。

（2）验收要求

①运检部门认为有必要时参加验收。

②到货验收应进行货物清点、运输情况检查、包装及外观检查。

③到货验收工作按照附录1-5-32要求执行。

（3）异常处置

验收发现质量问题时，验收人员应及时告知物资部门、制造厂家，提出整改意见。

（4）验收标准

断路器到货验收标准见附录1-5-32。

3.隔离开关到货验收

（1）参加人员

隔离开关到货验收，由所属管辖单位运检部选派相关专业技术人员参与。

（2）验收要求

①隔离开关到货验收在运检部门认为有必要时参与。

②到货验收应进行货物清点、运输情况检查、包装及外观检查。

③到货验收工作按照附录1-5-33要求执行。

（3）异常处置

验收发现质量问题时，验收人员应及时告知物资部门、制造厂家，提出整改意见。

（4）验收标准

隔离开关到货验收标准见附录1-5-33。

4.组合电器到货验收

（1）参加人员

组合电器到货验收，由所属管辖单位运检部选派相关专业技术人员参与。

（2）验收要求

①运检部门认为有必要时参加验收。

②到货验收应进行货物清点、运输情况检查、包装及外观检查。

③运维单位应留存三维冲撞记录纸。

④到货验收工作按附录1-5-34要求执行。

（3）异常处置

验收发现质量问题时，验收人员应及时告知物资部门、制造厂家，提出整改意见。

（4）验收标准

组合电器到货验收标准见附录1-5-34。

5.开关柜到货验收

（1）参加人员

高压开关柜到货验收，由所属管辖单位运检部选派相关专业技术人员参与。

（2）验收要求

①运检部门认为有必要时参加验收。

②到货验收应进行货物清点、运输情况检查、包装及外观检查。

③到货验收工作按照附录1-5-35要求执行。

（3）异常处置

验收发现质量问题时，验收人员应及时告知物资部门、制造厂家，提出整改意见。

（4）验收标准

开关柜到货验收标准见附录1-5-35。

6.电流互感器到货验收

（1）参加人员

电流互感器到货验收由所属管辖单位运检部选派相关专业技术人员参与。

（2）验收要求

①电流互感器到货验收应进行货物清点、运输情况检查、包装及外观检查。

②运输前5个工作日，制造厂家应提供路径图并标明有运输尺寸和重量限制的地点。

③220kV及以上电压等级电流互感器运输应安装三维冲撞记录仪（或振动子），卸货前、就位后两个节点应检查三维冲撞记录仪（振动子）的

冲击值，运维单位应留存三维冲撞记录纸和押运记录的复印件。

④到货验收工作按附录1-5-36要求执行。

（3）异常处置

验收发现质量问题时，验收人员应及时告知物资部门、制造厂家，提出整改意见，填入"到货验收记录"（见附录1-5-30），报送运检部门。

（4）验收标准

电流互感器到货验收标准见附录1-5-36。

7.电压互感器到货验收

（1）参加人员

电压互感器到货验收，由所属管辖单位运检部选派相关专业技术人员参与。

（2）验收要求

①电压互感器到货验收应进行货物清点、运输情况检查、包装及外观检查。

②到货验收工作按附录1-5-37要求执行。

（3）异常处置

验收发现质量问题时，验收人员应及时告知物资部门、制造厂家，提出整改意见，填入"到货验收记录"（见附录1-5-30），报送运检部门。

（4）验收标准

电压互感器到货验收标准见附录1-5-37。

四、新、改、扩工程隐蔽工程验收

隐蔽工程验收是指对施工过程中本工序会被下一工序所覆盖，在随后的验收中不易查看其质量时开展的验收。

（一）新建工程隐蔽工程验收

1.参加人员

①500（330）kV及以上变电站基建工程隐蔽工程验收，由省公司运检部选派相关专业技术人员参加。

②220kV变电站基建工程隐蔽工程验收，由省公司或地市公司（省检修公司）运检部选派相关专业技术人员参加。

③110（66）kV及以下变电站基建工程隐蔽工程验收，由地市公司运检部选派相关专业技术人员参加。

2.验收条件及要求

①运检单位（部门）明确需参加验收的隐蔽工程清单，并在开工前向建设管理单位（部门）提交。

②工程建设管理单位（部门）在工程隐蔽前向运检单位（部门）提出验收申请。

③接到验收申请后，运检单位（部门）5个工作日内组织相关人员参加隐蔽工程验收。

④监理单位应提供关键部位、关键工序跟踪报告、旁站记录、设计变更等有关管理资料。

⑤隐蔽工程验收应形成记录（见附录1-5-38），交建设管理单位（部门）督促整改，运检单位保存记录并跟踪整改情况，重大问题报本单位运检部协调解决。

⑥隐蔽工程验收主要项目：

第一，变压器（电抗器）器身检查。

第二，变压器（电抗器）冷却器密封试验。

第三，变压器（电抗器）密封试验。

第四，组合电器封盖前检查。

第五，高压配电装置母线（含封闭母线桥）隐蔽前检查。

第六，站用高、低压配电装置母线隐蔽前检查。

第七，直埋电缆（隐蔽前）检查。

第八，室内、室外接地装置隐蔽前检查。

第九，避雷针及接地引下线检查。

第十，其他有必要的隐蔽性验收项目。

（二）改（扩）建工程隐蔽工程验收

1.变压器隐蔽工程验收

（1）参加人员

①变压器隐蔽工程验收，由所属管辖单位运检部选派相关专业技术人员参与。

②变压器隐蔽工程验收负责人员，应为技术专责或具备班组工作负责人及以上资格。

（2）验收要求

①项目管理单位应在变压器到货前一周将安装方案、工作计划提交设备运检单位，由设备运检单位审核，并安排相关专业人员进行隐蔽工程验收。

②1 000kV变压器隐蔽工程验收应全过程参与。

③750kV及以下变压器隐蔽工程验收在运检部门认为有必要时参与。

④变压器隐蔽工程验收项目主要对器身进行检查。

变压器隐蔽工程验收工作按照附录1-5-39要求执行。

（3）异常处置

验收发现质量问题时，验收人员应及时告知项目管理单位、施工单位，提出整改意见。

（4）验收标准

变压器隐蔽工程验收标准见附录1-5-39。

2.组合电器隐蔽工程验收

（1）参加人员

①组合电器隐蔽工程验收，由所属管辖单位运检部选派相关专业技术人员参与。

②组合电器隐蔽工程验收负责人员，应为技术专责或具备班组工作负责人及以上资格。

（2）验收要求

①项目管理单位应在组合电器到货前一周将安装方案、工作计划提交设备运检单位，由设备运检单位审核，并安排相关专业人员进行阶段性验收。

②组合电器安装方案由所属管辖单位运检部、变电运维室、变电检修室专责进行审核。

③组合电器安装应具备安装使用说明书、出厂试验报告及合格证等资料，并制定施工作业指导书。

④组合电器隐蔽工程验收包括组部件安装、抽真空充气等隐蔽工程验收项目。

⑤组部件安装验收工作按照附录1-5-40要求执行。

⑥抽真空充气验收工作按照附录1-5-41要求执行。

（3）异常处置

验收发现质量问题时，验收人员应及时告知项目管理部门、施工单位，提出整改意见。

（4）验收标准

①组合电器隐蔽工程验收（组部件安装）标准见附录1-5-40要求执行。

②组合电器隐蔽工程验收（抽真空充气）标准见附录1-5-41要求执行。

3.开关柜隐蔽工程验收

（1）参加人员

①高压开关柜隐蔽工程验收，由所属管辖单位运检部选派相关专业技术人员参与。

②高压开关柜隐蔽工程验收负责人员，应为技术专责或具备班组工作负责人及以上资格。

（2）验收要求

①项目管理单位应在高压开关柜到货前一周将安装方案、工作计划提交设备运检单位，由设备运检单位审核，并安排相关专业人员进行阶段性验收。

②高压开关柜安装方案由所属管辖单位运检部、变电运维室、变电检修室专责进行审查。

③高压开关柜安装应具备安装使用说明书、出厂试验报告及合格证等资料，并制定施工安全技术措施。

④高压开关柜隐蔽工程验收包括开关柜绝缘件安装、并柜、开关柜主母线连接等验收项目。

⑤高压开关柜主母线连接验收工作按附录1-5-42要求执行。

（3）异常处置

验收发现质量问题时，验收人员应及时告知物资部门、制造厂家，提出整改意见。

（4）验收标准

开关柜隐蔽工程验收标准见附录1-5-42。

五、新、改、扩工程中间验收

中间验收是指在设备安装调试工程中对关键工艺、关键工序、关键部位和重点试验等开展的验收。

（一）新建工程中间验收

1.参加人员

①500（330）kV及以上变电站基建工程中间验收，由省公司运检部选派相关专业技术人员参加。

②220kV变电站基建工程中间验收，由省公司或地市公司（省检修公司）运检部选派相关专业技术人员参加。

③110（66）kV及以下变电站基建工程中间验收，由地市公司运检部选派相关专业技术人员参加。

2.验收条件及要求

①变电工程必须开展的中间验收，与竣工（预）验收不得合并进行。

②中间验收前，应完成需验收内容的施工单位三级自检及监理初检。

③中间验收以过程随机检查和阶段性检查的方式进行，以确保覆盖面。

④中间验收中影响电气安装的问题未整改完成前，不得进行后续安装工作。

⑤中间验收应形成记录（见附录1-5-43），交建设管理单位（部门）督促整改，运检单位保存记录并跟踪整改情况，重大问题报本单位运检部协调解决。

（二）改（扩）建工程中间验收

1.变压器中间验收

（1）参加人员

①变压器中间验收，由所属管辖单位运检部选派相关专业技术人员参与。

②变压器中间验收负责人员，应为技术专责或具备班组工作负责人及以上资格。

116

（2）验收要求

①变压器中间验收项目包括组部件安装、抽真空注油、热油循环等。

②1 000kV变压器中间验收应全过程参与。

③750kV及以下变压器中间验收在运检部门认为有必要时参与。

④组部件安装验收工作按照附录1–5–44要求执行。

⑤抽真空注油验收工作按照附录1–5–45要求执行。

⑥热油循环验收工作按照附录1–5–46要求执行。

（3）异常处置

验收发现质量问题时，验收人员应及时告知项目管理单位、施工单位，提出整改意见，填入"中间验收记录"（见附录1–5–43），报送运检部门。

（4）验收标准

①变压器中间验收（组部件安装）标准见附录1–5–44要求执行。

②变压器中间验收（抽真空注油）标准见附录1–5–45要求执行。

③变压器中间验收（热油循环）标准见附录1–5–46要求执行。

2.组合电器中间验收

（1）参加人员

①组合电器中间验收，由所属管辖单位运检部选派相关专业技术人员参与。

②组合电器中间验收负责人员，应为技术专责或具备班组工作负责人及以上资格。

（2）验收要求

①组合电器中间验收项目包括组合电器柜外观、动作、信号进行检查核对。

②中间验收工作按照附录1–5–47要求执行。

（3）异常处置

验收发现质量问题时，验收人员应及时告知项目管理单位、施工单位，提出整改意见。

（4）验收标准

组合电器中间验收标准见附录1-5-47。

3.开关柜中间验收

（1）参加人员

①开关柜中间验收，由所属管辖单位运检部选派相关专业技术人员参与。

②开关柜中间验收负责人员，应为技术专责或具备班组工作负责人及以上资格。

（2）验收要求

①开关柜中间验收项目包括高压开关柜外观、动作、信号进行检查核对。

②中间验收工作按照附录1-5-48要求执行。

（3）异常处置

验收发现质量问题时，验收人员应及时告知项目管理单位、施工单位，提出整改意见。

（4）验收标准

开关柜中间验收标准见附录1-5-48。

六、新、改、扩工程竣工（预）验收

（一）新建工程竣工（预）验收

竣工（预）验收是指施工单位完成三级自验收及监理初检后，对设备进行的全面验收。

1.参加人员

①建设管理单位（部门）负责竣工（预）验收总体工作组织、发布验收通知，组织召开验收总结会，汇总验收意见，组织编制竣工（预）验收

报告，运检部配合参加验收，监督消缺整改。

②建设管理单位（部门）组织参建单位开展基建工程（预）验收工作，负责组织对验收问题及缺陷整改，并提出复检申请。

③500（330）kV及以上变电站基建工程竣工（预）验收，由省公司运检部选派相关专业技术人员参加。

④220kV变电站基建工程竣工（预）验收，由省公司或地市公司（省检修公司）运检部选派相关专业技术人员参加。

⑤110（66）kV及以下变电站基建工程竣工（预）验收，由地市公司运检部选派相关专业技术人员参加。

2.验收内容

①工程质量管理体系及实施。

②主设备的安装试验记录。

③工程技术资料，包括出厂合格证及试验资料、隐蔽工程检查验收记录等。

④抽查装置外观和仪器、仪表合格证。

⑤电气试验记录。

⑥现场试验检查。

⑦技术监督报告及反事故措施执行情况。

⑧工程生产准备情况。

3.验收条件

①施工单位完成三级自检并出具自检报告。

②监理单位完成验收并出具监理报告，明确设备概况、设计变更和安装质量评价。

③现场设备生产准备完成。

④现场应具备各类生产辅助设施（包括安全工器具、专用工器具、备品备件等）。

⑤施工图纸、交接试验报告、单体调试报告及安装记录等完整齐全，满足投产运行的需要。

⑥设备的技术资料（包括设备订货相关文件、设计联络文件、监造报告、设计图纸资料、供货清单、使用说明书、备品备件资料、出厂试验报告等）齐全。

4. 验收申请

①建设管理单位（部门）根据下月工程进展情况，提前一个月将验收计划提交运检部。

②运检部综合考虑运维、检修、验收等工作安排，会同基建、物资、调控、营销、科信等部门合理确定工程竣工（预）验收计划，并提前通知建设管理单位（部门）及运检单位。

③建设管理单位（部门）根据监理单位提交的验收申请，检查审核施工单位的三级验收、监理单位的初检是否已按要求完成，复检相关遗留问题是否按照要求整改完成。

④建设管理单位（部门）应当提前5个工作日将验收申请提交运检部。

⑤运检部在2个工作日内完成验收申请的审查，不具备验收条件的，由建设管理单位（部门）补充完善。

5. 验收准备

①运检部审查确认工程具备竣工（预）验收条件后，建设管理单位（部门）成立竣工（预）验收工作组，下发竣工（预）验收通知。

②竣工（预）验收组组长由各级建设管理单位（部门）担任，成员由各级运检部、建设部、调度、安监、信通、运检单位、设计、施工、调试、监理等单位（部门）人员组成。

③竣工（预）验收组按照专业分工分成土建检查组、电气一次检查组、电气二次检查组、资料检查组、生产准备组开展验收工作。其中电气

一次检查组、生产准备组的组长由运检单位（部门）人员担任。

④竣工（预）验收组组织编制验收方案，明确验收的范围、验收分工、验收时间、验收注意事项，运检专业人员根据各类设备验收要求编制相关竣工（预）验收标准卡。

6.现场验收

①建设管理单位（部门）组织竣工（预）验收组人员在规定时间内完成预验收。

②现场验收成员必须熟悉竣工（预）验收方案，掌握竣工（预）验收标准卡内的验收标准、安装、调试、试验数据等内容。

③现场验收过程必须持卡标准化作业，逐项打钩，关键试验数据要记录具体测试值，异常数据需向各专业组长汇报，必要时可组织专家开会讨论，或者要求重新测试等。

④验收完成后，各现场验收人员应当详细记录验收过程中发现的问题，形成记录存档，并在验收卡上签字。

⑤建设管理单位（部门）应组织设计、施工、监理单位配合做好现场竣工（预）验收工作。

⑥500（330）kV变电站基建工程竣工（预）验收开始时间，应提前计划投运时间不少于20个工作日。

⑦220kV变电站基建工程竣工（预）验收开始时间，应提前计划投运时间不少于15个工作日。

⑧110（66）kV及以下变电站基建工程竣工（预）验收开始时间，应提前计划投运时间不少于10个工作日。

7.验收缺陷整改及复验

①工程验收实行闭环管理。验收组针对工程（预）验收发现的缺陷和问题，并综合前期厂内验收、到货验收、隐蔽工程验收、中间验收等环节的遗留问题，统一编制竣工（预）验收及整改记录（竣工（预）验收及整

改记录见附录1-5-49），交建设管理单位（部门）督促整改，报送本单位运检部。

②运检部门根据需要，可采用重大问题反馈联系单方式协调解决。

③建设管理单位（部门）对竣工（预）验收意见提出的缺陷组织整改，由工程设计、施工、监理单位具体落实。

④缺陷整改完成后，由建设管理单位（部门）提出复验申请，运检单位（部门）审查缺陷整改情况，组织现场复验，未按要求完成的，由建设管理单位（部门）继续落实缺陷整改。

⑤运检单位应保存相关验收及整改记录，责任可追溯、可考核。

⑥所有的缺陷应闭环整改复验后，竣工（预）验收工作组方可向启动验收委会申请启动验收。

（二）改（扩）建工程竣工（预）验收

1.变压器竣工（预）验收

（1）参加人员

①变压器竣工（预）验收由所属管辖单位运检部选派相关专业技术人员参与。

②变压器竣工（预）验收负责人员，应为技术专责或具备班组工作负责人及以上资格。

（2）验收要求

①验收应对变压器外观、动作、信号进行检查核对。

②验收应核查变压器交接试验报告，对交流耐压试验、局放试验进行旁站见证，同时可对相关交接试验项目进行现场抽检。

③验收应检查、核对变压器相关的文件资料是否齐全，变压器资料及文件验收标准见附录1-5-50。

④交接试验验收要保证所有试验项目齐全、合格，并与出厂试验数值

无明显差异。

⑤电压等级不同的变压器，根据不同的结构、组部件选用相应的验收标准。

⑥竣工（预）验收工作按照附录1-5-51要求执行。

（3）异常处置

验收发现质量问题时，验收人员应及时告知项目管理单位、施工单位，提出整改意见。

（4）验收标准

①变压器竣工（预）验收标准见附录1-5-51。

②变压器交接试验验收标准见附录1-5-52。

2.断路器竣工（预）验收

（1）参加人员

①断路器竣工（预）验收，由所属管辖单位运检部选派相关专业技术人员参与。

②断路器验收负责人员，应为技术专责或具备班组工作负责人及以上资格。

（2）验收要求

①竣工（预）验收应对断路器外观、安装工艺、机械特性、信号等项目进行检查核对。

②竣工（预）验收应核查断路器交接试验报告，必要时对交流耐压试验进行旁站见证。

③竣工（预）验收应检查、核对断路器相关的文件资料是否齐全，断路器资料及文件验收标准见附录1-5-53。

④交接试验验收要保证所有试验项目齐全、合格，并与出厂试验数值无明显差异。

⑤不同电压等级的断路器，应按照不同的交接试验项目及标准检查安

装记录、试验报告。

⑥不同电压等级的断路器，根据不同的结构、组部件执行选用相应的验收标准。

⑦竣工（预）验收工作按照附录1-5-54要求执行。

（3）异常处置

验收发现质量问题时，验收人员应及时告知项目管理单位、施工单位，提出整改意见。

（4）验收标准

①断路器竣工（预）验收标准见附录1-5-54。

②断路器设备交接试验验收标准见附录1-5-55。

3.隔离开关竣工（预）验收

（1）参加人员

①隔离开关出厂验收，由所属管辖单位运检部选派相关专业技术人员参与。

②隔离开关验收负责人员，应为技术专责或具备班组工作负责人及以上资格。

（2）验收要求

①竣工（预）验收应对隔离开关外观、安装工艺、闭锁、信号等项目进行检查核对。

②竣工（预）验收应核查隔离开关交接试验报告，必要时对交流耐压试验进行旁站见证。

③竣工（预）验收应检查、核对隔离开关相关的文件资料是否齐全，隔离开关资料及文件验收标准见附录1-5-56。

④交接试验验收要保证所有试验项目齐全、合格，并与出厂试验数值无明显差异。

⑤不同电压等级的隔离开关，应按照不同的交接试验项目及标准检查

安装记录、试验报告。

⑥不同电压等级的隔离开关，根据不同的结构、组部件执行选用相应的验收标准。

⑦竣工（预）验收工作按照附录1–5–57要求执行。

（3）异常处置

验收发现质量问题时，验收人员应及时告知项目管理单位、施工单位，提出整改意见。

（4）验收标准

隔离开关竣工（预）验收标准见附录1–5–57。

4.组合电器竣工（预）验收

（1）参加人员

①组合电器竣工（预）验收，由所属管辖单位运检部选派相关专业技术人员参与。

②组合电器验收负责人员，应为技术专责或具备班组工作负责人及以上资格。

（2）验收要求

①竣工（预）验收应核查组合电器交接试验报告，必要时对交流耐压试验、局放试验进行旁站见证。

②竣工（预）验收应检查、核对组合电器相关的文件资料是否齐全，组合电器资料及文件验收标准见附录1–5–58。

③交接试验验收要保证所有试验项目齐全、合格，并与出厂试验数值无明显差异。

④不同电压等级的组合电器，应按照不同的交接试验项目及标准检查其安装记录、试验报告。

⑤不同电压等级的组合电器，应根据不同的结构、组部件执行相应的验收标准。

⑥组合电器交接试验验收工作按照附录1-5-59要求执行。

（3）异常处置

验收发现质量问题时，验收人员应及时告知项目管理单位、施工单位，提出整改意见。

（4）验收标准

组合电器交接试验验收标准见附录1-5-59。

5.开关柜竣工（预）验收

（1）参加人员

①高压开关柜竣工（预）验收，由所属管辖单位运检部选派相关专业技术人员参与。

②高压开关柜验收负责人员，应为技术专责或具备班组工作负责人及以上资格。

（2）验收要求

①竣工（预）验收应核查高压开关柜交接试验报告，必要时对交流耐压试验等进行旁场见证。

②竣工（预）验收应检查、核对高压开关柜相关的文件资料是否齐全，开关柜资料及文件验收标准见附录1-5-60。

③交接试验验收要保证所有试验项目齐全、合格，并与出厂试验数值无明显差异。

④不同电压等级的高压开关柜，应按照不同的交接试验项目及标准检查安装记录、试验报告。

⑤不同电压等级的高压开关柜，根据不同的结构执行选用相应的验收标准。

⑥开关柜交接试验验收工作按照附录1-5-61要求执行。

（3）异常处置

验收发现质量问题时，验收人员应及时告知项目管理单位、施工单位，提出整改意见。

（4）验收标准

开关柜交接试验验收标准见附录1-5-61。

6.电流互感器竣工（预）验收

（1）参加人员

①电流互感器竣工（预）验收，由所属管辖单位运检部选派相关专业技术人员参与。

②电流互感器验收负责人员，应为技术专责或具备班组工作负责人及以上资格。

（2）验收要求

①应对电流互感器外观进行检查核对。

②应核查电流互感器交接试验报告，对交流耐压试验进行旁站见证。

③应检查、核对电流互感器相关的文件资料是否齐全，是否符合验收规范、技术合同等要求，电流互感器资料及文件验收标准见附录1-5-62。

④交接试验验收要保证所有试验项目齐全、合格，并与出厂试验数值无明显差异。

⑤针对不同电压等级的电流互感器，应按照不同的交接试验项目、标准检查安装记录、试验报告。

⑥电压等级不同的电流互感器，根据不同的结构、组部件执行选用相应的验收标准。

⑦电流互感器竣工（预）验收工作按照附录1-5-63要求执行。

（3）异常处置

验收发现质量问题时，验收人员应及时告知项目管理部门、施工单位，提出整改意见，填入"竣工（预）验收及整改记录"（见附录1-5-49），报送运检部门。

（4）验收标准

①电流互感器竣工（预）验收标准见附录1-5-63。

②电流互感器交接试验验收标准见附录1-5-64。

7.电压互感器竣工（预）验收

（1）参加人员

①电压互感器竣工（预）验收，由所属管辖单位运检部选派相关专业技术人员参与。

②电压互感器验收负责人员，应为技术专责或具备班组工作负责人及以上资格。

（2）验收要求

①应对电压互感器外观进行检查核对。

②应核查电压互感器交接试验报告。

③应检查、核对电压互感器相关的文件资料是否齐全，是否符合验收规范、技术合同等要求，电压互感器资料及文件验收标准见附录1-5-65。

④交接试验验收要保证所有试验项目齐全、合格，并与出厂试验数值无明显差异。

⑤针对不同电压等级的电压互感器，应按照不同的交接试验项目、标准检查安装记录、试验报告。

⑥电压等级不同的电压互感器，根据不同的结构、组部件执行选用相应的验收标准。

⑦电压互感器竣工（预）验收工作按照附录1-5-66要求执行。

（3）异常处置

验收发现质量问题时，验收人员应及时告知项目管理部门、施工单位，提出整改意见，填入"竣工（预）验收及整改记录"（见附录1-5-49），报送运检部门。

（4）验收标准

①电压互感器竣工（预）验收标准见附录1–5–66。

②电压互感器交接试验验收标准见附录1–5–67。

七、新、改、扩工程启动验收

启动验收是指在完成竣工（预）验收并确认缺陷全部消除后，设备正式投入运行前的验收。

（一）新建工程启动验收

1.启动投运

①工程启动投运前，应按照项目管理关系组织成立启动验收委员会，并下设工程验收组，工程验收组组长由建设管理单位（部门）和运维检修单位（部门）共同担任。

②验收及消缺完成后，工程验收组向启动验收委员会提交工程启动验收报告，并向启动委员会汇报工程具备启动条件，经工程启动委员会批准投运。

③启动期间，应按照启动试运行方案进行系统调试，对设备、分系统与电力系统及其自动化设备的配合协调性能进行的全面试验和调整，工程验收组进行确认。

④试运行期间（不少于24h），由运维单位、参建单位对设备进行巡视、检查、监测和记录。

⑤试运行完成后，运维单位、参建单位对各类设备进行一次全面的检查，并对发现的缺陷和异常情况进行处理，由验收组再行验收。

2.移交

①工程完成启动、调试、试运行后，验收组提出移交意见。由启动委员会会决定办理工程向生产运行单位移交。

②办理设备移交手续前，由建设管理单位（部门）和运维单位共同确认工程遗留问题，形成工程遗留问题记录（工程遗留问题记录见附录1–5–68），落实责任单位及整改计划，运维单位跟踪复验。

③建设管理单位（部门）组织项目施工单位编制基于固定资产目录的设备移交清册。

④建设管理单位（部门）在投运前向运检单位移交专用工器具和备品备件。在投运后3个月内移交工程资料清单（包括完整的竣工纸质图纸和电子版图纸）。

⑤新设备投运后1年内发生的因建设质量问题导致的设备故障或异常事件，由建设管理单位（部门）组织处理。

（二）改（扩）建工程启动验收

1.变压器启动验收

（1）参加人员

变压器启动验收由所属管辖单位运检部选派相关专业技术人员参与。

（2）验收要求

①验收工作组在变压器启动投运前应提交竣工验收报告。

②变压器启动验收内容包括变压器外观检查、变压器声音、红外测温。

③必要时开展500kV及以上变压器套管末屏电压、电流互感器电流波形测试分析。

④启动投运应按照附录1–5–69要求执行。

（3）异常处置

验收发现质量问题时，验收人员应及时告知项目管理单位、施工单位，要求立即进行整改。

（4）验收标准

变压器启动验收标准见附录1-5-69。

2.断路器启动验收

（1）参加人员

断路器启动验收由所属管辖单位运检部选派相关专业技术人员参与。

（2）验收要求

①竣工（预）验收组在断路器启动验收前应提交竣工（预）验收报告。

②断路器启动验收内容包括断路器外观检查、设备接头红外测温等项目。

③启动验收时应按照附录1-5-70要求执行。

（3）异常处置

验收发现质量问题时，验收人员应及时告知项目管理单位、施工单位，要求立即进行整改。

（4）验收标准

断路器启动验收标准见附录1-5-70。

3.隔离开关启动验收

（1）参加人员

隔离开关启动投运验收，由所属管辖单位运检部选派相关专业技术人员参与。

（2）验收要求

①竣工（预）验收组在隔离开关启动验收前，应提交竣工（预）验收报告。

②隔离开关启动验收内容包括隔离开关外观检查、设备接头红外测温等项目。

③启动验收时应按照附录1-5-71要求执行。

（3）异常处置

验收发现质量问题时，验收人员应及时告知项目管理单位、施工单位，要求立即进行整改。

（4）验收标准

隔离开关启动验收标准见附录1-5-71。

4.组合电器启动验收

（1）参加人员

组合电器启动验收，由所属管辖单位运检部选派相关专业技术人员参与。

（2）验收要求

①验收工作组在组合电器启动验收前应提交竣工（预）验收报告。

②组合电器启动验收内容包括组合电器外观检查、各气室SF_6气体压力检查、组合电器声音检查、带电显示装置检查、避雷器在线监测指示检查等。

③启动验收时应按照附录1-5-72要求执行。

（3）异常处置

验收发现质量问题时，验收人员应及时告知项目管理单位、施工单位，要求立即进行整改，未能及时整改的填入"工程遗留问题记录"（工程遗留问题记录见附录1-5-68），报送运检部门。

（4）验收标准

组合电器启动验收标准见附录1-5-72。

5.开关柜启动验收

（1）参加人员

高压开关柜启动验收，由所属管辖单位运检部选派相关专业技术人员参与。

（2）验收要求

①验收工作组在高压开关柜启动验收前应提交竣工（预）验收报告。

②高压开关柜启动验收内容包括投运后高压开关柜外观检查、仪器仪表指示、有无异常响动等。

③启动投运验收时应按照附录1-5-73要求执行。

（3）异常处置

验收发现质量问题时，验收人员应及时告知项目管理单位、施工单位，要求立即进行整改。

（4）验收标准

开关柜启动验收标准见附录1-5-73。

6.电流互感器启动验收

（1）参加人员

电流互感器启动验收，由所属管辖单位运检部选派相关专业技术人员参与。

（2）验收要求

①竣工（预）验收组在电流互感器启动验收前，应提交竣工（预）验收报告。

②电流互感器启动验收内容包括本体外观检查、电流互感器油位、密度指示等。

③启动验收时应按照附录1-5-74要求执行。

（3）异常处置

验收发现质量问题时，验收人员应及时告知项目管理单位、施工单位，要求立即进行整改，未能及时整改的，填入"工程遗留问题记录"（见附录1-5-68），报送运检部门。

（4）验收标准

电流互感器启动验收标准见附录1-5-74。

7.电压互感器启动验收

（1）参加人员

电压互感器启动验收，由所属管辖单位运检部选派相关专业技术人员参与。

（2）验收要求

①竣工（预）验收组在电压互感器启动验收前，应提交竣工（预）验收报告。

②电压互感器启动验收内容包括本体外观检查、电压互感器油位等。

③启动验收时应按照附录1–5–75要求执行。

（3）异常处置

验收发现质量问题时，验收人员应及时告知项目管理单位、施工单位，要求立即进行整改，未能及时整改的，填入"工程遗留问题记录"（见附录1–5–68），报送运检部门。

（4）验收标准

电压互感器启动验收标准见附录1–5–75。

附录1-5-1：项目可研初设评审记录

项目可研初设评审记录（模板）

项目名称						
建设管理单位		建设管理单位联系人				
设计单位		设计单位联系人				
参加评审运检单位						
参加评审人员		评审日期				
序号	审查内容	存在问题	标准依据	整改建议	是否采纳（是/否）	未采纳原因

注：详细问题见各设备验收细则可研初设审查验收标准卡，验收标准卡可采用具备电子签名的PDF电子版或签字扫描版

附录1-5-2：变压器可研初设审查验收标准

变压器可研初设审查验收标准

变压器基础信息	工程名称			设计单位	
	验收单位			验收日期	
序号	验收项目	验收标准	检查方式	验收结论（是否合格）	验收问题说明
验收人签字：					
一、参数选型验收					
1	主变接线组别	主变接线组别应与接入电网一致	资料检查	□是 □否	
2	主变容量	主变各侧容量比应符合标准参数要求	资料检查	□是 □否	
3	短路阻抗	审查短路电流计算报告，阻抗选择应满足系统短路电流控制水平；短路阻抗不能满足短路电流控制要求，应考虑采取短路电流限制措施，如低压侧加装串联电抗器；扩建主变的阻抗与运行主变阻抗应保持一致	资料检查	□是 □否	
4	电压变比	主变各侧电压变比应符合标准参数要求，扩建主变的电压变比与运行主变应保持一致	资料检查	□是 □否	

序号	验收项目		验收标准	检查方式	验收结论（是否合格）	验收问题说明
5	外绝缘爬距		套管爬距应依据最新版污区分布图进行外绝缘配置	资料检查	□是　□否	
			户内非密封设备外绝缘与户外设备的防污闪配置级差不宜大于一级		□是　□否	
			中性点不接地系统的设备外绝缘配置至少应比中性点接地系统配置高一级，直至达到E级污秽等级的配置要求		□是　□否	
6	调压方式选择		根据无功电压计算，选择适当的有载/无励磁调压方式	资料检查	□是　□否	
7	冷却方式		优先选用自然油循环风冷或自冷方式的变压器	资料检查	□是　□否	
二、附属设备验收					验收人签字：	
8	消防设施		125MVA容量以上的变压器应配置专用消防装置	资料检查	□是　□否	
9	过电压保护		变压器各侧应配置过电压保护，特别关注变压器低压侧中性点应配置过电压保护装置	资料检查	□是　□否	
三、土建部分验收					验收人签字：	
10	运输道路		运输方案是否可行，道路是否经过勘查	资料检查	□是　□否	
11	检修通道		检修通道是否满足现场运维检修需求	资料检查	□是　□否	
12	事故油池		事故油池设置是否合理	资料检查	□是　□否	

附录1-5-3：断路器可研初设审查验收标准

断路器可研初设审查验收标准

断路器基础信息	工程名称		设计单位		
	验收单位		验收日期		
序号	验收项目	验收标准	检查方式	验收结论（是否合格）	验收问题说明
一、参数选型			验收人签字：		
1	结构形式	合理选用罐式、柱式断路器，以满足工程需要	资料检查	□是 □否	
2	额定电流、电压	断路器额定电压选择应满足规划要求，额定电流选择应满足工程需求		□是 □否	
3	额定短路开断电流	额定短路开断电流选择能满足安装地点最大短路电流要求，并考虑电网发展规划，留有足够裕度		□是 □否	
4	额定短路持续时间	额定短路持续时间选择满足设备运行电压等级要求		□是 □否	
5	容性电流开断	用于电容器投切的断路器必须选用C2级断路器		□是 □否	
6	外绝缘配置	断路器极柱、套管外绝缘配置应满足污秽等级和海拔高度修正后要求；户内设备外绝缘与户外设备外绝缘的防污闪配置级差不宜大于一级；中性点不接地系统的绝缘子外绝缘配置至少应比中性点接地系统配置高一级，直至达到E级污秽等级的配置要求		□是 □否	

138

序号	验收项目	验收标准	检查方式	验收结论（是否合格）	验收问题说明
7	操动机构	应优先选用弹簧机构、液压机构（包括弹簧储能液压机构）	资料检查	□是　□否	
8	储能电机电源选择	储能电机电源类型的选择（交流、直流）		□是　□否	
二、附属设备选型			**验收人签字：**		
9	电流互感器	断路器电流互感器变比选择应能满足规划要求，绕组配置个数、精度满足二次设备需求，二次绕组输出容量应能满足二次回路负载要求	资料检查	□是　□否	
10	合闸电阻	对是否选用合闸电阻进行系统过电压校核计算，并合理确定合闸电阻值	资料检查	□是　□否	
11	密度继电器、加热带、SF$_6$气体	对于严寒地区的断路器设备，其密度继电器、加热带、SF$_6$气体选用应满足设备安装地域环境要求	资料检查	□是　□否	

139

附录1-5-4：隔离开关可研初设审查验收标准

隔离开关可研初设审查验收标准

隔离开关基础信息	工程名称			设计单位	
	验收单位			验收日期	
序号	验收项目	验收标准	检查方式	验收结论（是否合格）	验收问题说明
一、参数选型验收			验收人签字：		
1	结构形式	隔离开关结构形式选择应能满足工程需求		□是　□否	
		隔离开关、接地开关的结构要适应当地积雪、覆冰、风沙等严重地区和寒冷地区，不宜选用单臂伸缩钳夹式设备		□是　□否	
		隔离开关与其所配装的接地开关之间应配有可靠的机械闭锁，机械闭锁应有足够的强度；具有电动操动机构隔离开关与本同隔断路器之间应有可靠的电气闭锁	资料检查	□是　□否	
		同一间隔内的多台隔离开关，在端子箱内应分别设置独立的电源开关		□是　□否	
		隔离开关设备符合完善化技术要求		□是　□否	
		750kV及以上电压等级同塔双回路接地开关应选用超B类接地开关		□是　□否	

序号	验收项目	验收标准	检查方式	验收结论（是否合格）	验收问题说明
2	额定电流、电压	应满足额定电压和额定绝缘水平的选择	资料检查	□是　□否	
		应满足额定短时耐受电流和额定短路持续时间的选择		□是　□否	
		应满足额定峰值耐受电流和接地开关关合电流的选择		□是　□否	
		应考虑正常电流负荷和过负荷情况，存在的故障条件等要求		□是　□否	
3	外绝缘爬距	隔离开关支柱、瓷套外绝缘配置应满足污秽等级和海拔高度修正后要求	资料检查	□是　□否	
		应依据最新版污区分布图进行外绝缘配置		□是　□否	
		中性点不接地系统的绝缘子外绝缘配置至少应比中性点接地系统配置高一级，直至达到E级污秽等级的配置要求		□是　□否	
二、土建部分验收					
4	检修通道	检修通道是否满足现场运维检修需求	资料检查	□是　□否	

验收人签字：

141

附录1-5-5：组合电器可研初设审查验收标准

组合电器可研初设审查验收标准

组合电器	工程名称		设计单位		
基础信息	验收单位		验收日期		
序号	验收项目	验收标准	检查方式	验收结论（是否合格）	验收问题说明
一、参数选型验收		验收人签字：			
1	组合电器选型	组合电器在设计过程中应特别注意气室的划分，保证最大气室气体重量不超过8h的气体处理设备的处理能力		□是　□否	
		用于低温（最低温度为-30°C及以下）、重污秽E级或沿海D级地区的220kV及以下电压等级组合电器，宜采用户内安装方式		□是　□否	
		户外布置的母线、分支距离较长时，应充分考虑筒体的伸缩（波纹管、滑块装置）	资料检查	□是　□否	
		断路器应优先选用弹簧机构、液压机构（包括弹簧储能液压机构）		□是　□否	
		GIS布置设计应便于设备运行、维护和检修，并考虑在变换、检查GIS设备中某一功能部件时的可维护性		□是　□否	
		组合电器选型应充分考虑海拔、温度等特殊气候要求		□是　□否	
2	额定、开断电流、电压	额定、开断电流满足规划要求，额定电压满足工程要求	资料检查	□是　□否	
3	接线方式设计要求	按终期规模将母线、分段间隔相关一次设备、二次设备全部投运	资料检查	□是　□否	

序号	验收项目	验收标准	检查方式	验收结论（是否合格）	验收问题说明
4	组合电器隔离开关空气室设置	对双母线结构的组合电器，同一出线间隔的不同母线间隔离开关不应采用与母线共隔室的设计结构；220kV及以上组合电器母线隔离开关应各自设置独立隔室	资料检查	□是　□否	
		备用间隔母线隔离开关隔离与母线一次建成		□是　□否	
		组合电器的母线避雷器和电压互感器应设置独立的隔离开关或隔离断口		□是　□否	
5	组合电器断路器和电流互感器气室设置	断路器和电流互感器气室间应设置隔板（盆式绝缘子）	资料检查	□是　□否	
6	避雷器与线路电压互感器设置	架空进线线路间的避雷器宜采用外置结构	资料检查	□是　□否	
7	盆式绝缘子	绝缘盆子为非金属封闭，金属屏蔽但有浇注口。可采用带金属法兰的盆式绝缘子，但应预留窗口，预留浇注口盖板宜采用非金属材质	资料检查	□是　□否	
二、附属设备验收			验收人签字：		
8	套管	外绝缘满足当地污秽等级要求。应依据最新版污区分布图进行外绝缘配置。户内非密封宜配置户外绝缘的防污闪配置的防污闪配置。户外绝缘与户外设备外绝缘的配置级差不宜大于一级。中性点不接地系统的绝缘子外绝缘配置至少应比中性点接地系统配置高一级，直至达到E级污秽等级的配置要求	资料检查	□是　□否	
9	汇控柜/机构箱	户外设备汇控柜或机构箱应满足IP44防护等级要求，柜体应设置可使柜内空气流通的通风口	资料检查	□是　□否	
		温湿度控制器等二次元件应采用阻燃材料，取得3C认证。		□是　□否	
		室外汇控柜加装空调降温装置		□是　□否	

续表

序号	验收项目	验收标准	检查方式	验收结论（是否合格）	验收问题说明
10	伸缩节	组合电器配置伸缩节的位置和数量应充分考虑安装过程环境温度、安装地点的温差变化，允许位移量和位移方向，设备故障检修消缺、扩建需求等因素	资料检查	□是　□否	
		伸缩节选型应充分考虑母线长度及热胀冷缩影响，优先选用温度补偿型和压力平衡型伸缩节		□是　□否	
		提供伸缩节温度补偿参数		□是　□否	
11	密度继电器	密度继电器与组合电器本体之间的连接方式应满足不拆卸校验的要求	资料检查	□是　□否	
		220kV及以上分箱结构的断路器每相应安装独立的密度继电器		□是　□否	
		户内外安装的密度继电器应安装防雨罩		□是　□否	
		应采用防振型密度继电器。		□是　□否	
		充/取气口位置应考虑检修维护便捷，且接口型号规格应统一		□是　□否	
12	局部放电传感器	220kV及以上电压等级组合电器应加装内置局部放电传感器	资料检查	□是　□否	
13	压力释放装置	带有压力释放装置的组合电器，压力释放装置的喷口不能朝向巡视通道，必要时加装喷口弯管	资料检查	□是　□否	
三、土建部分验收			验收人签字：		
14	检修通道	检修通道是否满足现场运维检修需求	资料检查	□是　□否	

附录1-5-6：开关柜可研初设审查验收标准

开关柜可研初设审查验收标准

开关柜基础信息	工程名称		设计单位	
	验收单位		验收日期	
			验收人签字：	

序号	验收项目	验收标准	检查方式	验收结论（是否合格）	验收问题说明
一、参数选型验收					
1	开关柜形式	应选用LSC2类（具备运行连续性功能）产品、互防功能完备	资料检查	□是　□否	
		开关柜的柜门关闭时防护等级应达到IP4X以上，柜门打开时防护等级达到IP2X以上		□是　□否	
		开关柜在扩建时，必须考虑与原有开关柜的一致性		□是　□否	
2	开关柜内部故障级别	应选用IAC级、IAC级内燃弧时间不小于0.5s	资料检查	□是　□否	
3	绝缘件材质及爬距	绝缘件爬距应符合污秽等级要求，绝缘件应采用阻燃绝缘材料	资料检查	□是　□否	
4	一次接线方式及隔室设置	避雷器、电压互感器等柜内设备经隔离开关（隔离手车）与母线相连，严禁与母线的母线直接连接；开关柜的母线室、断路器室、电缆室相互独立	资料检查	□是　□否	

续表

序号	验收项目	验收标准	检查方式	验收结论（是否合格）	验收问题说明
5	断路器选型	断路器选型在选用真空断路器时，应选用本体和机构一体化设计制造的产品	资料检查	□是　□否	
		断路器选型不宜选用带整流回路的断路器		□是　□否	
		断路器选型不宜选用带整流回路规划要求，额定电流、开断电流满足工程要求		□是　□否	
		投切电容器组断路器应选用C2级断路器		□是　□否	
6	投切电容器断路器选型	对于电容器组电流大于400A的电容器回路，开关柜一般配置SF$_6$断路器	资料检查	□是　□否	
		对于特殊情况需配置真空断路器时，应选择投切容性电流能力满足要求且通过相关试验的产品		□是　□否	
		投切35kV电容器组（电抗器组）的断路器应采用SF$_6$断路器		□是　□否	
7	电流互感器参数选择	电流互感器变比选择应能满足规划要求	资料检查	□是　□否	
		绕组配置个数、精度满足二次设备需求		□是　□否	
		二次绕组输出容量应能满足二次回路负载要求		□是　□否	
8	电压互感器参数选择	应选用励磁特性饱和点高的，在1.9Um/√3电压下铁芯磁通未饱和的电压互感器	资料检查	□是　□否	
9	避雷器参数选择	电容器开关柜内的避雷器应满足通流容量要求	资料检查	□是　□否	
10	电缆室参数要求	柜内电缆连接端子底距离应不小于700mm，保证电缆安装后伞裙部分不被柜底板分开	资料检查	□是　□否	
11	SF$_6$充气柜三工位刀闸选型	三工位刀闸在接通、断开、接地三个位置，在完成每种预定切换功能位置时均应设置可靠的固定措施	资料检查	□是　□否	

序号	验收项目	验收标准	检查方式	验收结论（是否合格）	验收问题说明
12	静触头盒与穿柜套管选型	触头盒固定牢固可靠，触头盒内一次导体应进行倒角处理。35kV穿柜套管、触头盒应带有内外屏蔽结构（内部浇注屏蔽网）均匀电场，不得采用无屏蔽或内壁涂半导体漆屏蔽产品。屏蔽引出线应使用复合绝缘外套包封	现场检查/资料检查	□是　□否	
二、附属设备验收		验收人签字：			
13	密度继电器（SF_6充气柜）	密度继电器与开关柜本体之间的连接方式应满足不拆卸校验的要求	资料检查	□是　□否	
14	压力释放装置	SF_6充气柜压力释放装置满足产品技术条件要求	资料检查	□是　□否	
三、土建部分验收		验收人签字：			
15	检修通道	检修通道是否满足现场运维检修需求	资料检查	□是　□否	
16	一次电缆沟和二次电缆沟	电缆沟设置是否合理	资料检查	□是　□否	
		电缆沟需做好防水、防火、防小动物处理		□是　□否	

附录1-5-7：电流互感器可研初设审查验收标准

电流互感器可研初设审查验收标准

电流互感器基础信息	工程名称		设计单位		
	验收单位		验收日期		
序号	验收项目	验收标准	检查方式	验收结论（是否合格）	验收问题说明
一、参数选型验收				验收人签字：	
1	外绝缘爬距	应依据最新版污区分布图进行外绝缘配置		□是　□否	
2	额定一次电流	额定电流选择应满足最大负荷电流要求		□是　□否	
3	动、热稳定参数	满足系统最大短路电流要求，一次绕组串联时也应满足安装系统短路容量的要求		□是　□否	
4	二次绕组级次组合	二次绕组数量、变比、准确等级、输出容量应满足实际需求	资料检查	□是　□否	
5	结构型式	震区宜采用抗地震性能较好的正立式电流互感器，系统短路电流较大的区域宜采用抗冲击性能较好的倒立式电流互感器		□是　□否	
		油浸式互感器应选用带金属膨胀器微正压结构型式		□是　□否	
		电流互感器二次绕组使用时应注意避免保护死区		□是　□否	
二、土建部分验收				验收人签字：	
6	检修通道	检修通道应满足现场运维检修需求	资料检查	□是　□否	

148

附录1-5-8：电压互感器可研初设审查验收标准

电压互感器可研初设审查验收标准

电压互感器基础信息	工程名称		设计单位			
	验收单位		验收日期			
序号	验收项目	验收标准	检查方式	验收结论（是否合格）		验收问题说明
一、参数选型验收			验收人签字：			
1	外绝缘爬距	应依据最新版污区分布图进行外绝缘配置	资料检查	□是	□否	
2	二次绕组级次组合	二次绕组数量、电压比、准确等级、输出容量应满足实际需求	资料检查	□是	□否	
3	型式结构	敞开式变电站110kV（66kV）及以上电压互感器宜选用电容式型；油浸式互感器应选用带金属膨胀器微正压结构型式	资料检查	□是	□否	
4	准确等级	准确等级应满足运行要求	资料检查	□是	□否	
5	输出容量	输出容量满足设计校核要求	资料检查	□是	□否	
6	反措执行	电容式电压互感器的中间变压器高压侧不应装设氧化锌避雷器	资料检查	□是	□否	
二、土建部分验收			验收人签字：			
7	检修通道	检修通道是否满足现场运维检修需求	资料检查	□是	□否	

149

关键点见证记录（模板）

项目名称					
建设管理单位		建设管理单位联系人			
物资部门		物资部门联系人			
供应商名称		供应商联系人			
设备/材料型号		生产工号			
参加见证单位					
参加见证人员					
开始时间		结束时间			
序号	见证内容	问题描述（可附图或照片）		整改建议	是否已整改（是/否）

注：详细问题见各设备验收细则关键点见证标准卡，验收标准卡可采用具备电子签名的PDF电子版或签字扫描版

附录1-5-10：变压器关键点见证标准

变压器关键点见证标准

变压器 基础信息	工程名称		生产厂家		
	设备型号		生产工号		
	验收单位		验收日期		
序号	验收项目	验收标准	检查方式	验收结论 （是否合格）	验收问题说明
验收人签字：					
一、材料验收					
1	硅钢片	产品与投标文件或技术协议中厂家、型号、规格一致		□是 □否	
2	电磁线	产品具备出厂质量证书、合格证、试验报告		□是 □否	
3	绝缘纸板及成型件	进场验收、检验、见证记录齐全		□是 □否	
		对硅钢片厚度、绝缘膜、导磁性能、单位铁耗等性能参数进行抽样检查，每批按5%抽样（抽样数以硅钢卷等包装件计），但不少于3卷		□是 □否	
4	密封件	对电磁线电阻率、拉伸力、延伸率、屈服强度等性能参数进行抽样检查，每批按10%抽样（抽样数以线盘等包装件计），但不少于3盘	资料检查/ 现场抽检	□是 □否	
5	套管、散热片、蝶阀等其他组部件	对绝缘纸板及成型件电气强度、密度等性能进行现场抽检，不同牌号、规格至少抽取2个样		□是 □否	
6	绝缘油	对绝缘油每批次抽检一次进行油质全项分析试验		□是 □否	
		对套管、散热片、蝶阀等其他组部件进行抽检，抽检比例不少于每批供货量的5%		□是 □否	

151

续表

序号	验收项目	验收标准	检查方式	验收结论（是否合格）	验收问题说明
二、	抗短路能力验收		验收人签字：		
7	抗短路能力试验报告	240MVA容量及以下变压器抗短路能力型式试验报告在有效期范围。500kV变压器和240MVA以上容量变压器，制造厂应提供同类产品突发短路试验报告或容量抗短路能力计算报告	资料检查/现场抽检	□是 □否	
		针对本台变压器的抗短路能力计算报告与工艺文件、选材性能参数核对一致		□是 □否	
		必要时，对每批次同型号变压器至少抽检一台进行第三方的突发短路抽检试验		□是 □否	
三、	油箱及储油柜制作验收		验收人签字：		
		箱顶盖沿气体继电器气流方向有1%～1.5%的升高坡度	现场检查	压力＿＿MPa 时间＿＿h 泄漏率＿＿Pa.L/s □是 □否	
8	油箱、储油柜压力及真空密封试验	储油柜容量应满足容积比校核，不少于变压器本体总油量的10%		压力＿＿MPa 时间＿＿h 泄漏率＿＿Pa.L/s □是 □否	
		应进行一次0.05MPa压力，持续72h的正压密封试验，无渗漏和损伤		压力＿＿MPa 时间＿＿h 泄漏率＿＿Pa.L/s □是 □否	

序号	验收项目	验收标准	检查方式	验收结论（是否合格）	验收问题说明
8	油箱、储油柜压力及真空密封试验	应进行真空度在200Pa以下的真空密封试验，200Pa以下保持30min，记录10min和30min时的真空度数据，计算其真空泄漏率，应小于2000Pa.L/s	现场检查	压力___MPa 时间___h 泄漏率___Pa.L/s □是　□否	
四、器身装配验收		验收人签字：			
9	线圈套装	绕组套入屏蔽后的芯柱要松紧适度	现场检查	□是　□否	
		下铁轭垫块及下铁轭绝缘平整、稳固，与夹件肢板接触紧密		□是　□否	
		绕组各出头位置符合图纸标示		□是　□否	
9	线圈套装	多个线圈共用绝缘压板压紧时，要确保每个线圈均被压实，例如采用"压敏纸"检验	现场检查	□是　□否	
		主变高压、低压线圈套装时，要确保压器各散热油道通畅		□是　□否	
10	引线装配	焊接要有一定的搭接面积（依变压器厂工艺文件），焊面饱满，表面处理无氧化皮、尖角毛刺	现场检查	□是　□否	
		屏蔽管的等电位线固定良好，连接牢靠，不受拉力		□是　□否	
		绝缘包扎要紧实，包厚符合图纸要求		□是　□否	
		引线排列和图纸相符，排列整齐，均匀美观		□是　□否	
		引线固定无松动		□是　□否	
		引线距离符合制造工艺，不得小于最小要求		□是　□否	

序号	验收项目	验收标准	检查方式	验收结论（是否合格）	验收问题说明
11	分接开关装配	分接开关各部件无损坏和变形，绝缘件无开裂，触头接触良好，连线正确牢固，铜编织线无断股，过渡电阻无断裂松脱	现场检查	□是　　□否	
		分接开关头部法兰与变压器连接处的螺栓应紧固，密封良好		□是　　□否	
		分接开关装配定位标记应对准		□是　　□否	
		分接引线长度适宜，分接开关不受牵拉力		□是　　□否	
		分接引线绝缘包扎良好，与器身其他部位绝缘距离符合要求		□是　　□否	
12	器身干燥处理过程及结果	依据制造厂判断干燥是否完成的工艺规定，并由其出具书面结论（含干燥曲线）	现场检查/资料检查	铁芯温度＿＿℃ 线圈温度＿＿℃ 出水率 ＿＿mL/（h·t） 真空度＿＿Pa □是　　□否	
		通常铁芯温度120℃左右。线圈115℃左右，真空度小于50Pa，出水率不大于10mL/（h·t），对750kV以上产品出水率控制在不大于5mL/（h·t）		铁芯温度＿＿℃ 线圈温度＿＿℃ 出水率 ＿＿mL/（h·t） 真空度＿＿Pa □是　　□否	

序号	验收项目	验收标准	检查方式	验收结论（是否合格）	验收问题说明
12	器身干燥处理过程及结果	确认真空干燥罐在线参数测定装置完好，运行稳定	现场检查/资料检查	铁芯温度____℃ 线圈温度____℃ 出水率____mL/（h·t） 真空度____Pa □是　□否	
五、总装配验收			**验收人签字：**		
13	油箱屏蔽装配	磁屏蔽安装规整，固定牢靠，绝缘良好；支持或悬挂件的焊接良好；电屏蔽注意焊接质量 厚度偏差为±0.5mm	现场检查/资料检查	厚度偏差____mm □是　□否 厚度偏差____mm □是　□否	
14	器身清洁度	油箱内部应无任何异物，无浮尘，无漆膜脱落，光亮，清洁	现场检查	工艺温度____℃ 工艺湿度____% □是　□否	
15	器身暴露时间	根据器身暴露的环境（温度、湿度）条件和时间，针对不同产品，按制造厂的工艺规定，必要时再入炉进行表面干燥，或延长真空维持和热油循环的时间	资料检查	现场温度____℃ 现场湿度____% □是　□否	

附录1-5-11：变压器出厂验收（外观）标准

变压器出厂验收（外观）标准

变压器基础信息	工程名称		生产厂家	
	设备型号		出厂编号	
	验收单位		验收日期	

验收人签字：

序号	验收项目	验收标准	检查方式	验收结论（是否合格）	验收问题说明
一、变压器外观验收					
1	预装	所有组部件应按实际供货件装配完整	现场检查	□是 □否	
2	防雨罩	户外变压器的瓦斯继电器（本体、有载开关）、油流速动继电器温度计均应设装防雨罩，继电器本体及二次电缆进线50mm应被遮蔽，45°向下雨水不能直淋	现场检查	□是 □否	
3	标志	蝶阀应有开关位置指示标志		□是 □否	
		取样阀、放油阀等均应有功能标志	现场检查	□是 □否	
		端子箱、冷却装置控制箱内各空开、继电器标志正确、齐全		□是 □否	
		铁芯、支件标识正确		□是 □否	
4	组部件	产品与技术规范书或技术协议中厂家、型号、规格一致		□是 □否	
		主要元器件应短路接地，钟罩或箱体、储油柜、套管、升高座、端子箱等附件均应短路接接地，采用软导线连接的两侧以鼻压接	现场检查	□是 □否	

序号	验收项目	验收标准	检查方式	验收结论（是否合格）		验收问题说明
5	铭牌	变压器主铭牌内容完整	现场检查	□是	□否	
		油温油位曲线标志牌完整		□是	□否	
		油号标志牌正确完整		□是	□否	
		套管、油流继电器、压力释放阀等其他附件铭牌齐全		□是	□否	
6	螺栓	全部紧固螺栓均应采用热镀锌螺栓，具备防松动措施 导电回路应采用8.8级热镀锌螺栓（不含箱内）	现场检查	□是	□否	
7	软连接	采用软连接的部位：中性点套管之间；铁芯、夹件小套管引出部位；平衡绕组套管之间	现场检查	□是	□否	

附录1-5-12：变压器出厂绝缘油验收标准

变压器出厂绝缘油验收标准

变压器 基础信息	工程名称			
	设备型号		生产厂家	
	验收单位		出厂编号	
			验收日期	
序号	验收项目	验收标准	检查方式	验收结论 （是否合格）	验收问题说明
一、绝缘油验收			验收人签字：		
1	击穿电压（kV）	750～1 000kV≥70kV，500kV≥60kV，330kV≥50kV， 66～220kV≥40kV，35kV及以下≥35kV，有载分接开关 中绝缘油≥30kV	资料检查	□是 □否	
2	水分（mg/L）	1 000kV(750kV)≤8，330～500kV≤10，220kV≤15， 110kV及以下≤20	资料检查	□是 □否	
3	介质损耗因数tanδ （90℃）	≤0.005	资料检查	□是 □否	
4	闪点（闭口） （℃）	DB≥135	资料检查	□是 □否	
5	界面张力 （25℃）mN/m	≥35	资料检查	□是 □否	

158

序号	验收项目	验收标准	检查方式	验收结论（是否合格）	验收问题说明
6	酸值（mgKOH/g）	≤0.03	资料检查	□是　□否	
7	水溶性酸pH值	>5.4	资料检查	□是　□否	
8	油中颗粒度	1 000kV（750kV），5～100μm的颗粒度≤1 000/100mL，无100μm以上的颗粒 500kV及以上，大于5μm的颗粒度≤2 000/100mL	资料检查	□是　□否 □是　□否	
9	体积电阻率（90℃）（Ω.m）	≥6×10¹⁰	资料检查	□是　□否	
10	含气量（V/V）（%）	1 000kV≤0.8，500kV≤1	资料检查	□是　□否	
11	糠醛（mg/L）	<0.05	资料检查	□是　□否	
12	腐蚀性硫	非腐蚀性	资料检查	□是　□否	
13	色谱	H_2<10μL/L，C_2H_2=0μL/L，总烃≤20μL/L	资料检查	□是　□否	
14	结构族	应提供绝缘油结构族组成报告	资料检查	□是　□否	

附录1-5-13：500（330）kV-1 000kV 变压器出厂验收（试验）标准

500（330）kV-1 000kV 变压器出厂验收（试验）标准

变压器基础信息	工程名称		生产厂家	
	设备型号		出厂编号	
	验收单位		验收日期	

序号	验收项目	验收标准	检查方式	验收结论（是否合格）	验收问题说明
一、低电压试验验收			验收人签字：		
1	绕组电阻测量	相间（有中性点引出时）偏差应小于平均值的2%	旁站见证/资料检查/现场抽检	相间偏差＿＿% 线间偏差＿＿% □是 □否	
		线间（不能解开的三角形接法）差应小于平均值的1%		相间偏差＿＿% 线间偏差＿＿% □是 □否	
		电阻不平衡率异常时应确定原因		相间偏差＿＿% 线间偏差＿＿% □是 □否	
2	电压比测量	所有绕组及所有分接位置进行电压比测量	旁站见证/资料检查/现场抽检	额定分接偏差＿＿% 其他最大偏差＿＿% □是 □否	
		变比的允许偏差在额定分接时为±0.5%		额定分接偏差＿＿% 其他最大偏差＿＿% □是 □否	

序号	验收项目	验收标准	检查方式	验收结论（是否合格）	验收问题说明
2	电压比测量	其他各分接电压比偏差不超过±1%	旁站见证/资料检查/现场抽检	额定分接偏差____% 其他最大偏差____% □是　□否	
3	联结组标号检定	联结组应符合产品订货要求	旁站见证/资料检查/现场抽检	□是　□否	
4	绕组对地及绕组间绝缘电阻测量	测量每一绕组对地及其余绕组间15s、60s及10min的绝缘电阻，并记录测量温度 计算标准温度下的（R60/R15）不应小于1.3或极化指数（R600/R60）不应小于1.5（10℃～40℃时） 当R60＞10 000MΩ时，极化指数可不做考核要求	旁站见证/资料检查/现场抽检	绝缘电阻____MΩ 吸收比____ 极化指数____ □是　□否 绝缘电阻____MΩ 吸收比____ 极化指数____ □是　□否 绝缘电阻____MΩ 吸收比____ 极化指数____ □是　□否	
5	介质损耗因数、电容量测量	测量每一绕组连同套管对地及其余绕组间的介损、电容值，并将测试温度下的介损值换算到20℃	旁站见证/资料检查/现场抽检	tanδ____ C____ □是　□否	

序号	验收项目	验收标准	检查方式	验收结论（是否合格）	验收问题说明
5	介质损耗因数、电容量测量	20°C时介质损耗因数，tanδ≤0.5%	旁站见证/资料检查/现场抽检	tanδ____ C____ □是 □否	
		提供电容量实测值		tanδ____ C____ □是 □否	
6	空载电流和空载损耗	在绝缘试验前应进行初次空载损耗的测量，并记录额定电压90%～115%的每5%级损耗	旁站见证/资料检查/现场抽检	额定电压初次空载损耗____ 额定电压空载损耗____	
		1.0倍和1.1倍额定电压下空载电流和空载损耗值满足投标技术规范中数值要求		额定电压初次空载损耗____ 额定电压空载损耗____	
		额定电压下的空载损耗超过初次空载损耗10%及以上时，不应通过		额定电压初次空载损耗____ 额定电压空载损耗____	
		测量低电压空载电流和空载损耗		额定电压初次空载损耗____ 额定电压空载损耗____	

序号	验收项目	验收标准	检查方式	验收结论（是否合格）	验收问题说明
7	短路阻抗和负载损耗测量	短路阻抗应在最大、额定、最小分接位置上进行，数值应满足技术规范书要求	旁站见证/资料检查/现场抽检	□是　　□否	
		负载损耗应在最大、额定、电压分接头位置上进行，数值应满足技术规范书要求		□是　　□否	
8	极性试验	应为减极性	旁站见证/资料检查/现场抽检	□是　　□否	
		局部放电量在1.5Um/√3 kV下不超过10pC		局放量____pC 介损____ 电容量____ 微水____mg/L □是　　□否	
9	套管试验	应测量电容式套管的绝缘电阻，电容量和介质损耗因数，介质损耗因数符合330kV及以上，tanδ≤0.5%，胶浸纸≤0.7%	旁站见证/资料检查/现场抽检	局放量____pC 介损____ 电容量____ 微水____mg/L □是　　□否	
		应提供套管油的化学和物理以及油色谱的试验数据，其油中水分不大于10mg/L		局放量____pC 介损____ 电容量____ 微水____mg/L □是　　□否	

序号	验收项目	验收标准	检查方式	验收结论 （是否合格）	验收问题说明
9	套管试验	套管试验抽头应能承受至少2 000V，1min交流耐压试验	旁站见证/ 资料检查/ 现场抽检	局放量＿＿pC 介损＿＿ 电容量＿＿ 微水＿＿mg/L □是　□否	
10	套管电流互感器试验	制造厂提供的检验报告已完全满足订货技术协议书的要求，变压器出厂试验对套管电流互感器可进行变比、饱和曲线、极性、直阻和绝缘试验测试，结果满足技术规范书要求	旁站见证/ 资料检查/ 现场抽检	□是　□否	
		暂态特性曲线应根据标准要求进行试验，只对同型的TPY铁芯中的一只进行试验		□是　□否	
11	铁芯、夹件绝缘试验	在下列节点进行试验： ①在组装前，应测量铁芯的绝缘电阻 ②变压器组装完毕，油箱注油前，测量铁芯绝缘电阻 ③在总体试验之前应测量铁芯绝缘电阻	旁站见证/ 资料检查/ 现场抽检	在组装前、组装完毕、装运前分别 绝缘电阻＿＿MΩ 绝缘电阻＿＿MΩ 绝缘电阻＿＿MΩ □是　□否	
		测量铁芯对夹件及地、夹件对地的绝缘电阻，测量应使用2 500V绝缘电阻表，允许的最小绝缘电阻是1 000MΩ		在组装前、组装完毕、装运前分别 绝缘电阻＿＿MΩ 绝缘电阻＿＿MΩ 绝缘电阻＿＿MΩ □是　□否	

续表

序号	验收项目	验收标准	检查方式	验收结论（是否合格）	验收问题说明
12	频率响应试验	同一电压等级三相绕组频率响应特性曲线应能基本吻合 相绕组频响响应数据曲线比较的相关系数显示无明显变形（高频段不小于0.6，中频段不小于1，低频段不小于2）	旁站见证资料检查	□是 □否	
13	低电压小电流绕组短路阻抗测试	额定分接用不大于400V的电压作三相测试，测量变压器在5A下的短路阻抗	旁站见证/资料检查	□是 □否	
14	三相变压器零序阻抗测量	在最高分接和最低分接用不大于250V的电压作单相测试，从三相线端对中性点供电，测量电压，以电流为准	旁站见证/资料检查	□是 □否	
二、高电压冲击试验验收：			验收人签字：		
15	线端操作冲击试验（SI）	耐受电压按具有最高Um值的绕组上的绕组确定，其他绕组上的试验电压尽可能接近其耐受值，相间电压不应超过相间电压值的1.5倍 试验顺序，一次50%～70%，三次100%，一次50%～70%全试验电压冲击 变压器无异常声响，示波图中电压没有突降，电流也无中断或突变、电压波形过零时间与中性点电流最大值时间基本对应	旁站见证	□是 □否	
16	线端雷电全波冲击试验（LI）	分接范围不大于±5%，变压器置于主分接试验，分接范围大于±5%，试验应在两个极限分接和主分接进行，在每一相使用其中的一个分接进行试验	旁站见证	□是 □否	

165

序号	验收项目	验收标准	检查方式	验收结论（是否合格）	验收问题说明
16	线端雷电全波冲击试验（LI）	试验顺序，一次降低电压的全波冲击，再一次降低电压的全波冲击，一次100%电压的全波冲击		□是 □否	
		变压器无异常声响，电压、电流无突变，在降低试验电压下冲击与全试验电压下冲击的示波图上电压和电流的波形无明显差异	旁站见证		
17	外施工频耐压试验	低压线圈和中性点进行工频耐压试验		□是 □否	
		加压过程平稳，持续时间1min	旁站见证	□是 □否	
		变压器无异常声响，电压无突降和电流无突变		□是 □否	
18	短时感应耐压试验（ACSD）	按照内绝缘耐压水平规定的电压进行，同时应进行局部放电测量		□是 □否	
		对于三相变压器，要求两种试验： ①带有局部放电测量的相对地试验 ②带有局部放电测量的中性点接地的相间试验	旁站见证		
		单相变压器只要求进行相对地试验		□是 □否	
19	长时感应电压试验（ACLD局部放电测量）	强油循环的变压器应在油泵（除备用外）全部开启的情况下开展局放试验		高压侧局放___PC 中压侧局放___PC □是 □否	
		测量电压1.5Um/$\sqrt{3}$	旁站见证/现场抽检	高压侧局放___PC 中压侧局放___PC □是 □否	
		观察在U2下的长时的试验期间的局部放电量及其变化，并记录起始放电电压和放电熄灭电压，放电量随时间递增则应延长U2的持续时间以观后效，0.5h内不增长可视为平稳		高压侧局放___PC 中压侧局放___PC □是 □否	

序号	验收项目	验收标准	检查方式	验收结论（是否合格）	验收问题说明
19	长时感应电压试验（ACLD局部放电测量）	750kV、500kV（330kV）高中压绕组不大于100pC	旁站见证/现场抽检	高压侧局放___PC 中压侧局放___PC □是　□否	
		1 000kV高压绕组不大于100pC，中压绕组不大于200pC，低压绕组不大于300pC		高压侧局放___PC 中压侧局放___PC □是　□否	
		变压器无异常声响，试验电压无突降现象，视在放电量趋势平稳且在限值内		高压侧局放___PC 中压侧局放___PC □是　□否	
20	温升试验	计算变压器在三侧同时满负荷时的温升符合保证性能的要求 对于采用不同负载状况下的多种冷却方式时，变压器绕组（平均温升）、顶层油、铁芯和油箱等部件的金属部件的温升限值，应满足合同要求，不得低于以下标准： ①绕组限值，65K（用电阻法测量的平均温升）； ②顶层油限值，50K（强迫油循环变压器）、55K（自然油循环变压器）（用温度计测量）； ③绕组热点、金属结构件和铁芯温升，78K（计算值）； ④油箱表面及结构件表面，70K（1 000kV电抗器不超过80K）（用红外测温装置测量）	旁站见证/现场抽检	绕组___K 顶层油温___K 油箱表面___K □是　□否 绕组___K 顶层油温___K 油箱表面___K □是　□否	

序号	验收项目	验收标准	检查方式	验收结论（是否合格）	验收问题说明
20	温升试验	温升试验属于工厂型式试验，是否开展按照合同执行	旁站见证现场抽检	绕组___K 顶层油温___K 油箱表面___K □是　□否	
21	过电流试验	对于不进行温升试验的变压器，各绕组进行1.1倍额定电流，持续4h的过电流试验	旁站见证	□是　□否	
		对于进行温升试验的变压器，对低压绕组补充进行1.1倍额定电流，持续4h的过电流试验，试验前后油色谱分析应无异常变化	旁站见证	□是　□否	
三、非电量试验验收			验收人签字：		
22	油中溶解气体分析	至少应在如下各时点采样分析，绝缘强度试验开始前，温升试验或长时间过电流试验后，长时间空载试验后，出厂试验全部完成后，发运放油前，中（每隔4h）后、运放油前	旁站见证资料检查现场抽检	H_2___uL/L C_2H_2___uL/L 总烃___uL/L □是　□否	
		油中气体含量应符合以下标准，H_2<10uL/L、 C_2H_2 烃=0、总烃<20uL/L，特别注意有无增长		H_2___uL/L C_2H_2___uL/L 总烃___uL/L □是　□否	
		分析结果应包括在试验报告中		H_2___uL/L C_2H_2___uL/L 总烃___uL/L □是　□否	

序号	验收项目	验收标准	检查方式	验收结论（是否合格）	验收问题说明
23	有载分接开关试验	测量过渡电阻值，与出厂值比较偏差不大于±10%	旁站见证/资料检查/现场抽检	过渡电阻___Ω 油压___MPa 密封试验时间___h 油耐压___kV □是 □否	
		测量分接选择器、切换开关触头的全部动作顺序，应符合产品技术要求		过渡电阻___Ω 油压___MPa 密封试验时间___h 油耐压___kV □是 □否	
		用额定操作电压电动操作2个循环，然后将操作电压降到其额定值85%，操作一个循环，变压器空载加励磁，在额定电压和额定频率下，操作一个完整的循环，切换过程无异常，电气及机械限位动作正确		过渡电阻___Ω 油压___MPa 密封试验时间___h 油耐压___kV □是 □否	
		装入变压器前和装入变压器并固定在油箱顶部后进行切换开关油箱密封试验（油压0.1MPa、12h无渗漏）		过渡电阻___Ω 油压___MPa 密封试验时间___h 油耐压___kV □是 □否	
		油箱绝缘油耐压、油中水分试验值与本体油一致		过渡电阻___Ω 油压___MPa 密封试验时间___h 油耐压___kV □是 □否	

序号	验收项目	验收标准	检查方式	验收结论（是否合格）	验收问题说明
24	无励磁分接开关试验（适用于电动操动机构）	用额定操作电压电动操作2个循环，然后将操作电压降到其额定值85%，操作一个循环，切换过程无异常，电气及机械限位动作正确	旁站见证/资料检查/现场抽检	□是 □否	
25	冷却装置，有载开关等二次回路绝缘试验	绝缘电阻不小于1MΩ 二次回路应能承受2kV、1min对地外施耐压试验	旁站见证/资料检查/现场抽检	绝缘电阻___MΩ □是 □否 绝缘电阻___MΩ □是 □否	
26	油流带电试验	强迫油循环冷却方式变压器当启动额定容量运行需要的全部油泵后，经变压器中性点测量的每柱绕组对地的4h内稳定静电电流应满足：无励磁下，500kV及以下变压器不应大于｜0.2｜μA；750kV及以上变压器不应大于｜-0.5｜μA；1.1倍过励磁下，500kV及以下变压器不应大于｜1.0｜μA，750kV及以上变压器不应大于｜-1.3｜μA 停泵情况下的局放试验，在1.5Um/√3电压下，持续60min，局部放电量平稳（不稳则延长持续时间）而且不大于规定在放电量限值	旁站见证/资料检查/现场抽检	泄漏电流___μA 局放___pC □是 □否 泄漏电流___μA 局放___pC □是 □否	
27	温度计	应进行温度应进行50Hz，2000V、1min绝缘试验，并提供校验报告；报警回路应进行绝缘试验，信号接点应符合投标技术规范书要求	旁站见证/资料检查/现场抽检	□是 □否 □是 □否	

序号	验收项目	验收标准	检查方式	验收结论（是否合格）	验收问题说明
28	气体继电器试验	气体继电器应测定跳闸动作时的相关参数，数据应符合规定，校验报告应由有检验资质的单位出具，其报警与跳闸回路应经受50Hz，2 000V，1min的绝缘试验	旁站见证/资料检查/	□是 □否	
		应具备两对重瓦斯和一对轻瓦斯接点	现场抽检	□是 □否	
		采取排油注氮注保护装置变压器，应采用具有联动功能的双浮球结构的气体继电器		□是 □否	
29	储油柜压力试验	储油柜应进行0.1MPa，12h压力试验，应无渗漏及永久变形	旁站见证/资料检查/现场抽检	□是 □否	
		进行残压小于13Pa，1h的真空试验，应无渗漏及永久变形		□是 □否	
30	压力释放装置试验	压力释放装置应校验其动作油压，符合设计要求，其报警回路应经受50Hz，2000V，1min的绝缘试验	旁站见证/资料检查/现场抽检	□是 □否	
31	变压器本体及储油柜油箱密封试验	变压器组装后，在储油柜顶部施加0.05MPa的压力12h，应无渗漏	旁站见证/资料检查/现场抽检	□是 □否	
32	冷却装置压力试验	冷却器应进行0.5MPa（散热器0.05MPa），10h压力试验，应无渗漏	旁站见证/资料检查/现场抽检	□是 □否	
33	静电电压	提供在冷却器（强迫油循环冷却方式）全部投入后，绕组对地的静电电压测试值	旁站见证/资料检查	□是 □否	

附录1-5-14：110（66）kV -220kV 变压器出厂验收（试验）标准

110（66）kV -220kV 变压器出厂验收（试验）标准

变压器基础信息	工程名称		生产厂家	
	设备型号		出厂编号	
	验收单位		验收日期	

序号	验收项目	验收标准	检查方式	验收结论（是否合格）	验收问题说明
			验收人签字：		
一、低电压试验验收					
1	绕组电阻测量	对所有分接位置进行电阻测量：相间（有中性点引出时）偏差应小于2%；线间（不能解开的三角形接法）差应小于1%；绕组电阻不平衡率异常时应确定原因	旁站见证/资料检查/现场抽检	相间偏差____%；线间偏差____% □是 □否	
2	电压比测量	所有绕组及所有分接位置进行电压比测量 变比的允许偏差在额定分接时为0.5%	旁站见证/资料检查/现场抽检	额定分接偏差____%；其他最大偏差____% □是 □否；额定分接偏差____%；其他最大偏差____% □是 □否	

续表

序号	验收项目	验收标准	检查方式	验收结论（是否合格）	验收问题说明
2	电压比测量	其他各分接电压比偏差不超过±1%	旁站见证/资料检查/现场抽检	额定分接偏差___% 其他最大偏差___% □是 □否	
3	联结组标号检定	联结组应符合产品订货要求	旁站见证/资料检查/现场抽检	□是 □否	
4	绕组对地及绕组间绝缘电阻测量	测量每一绕组对地及其余绕组间15s、60s及10min的绝缘电阻值，并将测试温度下的绝缘电阻换算到20℃	旁站见证/资料检查/现场抽检	绝缘电阻___MΩ 吸收比___ 极化指数___ □是 □否	
		计算标准温度下的1min 绝缘电阻值（R60/R15）不应小于5 000MΩ吸收比不应小于1.3或极化指数（R600/R60）不应小于1.5（10℃~40℃时）		绝缘电阻___MΩ 吸收比___ 极化指数___ □是 □否	
		110kV变压器R60大于3 000MΩ吸收比不做考核要求，220kV大于10 000MΩ时，极化指数可不做考核要求	旁站见证/资料检查/现场抽检	绝缘电阻___MΩ 吸收比___ 极化指数___ □是 □否	
5	介质损耗因数、电容量测量	测量每一绕组连同套管对地及其余绕组间的介损、电容值，并将测试温度下的介损值换算到20℃	旁站见证/资料检查/现场抽检	tanδ___ □是 □否	

序号	验收项目	验收标准	检查方式	验收结论（是否合格）	验收问题说明
5	介质损耗因数、电容量测量	20℃时介质损耗因数，tanδ≤0.7%	旁站见证/资料检查/现场抽检	tanδ ___ □是 □否	
		提供电容量实测值		tanδ ___ □是 □否	
		在绝缘试验前应进行初次空载损耗的测量，并记录额定电压90%～115%之间的每5%级损耗		额定电压初次空载损耗 ___ 额定电压空载损耗 ___ □是 □否	
6	空载电流和空载损耗	1.0倍和1.1倍额定电压下空载电流和空载损耗值满足投标技术规范中数值要求	旁站见证/资料检查/现场抽检	额定电压初次空载损耗 ___ 额定电压空载损耗 ___ □是 □否	
		额定电压下的空载损耗超过初次空载损耗10%及以上时，不应通过		额定电压初次空载损耗 ___ 额定电压空载损耗 ___ □是 □否	
		测量低电压空载电流和空载损耗		额定电压初次空载损耗 ___ 额定电压空载损耗 ___ □是 □否	

序号	验收项目	验收标准	检查方式	验收结论（是否合格）	验收问题说明
7	短路阻抗和负载损耗测量	短路阻抗应在最大、额定、最小分接位置上进行，数值应满足投标技术规范书要求；负载损耗应在额定电压分接头位置上进行，数值应满足投标技术规范书要求	旁站见证/资料检查/现场抽检	□是 □否 □是 □否	
8	极性试验	应为减极性	旁站见证/资料检查/现场抽检	□是 □否	
		局部放电量在1.5Um/√3 kV下不超过10pC		局放量___pC 油中水分___mg/L □是 □否	
9	套管试验	应测量电容式套管的绝缘电阻，电容量和介质损耗因数，油浸纸tanδ≤0.7%	旁站见证/资料检查/现场抽检	局放量___pC 油中水分___mg/L □是 □否	
		应提供套管油的化学和物理以及色谱分析的试验数据，其微水量不大于10mg/L		局放量___pC 油中水分___mg/L □是 □否	
		套管试验抽头应能承受至少2 000V，1min交流耐压试验		局放量___pC 油中水分___mg/L □是 □否	

序号	验收项目	验收标准	检查方式	验收结论（是否合格）	验收问题说明
10	套管电流互感器试验	制造厂提供的检验报告已完全满足订货技术协议书的要求，变压器出厂试验对套管电流互感器只进行变比、饱和曲线、极性、直阻和绝缘试验测试，结果满足投标技术规范书要求	旁站见证/资料检查/现场抽检	□是　　□否	
11	铁芯、夹件绝缘试验	在下列节点进行试验： ①在组装前，应测量铁芯的绝缘电阻 ②变压器组装完毕，油箱注油前，测量铁芯绝缘电阻 ③在总体试验之后装运之前应测测铁芯绝缘电阻	旁站见证/资料检查/现场抽检	在组装前、组装完毕、装运前 绝缘电阻___MΩ 绝缘电阻___MΩ 绝缘电阻___MΩ □是　　□否	
		测量铁芯对夹件及地、夹件对地的绝缘电阻，测量应使用2 500V绝缘电阻表，允许的最小绝缘电阻是1 000MΩ		在组装前、组装完毕、装运前 绝缘电阻___MΩ 绝缘电阻___MΩ 绝缘电阻___MΩ □是　　□否	
12	频率响应试验	同一电压等级三相绕组频率响应特性曲线应能基本吻合 三相绕组频响数据曲线变形显示无明显变形（高频段不小于0.6，中频段不小于1，低频段不小于2）纵向以及综合比较比较的相关系数横向不小于1，	旁站见证/资料检查	□是　　□否	
13	低电压小电流绕组短路阻抗测试	在额定分接用不大于400V的电压作三相测试，测量变压器在5A下的短路阻抗	旁站见证/资料检查	□是　　□否	
		在最高分接和最低分接用不大于250V的电压做单相测试		□是　　□否	

序号	验收项目	验收标准	检查方式	验收结论（是否合格）	验收问题说明
14	三相变压器零序阻抗测量	从三相线端对中性点供电，以电流为准，测量电压	旁站见证/资料检查	□是 □否	
二、高电压冲击试验验收		验收人签字：			
15	线端操作冲击试验（SI）	耐受电压按具有最高Um值的绕组确定，其他绕组上的试验电压值尽可能接近其耐受值，相间电压不应超过相耐压值的1.5倍	旁站见证	□是 □否	
		试验顺序，一次50%～70%，三次100%，一次50%～70%全试验电压冲击		□是 □否	
		变压器无异常声响，示波图中电压没有突降，电流也无中断或突变，电压波形过零时间与中性点电流最大值时间基本对应		□是 □否	
		110kV变压器不做该项目		□是 □否	
16	线端雷电全波冲击试验（LI）	分接范围不大于±5%，变压器置于主分接试验，分接范围大于±5%，试验应在两个极限分接和主分接进行，在每一相使用其中的一个分接进行试验	旁站见证	□是 □否	
		试验顺序，一次降低电压的全波冲击，二次100%电压的全波冲击，再一次降低电压的全波冲击		□是 □否	
		变压器无异常声响，电压、电流无突变，在降低试验电压下冲击与全试验电压下冲击的示波图上冲击电压和电流的波形无明显差异		□是 □否	

续表

序号	验收项目	验收标准	检查方式	验收结论（是否合格）	验收问题说明
17	外施工频耐压试验	低压线圈和中性点进行工频耐压试验	旁站见证	□是　□否	
		加压过程平稳，持续时间1min		□是　□否	
		变压器无异常声响，电压无突降和电流无突变		□是　□否	
18	短时感应耐压试验（ACSD）	按照内绝缘耐压水平规定的电压进行，同时应进行局部放电测量		□是　□否	
		对于三相变压器，要求两种试验，即带有局部放电测量的相对地试验和带有局部放电测量的中性点接地的相间试验	旁站见证	□是　□否	
		单相变压器只要求进行相对地试验		□是　□否	
		测量电压1.5Um/$\sqrt{3}$		高压侧局放＿＿PC 中压侧局放＿＿PC □是　□否	
19	长时感应电压试验（ACLD局部放电测量）	观察在U2下的长时试验期间的局部放电量及其变化，并记录起始放电电压和放电熄灭电压，放电量随时间递增则应延长U2的持续时间以观后效，0.5h内不增长可视为平稳	旁站见证/现场抽检	高压侧局放＿＿PC 中压侧局放＿＿PC □是　□否	
		110kV高压绕组不大于100pC，220kV高中压绕组不大于100pC		高压侧局放＿＿PC 中压侧局放＿＿PC □是　□否	

序号	验收项目	验收标准	检查方式	验收结论（是否合格）	验收问题说明
19	长时感应电压试验（ACLD局部放电测量）	变压器无异常声响，试验电压无突降现象，视在放电量趋势平稳且在限值内	旁站见证/现场抽检	高压侧局放 ___PC 中压侧局放 ___PC □是 □否	
		计算变压器在三侧同时满负荷时的温升符合保证性能的要求	旁站见证/现场抽检	绕组 ___K 顶层油温 ___K 油箱表面 ___K □是 □否	
20	温升试验	对于采用不同负载状况下的多种冷却方式时，变压器绕组（平均值）、顶层油、铁芯和油箱等金属部件的温升不得低于合同要求，不得低于以下标准： ①绕组限值，65K（用电阻法测量的平均温升） ②顶层油限值，50K（强迫油循环变压器）、55K（自然油循环变压器）（用温度计测量） ③绕组热点，金属结构件温升，78K（计算值） ④油箱表面及结构件表面，65K（用红外测温装置测量） 温升试验属于型式试验，是否开展按照合同要求执行	旁站见证/现场抽检	绕组 ___K 顶层油温 ___K 油箱表面 ___K □是 □否	

续表

序号	验收项目	验收标准	检查方式	验收结论（是否合格）	验收问题说明
21	过电流试验	对于不进行温升试验的变压器，各绕组进行1.1倍额定电流，持续4h的过电流试验 对于进行温升试验的变压器，对低压绕组进行1.1倍额定电流补充的过电流试验，试验前后油色谱分析应无异常变化	旁站见证/现场抽检	□是 □否 □是 □否	
三、非电量试验验收		验收人签字：			
22	油中溶解气体分析	至少应在如下各点采样分析，试验开始前，绝缘强度试验后，温升试验或长时过电流试验开始前、长时间空载试验后（每隔4h）后，出厂试验全部完成后，发运放油前 油中气体含量应符合以下标准，H_2<10uL/L，C_2H_2=0，总烃<20uL/L 分析结果应包括在试验报告中	旁站见证/资料检查/现场抽检	H_2___uL/L C_2H_2___uL/L 总烃___uL/L □是 □否 H_2___uL/L C_2H_2___uL/L 总烃___uL/L □是 □否 H_2___uL/L C_2H_2___uL/L 总烃___uL/L □是 □否	
23	有载分接开关试验	测量过渡电阻值，与出厂值比较偏差不大于大于±10%	旁站见证/资料检查/现场抽检	油压___MPa 密封试验时间___h 油耐压___kV □是 □否	

序号	验收项目	验收标准	检查方式	验收结论（是否合格）	验收问题说明
23	有载分接开关试验	测量分接选择器、切换开关触头的全部动作顺序，应符合产品技术要求	旁站见证/资料检查/现场抽检	油压___MPa 密封试验时间___h 油耐压___kV □是 □否	
		用额定操作电压电动操作2个循环，然后将操作电压降到其额定值85%，操作一个循环，变压器空载加励磁，在额定电压和频率下，操作一个完整的循环，切换过程无异常，电气及机械限位动作正确		油压___MPa 密封试验时间___h 油耐压___kV □是 □否	
		切换开关油箱密封试验油压0.1MPa，12h无渗漏		油压___MPa 密封试验时间___h 油耐压___kV □是 □否	
		油箱绝缘油耐压，油中水分值与本体油一致		油压___MPa 密封试验时间___h 油耐压___kV □是 □否	
24	无励磁分接开关试验（适用于电动操动机构）	用额定操作电压电动操作2个循环，然后将操作电压降到其额定值85%，操作一个循环，切换过程无异常，电气及机械限位动作正确	旁站见证/资料检查/现场抽检	□是 □否	

续表

序号	验收项目	验收标准	检查方式	验收结论（是否合格）	验收问题说明
25	冷却装置、有载开关等二次回路绝缘试验	绝缘电阻不小于1MΩ 二次回路应能承受2kV，1min对地外施耐压试验	旁站见证/资料检查/现场抽检	绝缘电阻____MΩ □是 □否 绝缘电阻____MΩ □是 □否	
26	油流带电试验	强迫油循环冷却方式变压器当启动额定容量运行需要的全部油泵后，经变压器中性点测量的每柱绕组对地的4h内稳定静电流应满足：无励磁下，不应大于I 0.21μA；1.1倍过励磁下，不应大于I 11μA 停泵情况下的局放试验，在1.5Um/√3电压下，持续60min，局部放电量应平稳（不稳则延长持续时间）而且不大于规定的现在在定放电量限值	旁站见证/资料检查/现场抽检	泄漏电流____μA 局放____pC □是 □否 泄漏电流____μA 局放____pC □是 □否	
27	温度计	应进行温度计的校正试验，并提供校验报告 报警回路应进行50Hz，2000V，1min绝缘试验 接点、信号应符合投标技术规范书要求	旁站见证/资料检查/现场抽检	□是 □否 □是 □否 □是 □否	
28	气体继电器试验	气体继电器应测定跳闸功能动作时的相关参数，数据应符合规定，校验报告应由有检验资质的单位出具，其报警与跳闸回路应经受50Hz，2000V，1min的绝缘试验 应具备两对重瓦斯和一对轻瓦斯接点 采取排油注氮保护装置的变压器应采用具有联动功能的双浮球结构的气体继电器	旁站见证/资料检查/现场抽检	□是 □否 □是 □否 □是 □否	
29	储油柜压力试验	储油柜应进行0.1MPa，12h压力试验，应无渗漏及永久变形 进行残压小于13Pa，1h的真空试验，应无渗漏及永久变形	旁站见证/资料检查/现场抽检	□是 □否 □是 □否	

序号	验收项目	验收标准	检查方式	验收结论（是否合格）	验收问题说明
30	压力释放装置试验	压力释放装置应校验其动作油压，动作值应与铭牌一致，符合设计要求，其报警回路应经受50Hz、2 000V、1min的绝缘试验	旁站见证/资料检查/现场抽检	□是　□否	
31	变压器本体及储油柜油密封试验	变压器组装后，在储油柜顶部施加0.05MPa的压力12h，应无渗漏	旁站见证/资料检查/现场抽检	□是　□否	
32	冷却装置压力试验	冷却器应进行0.5MPa（散热器0.05MPa），10h压力试验，应无渗漏	旁站见证/资料检查/现场抽检	□是　□否	

附录1-5-15：35kV变压器出厂验收（试验）标准

35kV变压器出厂验收（试验）标准

变压器基础信息	工程名称		生产厂家	
	设备型号		出厂编号	
	验收单位		验收日期	
序号	验收项目	验收标准	检查方式	验收结论（是否合格）	验收问题说明
			验收人签字：		
1	绕组电阻测量	1 600kVA及以下的三相变压器，各相测得值的相互差值应小于平均值的4%，线间测得值的相互差值应小于平均值的2%		相间偏差____% 线间偏差____% □是 □否	
		1 600kVA以上三相变压器，各相测得值的相互差值应小于平均值的2%，线间测得值的相互差值应小于平均值的1%	旁站见证/资料检查/现场抽检	相间偏差____% 线间偏差____% □是 □否	
		电阻不平衡率异常时应确定原因		相间偏差____% 线间偏差____% □是 □否	
2	电压比测量	所有绕组及所有分接位置进行电压比测量	旁站见证/资料检查/现场抽检	额定分接偏差____% 其他最大偏差____% □是 □否	

184

序号	验收项目	验收标准	检查方式	验收结论（是否合格）	验收问题说明
2	电压比测量	变比在额定电压分接头的误差不超过±0.5%	旁站见证/资料检查/现场抽检	额定分接偏差_____% 其他最大偏差_____% □是 □否	
		在其他分接头的误差应不超过±1%		额定分接偏差_____% 其他最大偏差_____% □是 □否	
3	联结组标号检定	联结组应符合产品订货要求	旁站见证/资料检查/现场抽检	□是 □否	
4	绕组对地及绕组间绝缘电阻测量	测量每一绕组对地及其余绕组间15s、60s及10min的绝缘电阻值，并将测试温度下的绝缘电阻换算到20℃	旁站见证/资料检查/现场抽检	绝缘电阻_____MΩ 吸收比_____ 极化指数_____ □是 □否	
		计算标准温度下的1min绝缘电阻值不应小于5 000MΩ，吸收比（R60/R15）不应小于1.3或极化指数（R600/R60）不应小于1.5（10℃～40℃时）		绝缘电阻_____MΩ 吸收比_____ 极化指数_____ □是 □否	

185

序号	验收项目	验收标准	检查方式	验收结论（是否合格）	验收问题说明
5	介质损耗因数、电容量测量	测量每一绕组连同套管对地及其余绕组间的介损、电容值，并将测试温度换算到20°C	旁站见证/资料检查/现场抽检	$\tan\delta$____ □是 □否	
		20°C时介质损耗因数，$\tan\delta \leq 1.5\%$		$\tan\delta$____ □是 □否	
		提供电容量实测值		$\tan\delta$____ □是 □否	
6	空载电流和空载损耗	在绝缘试验前应进行初次空载损耗的测量，并记录录额定电压90%~115%的每5%级损耗	旁站见证/资料检查/现场抽检	额定电压初次空载损耗____ 额定电压空载损耗____ □是 □否	
		1.0倍和1.1倍额定电压下空载电流和空载损耗满足投标技术规范中数值要求		额定电压初次空载损耗____ 额定电压空载损耗____ □是 □否	
		额定电压下的空载损耗超过初次空载损耗10%及以上时，不应通过		额定电压初次空载损耗____ 额定电压空载损耗____ □是 □否	

序号	验收项目	验收标准	检查方式	验收结论（是否合格）	验收问题说明
6	空载电流和空载损耗	测量低电压空载电流和空载损耗	旁站见证/资料检查/现场抽检	额定电压损耗初次/额定电压空载损耗____ □是 □否	
7	短路阻抗和负载损耗测量	短路阻抗应在最大、额定、最小分接位置上进行，数值应满足投标技术规范书要求 负载损耗应在额定电压分接头位置上进行，数值应满足投标技术规范书要求	旁站见证/资料检查/现场抽检	□是 □否 □是 □否	
8	套管试验	套管耐压符合要求	旁站见证/资料检查/现场抽检	局放量____pC 油中水水含量____mg/L □是 □否	
9	套管电流互感器试验	制造厂提供的检验报告已全满足订货技术协议书的要求，变压器出厂试验对套管电流互感器只进行变比、饱和曲线、极性、直阻和绝缘试验，结果满足投标技术规范书要求	旁站见证/资料检查/现场抽检	□是 □否	
10	铁芯、夹件绝缘试验	在下列节点进行试验：①在组装前，应测量铁芯的绝缘电阻 ②变压器组装完毕，油箱注油前，测量铁芯绝缘电阻 ③在总体试验之后装运之前应测铁芯绝缘电阻	旁站见证/资料检查/现场抽检	在组装前、组装完毕、装运前分别 绝缘电阻____MΩ 绝缘电阻____MΩ 绝缘电阻____MΩ □是 □否	

续表

序号	验收项目	验收标准	检查方式	验收结论（是否合格）	验收问题说明
10	铁芯、夹件绝缘试验	测量铁芯对夹件及地、夹件对地的绝缘电阻，测量应使用2 500V绝缘电阻表，允许的最小绝缘电阻是1 000MΩ	旁站见证/资料检查/现场抽检	在组装前、组装完毕、装运前分别 绝缘电阻___MΩ 绝缘电阻___MΩ 绝缘电阻___MΩ □是　□否	
11	低电压小电流绕组短路阻抗测试	在额定分接用不大于400V的电压作三相测试，测量变压器在5A下的短路阻抗，与铭牌值比变化不大于2% 在最高分接和最低分接用不大于250V的电压作单相测量试，三相互比变化不大于2%	旁站见证/资料检查/现场抽检	□是　□否	
二、高电压冲击试验验收			验收人签字：		
12	外施工频耐压试验	高低压线圈进行工频耐压试验 加压过程平稳，持续时间1min 变压器无异常声响，电压无突降和电流无突变	旁站见证/现场抽检	□是　□否 □是　□否 □是　□否	
13	短时感应耐压试验（ACSD）	按照内绝缘耐压水平规定的电压进行，同时应行局部放电测量 对于三相变压器，要求两种试验： ①带有局部放电测量的相对地试验； ②带有局部放电测量的中性点接地的相间试验 单相变压器只要求进行相对地试验	旁站见证/现场抽检	□是　□否 □是　□否	

序号	验收项目	验收标准	检查方式	验收结论（是否合格）	验收问题说明
三、	非电量试验验收		验收人签字：		
14	油中溶解气体分析	至少应在如下各时点采样分析，试验开始前，绝缘强度试验后，出厂试验全部完成后，发运放油前		氢气___uL/L 乙炔___uL/L 总烃___uL/L □是 □否	
		油中气体含量应符合以下标准，氢气小于30uL/L，乙炔为0、总烃小于20uL/L，特别注意有无增长	旁站见证/资料检查/现场抽检	氢气___uL/L 乙炔___uL/L 总烃___uL/L □是 □否	
		分析结果应包括在试验报告中		氢气___uL/L 乙炔___uL/L 总烃___uL/L □是 □否	
15	有载分接开关试验	测量过渡电阻值，与出厂值比较偏差不大于±10%		油压___MPa 密封试验时间___h 油耐压___kV □是 □否	
		测量分接选择器、切换开关触头的全部动作顺序，应符合产品技术要求	旁站见证/资料检查/现场抽检	油压___MPa 密封试验时间___h 油耐压___kV □是 □否	

序号	验收项目	验收标准	检查方式	验收结论（是否合格）	验收问题说明
		用额定操作电压电动操作2个循环，然后将操作电压降到其额定值85%，操作一个循环，变压器空载加励磁，在额定电压和频率下，操作一个完整的循环，切换过程无异常，电气及机械限位动作正确		油压_____MPa 密封试验时间_____h 油耐压_____kV □是 □否	
15	有载分接开关试验	切换开关油箱密封试验油压0.1MPa，12h无渗漏	旁站见证/资料检查/现场抽检	油压_____MPa 密封试验时间_____h 油耐压_____kV □是 □否	
		油箱绝缘油耐压、油中水分测试试验值与本体油一致		油压_____MPa 密封试验时间_____h 油耐压_____kV □是 □否	
16	无励磁分接开关试验（适用于电动操动机构）	用额定操作电压电动操作2个循环，然后将操作电压降到其额定值85%，操作一个循环，切换过程无异常，电气及机械限位动作正确	旁站见证/资料检查/现场抽检	□是 □否	
17	冷却装置、有载开关等二次回路绝缘试验	二次回路应能承受2kV、1min对地外施耐压试验	旁站见证/资料检查/现场抽检	绝缘电阻_____MΩ □是 □否	
		绝缘电阻不小于1MΩ		绝缘电阻_____MΩ □是 □否	

序号	验收项目	验收标准	检查方式	验收结论（是否合格）	验收问题说明
18	温度计	应进行温度计的校正试验，并提供校验报告	旁站见证/资料检查/现场抽检	泄漏电流___μA 局放___pC □是 □否	
19	气体继电器试验	气体继电器应测定功能动作跳闸时的相关参数，数据应符合规定，校验报告应由有检验资质的单位出具，其报警与跳闸回路应经受50Hz、2000V、1min的绝缘试验 应具备两对重瓦斯和一对轻瓦斯节点	旁站见证/资料检查/现场抽检	泄漏电流___μA 局放___pC □是 □否 □是 □否	
20	压力释放装置试验	压力释放装置应校验其动作油压，符合设计要求，其报警回路应经受50Hz、2000V、1min的绝缘试验	旁站见证/资料检查/现场抽检	□是 □否	
21	变压器本体及储油柜（包括散热器）油密封试验	变压器组装后，在储油柜顶部施加0.03MPa的压力24h，应无渗漏	旁站见证/资料检查/现场抽检	□是 □否	

附录1-5-16：断路器关键点见证标准

断路器关键点见证标准

断路器基础信息	工程名称			制造厂家	
	设备型号			生产工号	
	验收单位			验收日期	

序号	验收项目	验收标准	检查方式	验收结论（是否合格）	验收问题说明
			验收人签字：		
一、组件验收					
1	灭弧室		资料检查	□是　□否	
2	瓷套管、复合套管		资料检查	□是　□否	
3	绝缘拉杆		资料检查	□是　□否	
4	盆式绝缘子（罐式）	①各组件与技术规范书或技术协议中厂家、型号、规格一致	资料检查	□是　□否	
5	传动组件（连板、杆）	②各组件具备出厂质量证书、合格证、试验报告 ③各组件进厂验收、检验、见证记录齐全	资料检查	□是　□否	
6	罐体		资料检查	□是　□否	
7	均压电容器		资料检查	□是　□否	
8	合闸电阻		资料检查	□是　□否	
9	密度继电器		资料检查	□是　□否	
10	电流互感器		资料检查	□是　□否	
11	操动机构		资料检查	□是　□否	

序号	验收项目	验收标准	检查方式	验收结论（是否合格）		验收问题说明
二、装配验收			验收人签字：			
12	灭弧室装配	绝缘拉杆表面清洁、无变形、无磕碰、划伤，绝缘拉杆装配前应完成局放测试，局放量不大于3pC，断路器绝缘拉杆不应采用"螺旋式"连接结构	现场检查/资料检查	□是	□否	
		灭弧室零部件清洗干净，表面光滑无磕碰划伤		□是	□否	
		各零部件连接部位螺栓压接牢固，满足力矩要求		□是	□否	
		静触头、动触头清洁无金属毛刺，圆角过度圆滑，镀银面无氧化、起泡等缺陷		□是	□否	
		各装配单元电阻测量值应在产品技术要求规定范围内		□是	□否	
		触头开距等机械行程尺寸应满足产品设计要求		□是	□否	
		真空灭弧室应使用陶瓷外壳		□是	□否	
		真空断路器上应设有易于观察真空断路器触头磨损程度的标记		□是	□否	
		SF$_6$灭弧室吸附剂固定牢固		□是	□否	
13	触头磨合	断路器出厂试验时应进行不少于200次的机械操作试验，以保证主、辅触头充分磨合	现场检查/资料检查	□是	□否	
		200次操作试验后断路器应进行内部彻底清洁，确认无异常再进行其他试验		□是	□否	
		连续200次操作前后应分别测量断路器装置的回路电阻，应无明显偏差		□是	□否	

193

序号	验收项目	验收标准	检查方式	验收结论（是否合格）	验收问题说明
14	合闸电阻（如配置）	电阻片无裂痕、破损，电阻值符合制造厂规定，辅助触头应进行不少于200次的机械操作试验，以保证充分磨合	现场检查/资料检查	□是 □否	
15	均压电容器（如配置）	电容器完好、干净，无裂纹纹破损	现场检查/资料检查	□是 □否	
		断路器断口均压电容器组装前应按规程完成电容值、高压介损测量及耐压试验	现场检查/资料检查	□是 □否	
16	电流互感器	内置式电流互感器、罐体内部支撑筒密封槽及内壁灌清洗干净、无尖角、毛刺、棱台、磕碰划伤	现场检查/资料检查	□是 □否	
		外置式电流互感器支撑筒外壁清洗干净、无尖角、毛刺、棱台、磕碰划伤	现场检查/资料检查	□是 □否	
		线圈外观无磕碰、无漏线、引线无破损，线号标记准确无误，二次引线端子压接牢靠	现场检查/资料检查	□是 □否	
17	电缆	机构箱内二次电缆应采用阻燃电缆，截面积应符合产品设计要求。互感器回路≥4mm²，控制回路≥2.5mm²	现场检查/资料检查	□是 □否	
18	总体装配	断路器内部的盆式绝缘子、支撑绝缘子在装配前应逐个进行局部放电试验，其在试验电压下单个绝缘子局部放电量不大于3pC	现场检查/资料检查	□是 □否	
		极柱及瓷套无明显倾斜，中心距离误差≤5mm	现场检查/资料检查	□是 □否	
		各传动轴销及有相对运动的构件，应涂适量润滑剂	现场检查/资料检查	□是 □否	
		SF_6气体管路布置合理、连接紧固，密封垫（圈）安装到位	现场检查/资料检查	□是 □否	

194

序号	验收项目	验收标准	检查方式	验收结论 （是否合格）	验收问题说明
18	总体装配	各部位安装牢靠，连接部位螺栓压接牢固，满足力矩要求、平垫、弹簧垫齐全，螺栓外露长度符合要求	现场检查/ 资料检查	□是　□否	
		SF₆密度卸校验继电器与断路器设备本体之间的连接方式应满足不拆卸校验继电器密度继电器的要求；密度继电器应装在与断路器本体同一运行环境温度的位置；断路器SF₆气体补气口位置尽量满足带电补气要求	现场检查/ 资料检查	□是　□否	
		断路器二次回路不应采用RC加速设计	现场检查/ 资料检查	□是　□否	

附录1-5-17：断路器设备出厂验收标准

断路器设备出厂验收标准

断路器基础信息	工程名称		制造厂家	
	设备型号		出厂编号	
	验收单位		验收日期	

序号	验收项目	验收标准	检查方式	验收结论（是否合格）	验收问题说明
验收人签字：					
一、断路器外观验收					
1	预装	所有组部件装配完整	现场检查	□是 □否	
2	本体	断路器外观清洁无污损，油漆完整，无色差		□是 □否	
		瓷套表面清洁，无裂纹，无损伤，均压环无变形		□是 □否	
		一次端子接线板无开裂、无变形，表面镀层无破损		□是 □否	
		金属法兰与瓷件胶装部位黏合牢固，防水胶完好	现场检查/资料检查	□是 □否	
		防爆膜检查应无异常，泄压通道通畅		□是 □否	
		接地块（件）安装美观，整齐		□是 □否	
		电流互感器接线牢固		□是 □否	
3	铭牌	设备出厂铭牌齐全，参数正确，美观	现场检查/资料检查	□是 □否	
4	位置指示器	位置指示器的颜色和标示应符合相关标准要求，分、合合同指示牌应有两个及以上定位螺栓固定以保证位不发生位移	现场检查/资料检查	□是 □否	
5	机构箱	外观完整，无损伤、接地良好，箱门与箱体之间的接地连接软铜线（多股）截面不小于4mm²	现场检查/资料检查	□是 □否	

序号	验收项目	验收标准	检查方式	验收结论（是否合格）		验收问题说明
5	机构箱	各空气开关、熔断器、接触器等元器件标示齐全正确	现场检查/资料检查	□是	□否	
		机构箱开合面顺畅，密封胶条安装到位，应有效防止尘、雨、小虫和动物的侵入，防护等级不低于IP44，顶部应设防雨檐，顶盖采用双层隔热布置		□是	□否	
		机构箱清洁无杂物		□是	□否	
		机构箱中金属元件无交、无锈蚀		□是	□否	
		机构箱内交、直流电源应有绝缘隔离措施		□是	□否	
		机构箱内二次回路的接地应符合规范，并设置专用的接地排		□是	□否	
		机构箱内若配有通风设备，则应功能正常，若有通气孔，应确保形成对流		□是	□否	
6	螺栓紧固	全部外露紧固螺栓均应采用热镀锌螺栓，紧固后螺纹一般应露出螺母2~3圈，各螺栓、螺纹连接件应按要求涂胶并紧固划标志线	现场检查/资料检查	□是	□否	
7	密封	各密封面密封胶涂抹均匀，密封良好，满足户内（外）使用要求	现场检查/资料检查	□是	□否	
8	密封试验（SF_6）	泄漏值的测量应在断路器充气24h后进行，采用灵敏度不低于1×10^{-6}（体积比）的检漏仪对断路器各密封部位、管道接头等处进行检测时，检漏仪不应报警，必要时可采用局部包扎法进行气体泄漏测量，每一个气室年漏气率不应大于0.5%（750kV断路器设备相对一个气室年漏气率不应大于0.5μL/L，《Q/GDW 1157 750kV电力设备交接试验规程》）	旁站见证/资料检查	□是	□否	

序号	验收项目	验收标准	检查方式	验收结论（是否合格）	验收问题说明
9	SF_6气体水分含量	35~500kV设备，SF_6气体水量的测定应在断路器充气24h后进行（750kV设备在充气至额定压力120h后进行），且测量时环境相对湿度不大于80%。SF_6气体含水量（20℃的体积分数）应符合下列规定：与灭弧室相通的气室，应小于150μL/L，其他气室小于250μL/L	旁站见证/资料检查	□是　□否	
10	交流耐压试验	在断路器SF_6气体额定压力下进行，试验电压按国家标准《GB/T 11022—2020高压开关设备和控制设备标准的共用技术要求》执行或按订货合同执行	旁站见证/资料检查	□是　□否	
		罐式断路器可在耐压过程中进行局部放电检测工作，1.2倍额定电压下局放量应满足设备厂家技术要求，但不大于5pC（《DL/T 617—2019气体绝缘金属封闭开关设备技术条件》）		□是　□否	
		雷电冲击耐受试验，220kV及以上罐式断路器应进行正、负极性各3次的雷电冲击耐受试验		□是　□否	
		真空灭弧室断口间耐压试验应按产品技术条件的规定执行，试验中不应发生击穿，真空灭弧室真空度应满足产品技术要求		□是　□否	
11	均压电容器（如配置）	各断口均压电容器其绝缘电阻值、电容值、介损符合产品技术规范	旁站见证/资料检查	□是　□否	
12	电流互感器	电流互感器二次引出线应接线正确、紧固	旁站见证/资料检查	绝缘电阻___MΩ □是　□否	
		二次绕组绝缘电阻、直流电阻、组别和极性、误差测量、励磁曲线测量等应符合产品技术条件		绝缘电阻___MΩ □是　□否	

序号	验收项目	验收标准	检查方式	验收结论（是否合格）	验收问题说明
13	分、合闸线圈直流电阻试验	试验结果应符合设备技术文件要求	旁站见证 资料检查	线圈电阻 合闸线圈___Ω 分闸线圈1___Ω 分闸线圈2___Ω □是 □否	
14	分、合闸线圈绝缘性能	使用1000V兆欧表进行测试，应符合产品技术条件且不低于10MΩ	旁站见证 资料检查	绝缘电阻___MΩ □是 □否	
15	合闸电阻测量（如配置）	各断口合闸电阻值符合产品设计要求	旁站见证 资料检查	合闸电阻___MΩ □是 □否	
16	主回路电阻测量	宜采用电流不小于100A的直流电压降法进行测量，测试结果应符合产品技术条件规定值	旁站见证 资料检查	回路电阻___MΩ □是 □否	
17	辅助和控制回路试验	工频耐压试验，试验电压为2 000V持续时间1min，应合格 绝缘电阻测量，用1 000V绝缘电阻表进行绝缘试验，绝缘电阻应符合产品技术条件规定	旁站见证 资料检查	绝缘电阻___MΩ □是 □否 绝缘电阻___MΩ □是 □否	
18	断路器机械特性测试	机械特性： ①机构速度特性、分合闸时间、分合闸同期性均应符合产品技术条件要求 ②出厂试验时应记录设备的机械特性行程曲线，并与参考的机械特性行程曲线进行对比，应一致 ③真空断路器合闸弹跳40.5kV以下不应大于2ms，40.5kV及以上不应大于3ms，分闸反弹幅度不应超过额定开距的20%	旁站见证 资料检查	□是 □否	

序号	验收项目	验收标准	检查方式	验收结论（是否合格）	验收问题说明
18	断路器机械特性测试	对断路器主断口及合闸电阻断口的配合关系进行测试，合闸电阻的提前接入时间可参照制造厂规定执行，一般为8～11ms	旁站见证/资料检查	□是　□否	
		操作电压校核： ①合闸装置在额定电源电压的85%～110%范围内，应可靠动作 ②分闸装置在额定电源电压的65%～110%（直流）或85%～110%（交流）范围内，应可靠动作 ③当电源电压低于额定电压的30%时，分闸装置不应脱扣	旁站见证/资料检查	□是　□否	
19	操动机构通用验收要求	操动机构的零部件应齐全，各转动部应涂以适合当地气候条件的润滑脂		□是　□否	
		电动机构固定应牢固，转向应正确		□是　□否	
		各种接触器、继电器、微动开关、压力开关、压力表、加热驱动装置和辅助开关的动作应准确、可靠、接点应接触良好、无烧损或锈蚀	旁站见证/资料检查	□是　□否	
		分、合闸线圈的铁芯应动作灵活，无卡阻		□是　□否	
		压力表应经出厂检验合格，并有检验报告，压力表的电接点动作应正确可靠		□是　□否	
		操动机构的缓冲器应经过调整，采用油缓冲器时，油位应正常，所采用的液压油应适应当地气候条件，且无渗漏		□是　□否	

200

序号	验收项目	验收标准	检查方式	验收结论（是否合格）	验收问题说明
		储能机构检查： ①弹簧储能指示正确，弹簧机构储能接点能根据储能情况及断路器动作情况，可靠接通、断开 ②储能电机应配有储能超时、过流、热偶等保护元件，整定值应符合产品技术要求 ③储能电机应运行无异常，无异声，断开储能电机电源，手动储能可正常执行，手动储能与电动储能之间闭锁应可靠 ④合闸弹簧储能时间应满足制造厂要求，合闸操作后应能正常储能，在20s内完成储能，在85%~110%的额定电压下应电压下应能正常储能	现场检查/资料检查	□是　□否	
20	弹簧机构验收	弹簧机构检查： ①弹簧储能应能可靠防止发生空合操作 ②合闸弹簧储能时，牵引杆的位置应符合合产品技术文件 ③合闸弹簧储能完毕后，行程开关应立即将电动机电源切除，合闸完毕，行程开关应断开应将电动机电源接通，储能电机电源的接通与断开应通过行程开关直接控制，不应通过扩展中间继电器接点来实现 ④合闸储能完毕，牵引杆的下端凸轮应与合闸锁扣可靠的联锁 ⑤分、合闸闭锁装置动作应灵活，复位应准确而迅速，并应开合可靠	现场检查/资料检查	□是　□否	

序号	验收项目	验收标准	检查方式	验收结论（是否合格）	验收问题说明
20	弹簧机构验收	弹簧机构其他验收项目： ①传动链条无锈蚀、机构各转动部分应涂以适合当地气候条件的润滑脂 ②缓冲器缓冲行程符合制造厂规定 ③弹簧机构内抽销、卡簧等应齐全，螺栓应紧固，并画画线标记	现场检查/资料检查	口是　口否	
21	液压机构	液压机构验收： ①液压油标号选择正确，符合设备运行地域环境要求，油位满足设备厂家要求，并应设置明显的油位观察窗，方便在运行状态检查油位情况 ②液压机构连接管路应清洁，无渗漏，压力表计指示正常且其安装位置应便于观察 ③油泵运转正常，无异常，欠压时能可靠启动，压力建立时间符合要求，若配有过流、热偶等保护元件，整定值应可靠动作 ④液压系统油压不足时，机械、电气防止慢分装置应可靠工作 ⑤具备慢分、慢合操作条件的机构，当进行慢分、慢合操作时，工作缸活塞杆的运动应无卡阻现象，其行程应符合产品技术文件 ⑥液压机构电动机或油泵应能满足60s内从零压打压到额定油压和5min内从重合闸闭锁油压打压到额定压力的要求，机构打压超时应报警，整定时间应符合产品技术要求。	现场检查/资料检查	口是　口否	

序号	验收项目	验收标准	检查方式	验收结论（是否合格）	验收问题说明
21	液压机构	⑦微动开关、接触器的动作应准确可靠，接触良好，电接点压力表、安全阀、压力释放器应经检验合格，动作可靠，关闭应严密 ⑧联动闭锁压力值应按产品技术文件要求予以整定，液压回路压力不足时能可靠闭锁断路器操作，并上传信号 ⑨液压机构24h内保压试验无异常，24h压力泄漏量满足产品技术文件要求 液压机构储能装置验收： ①预充氮气压力应符合制造厂规定 ②储压筒应有足够的容量，在降压至闭锁压力前应能进行"分—0.3s—合分"或"合分—3min—合分"的操作，对于设有漏氮报警装置的储压器，需检查漏氮报警装置功能可靠	现场检查/资料检查	□是　□否	
22	断路器操作及位置指示	断路器及其操动机构操作正常、无卡涩，分、合闸标志及动作指示正确	现场检查/资料检查	□是　□否	
23	就地、远方功能切换	断路器远方、就地操作功能切换正常	现场检查/资料检查	□是　□否	
24	防跳回路传动	就地操作时，防跳回路应可靠工作	现场检查/资料检查	□是　□否	
25	非全相装置	三相非联动断路器缺相运行时，非全相装置能可靠动作，时间继电器经校验可靠动作，带有试验按钮的非全相保护继电器应有警示标志	现场检查/资料检查	□是　□否	

序号	验收项目	验收标准	检查方式	验收结论 （是否合格）	验收问题说明
26	辅助开关	应对断路器合一分时间及操动机构辅助开关的转换时间与断路器主触头动作时间之间的配合进行试验检查，对220kV及以上断路器，合分时间应符合合同技术条件中的要求，且满足电力系统安全稳定要求	现场检查/资料检查	□是　□否	
		辅助开关应安装牢固，应能防止因多次操作松动变位		□是　□否	
		辅助开关应转换灵活，切换可靠，性能稳定		□是　□否	
		辅助开关与机构间的连接应松紧适当，转换灵活，并应能满足通电时间同的要求，连接锁紧螺帽应拧紧，并应采取防松措施		□是　□否	
27	加热驱潮、照明装置	机构箱、汇控柜内所有的加热元件应是非暴露型的，加热器、驱潮装置及控制元件的绝缘应良好，加热器与各元件、电缆及电线的距离应大于50mm，温湿度控制器等一次元件应采用阻燃材料，取得3C认证项目检测报告	现场检查/资料检查	□是　□否	
		加热驱潮装置能按照预设定温湿度自动投入		□是　□否	
		照明装置应工作正常		□是　□否	
28	各类表计及指示器安装位置	断路器设备各类表计（密度继电器、压力表等）及指示器（位置指示器、储能指示器等）安装位置应方便巡视人员或智能机器人巡视观察	现场检查/资料检查	□是　□否	
29	动作计数器	断路器应装设不可复归的动作计数器，其位置应便于读数，分相操作的断路器应分相装设	现场检查/资料检查	□是　□否	

附录1-5-18：隔离开关关键点见证标准

隔离开关关键点见证标准（35～750kV）

隔离开关基础信息	工程名称		生产厂家		
	设备型号		生产工号		
	验收单位		验收日期		
序号	验收项目	验收标准	检查方式	验收结论（是否合格）	验收问题说明
一、组部件验收			验收人签字：		
1	瓷绝缘子	①产品与技术规范书或技术协议中厂家、型号、规格一致 ②产品具备出厂质量证书、合格证、试验报告 ③进厂验收、检验、见证记录齐全	资料检查	□是　□否	
2	触头		现场检查/资料检查	□是　□否	
3	导电管		现场检查/资料检查	□是　□否	
4	弹簧		资料检查	□是　□否	
5	齿轮（条）		资料检查	□是　□否	
6	轴类零件		资料检查	□是　□否	
7	传动部件		现场检查/资料检查	□是　□否	
8	底座		现场检查/资料检查	□是　□否	
9	支撑构架		现场检查/资料检查	□是　□否	

序号	验收项目	验收标准	检查方式	验收结论（是否合格）	验收问题说明
10	均压环		现场检查/资料检查	□是 □否	
11	软导电连接带	①产品与技术规范书或技术协议中厂家、型号、规格一致	现场检查/资料检查	□是 □否	
12	（非）标准件	②产品具备出厂质量证书、合格证、试验报告	现场检查/资料检查	□是 □否	
13	润滑脂	③进厂验收、检验、见证记录齐全	资料检查	□是 □否	
二、操动机构验收				验收人签字：	
14	操动机构	铭牌符合标准要求，外壳表面宜选哑光不锈钢，铸铝或具有防腐措施的材料厚度大于2mm	现场检查/现场抽查	□是 □否	
		辅助与控制回路元件规格型号与技术协议一致，其二次布线工艺符合相关要求		□是 □否	
		箱门密封条应连续、完整，输出抽密封结构完好		□是 □否	
		淋雨试验验证，外壳防护等级达IP54要求。通风口设置合理，满足空气对流及防护等级的要求。特殊地区要根据实际情况进行差异化选择		□是 □否	
		传动部位润滑良好、传动平稳，操动机构各转动部件灵活、无卡涩现象		□是 □否	
		手动、电动操作无异常；手动操作闭锁电动操作正确		□是 □否	
		检查操动机构蜗轮、蜗杆的啮合情况，确认没有倒转现象		□是 □否	
		辅助开关接线正确、切换正确，齿轮箱机械限位准确可靠		□是 □否	

序号	验收项目	验收标准	检查方式	验收结论（是否合格）	验收问题说明
三、	装配验收		验收人签字：		
15	零部件	所有零部件是全新的，检验合格的	现场检查/现场抽查	□是 □否	
		规格型号与图纸一致		□是 □否	
		镀银件包装、保护完好，不得有损坏、发黑		□是 □否	
		零部件清洁度完好		□是 □否	
16	导电回路装配	隔离开关主触头镀银层厚度应不小于20μm，硬度不小于120HV	现场检查/现场抽查	□是 □否	
		隔离开关连杆、万向节、拐臂、拉板、转动板的销钉、螺栓、弹簧垫圈等部件应完好		□是 □否	
		轴承（套）装配、配钻、攻丝等装置工艺符合工艺文件要求		□是 □否	
		螺栓紧固按标准使用力矩扳手，并做紧固标记		□是 □否	
		各转动部位灵活，平衡装置调整到位。轴承（轴套）润滑良好，密封工艺符合要求		□是 □否	
17	接地导电回路装配	镀银面、导电接触工艺要求进行处理	现场检查/现场抽查	□是 □否	
		轴承（套）装配、配钻、攻丝等装置工艺符合工艺文件要求		□是 □否	
		各转动部位灵活，平衡装置调整到位，润滑良好，密封工艺符合要求		□是 □否	
		螺栓紧固按标准使用力矩扳手，并做紧固标记		□是 □否	

序号	验收项目	验收标准	检查方式	验收结论（是否合格）	验收问题说明
18	底座装配/构架装配	装配尺寸、性能参数符合工艺文件要求	现场检查/现场抽查	□是　□否	
		轴承座、轴销等传动部位转动灵活，润滑良好、密封工艺符合要求		□是　□否	
		螺栓紧固按标准使用力矩扳手，并做紧固标记		□是　□否	
		零部件：全新的，检验合格的	现场检查/现场抽查	□是　□否	
		底座：底座螺栓紧固应按标准使用力矩扳手，并做紧固标记，要重点检查安装面（瓷绝缘子、接地开关底座）的水平度和垂直度	现场检查/现场抽查	□是　□否	
		①瓷绝缘子应是全新的，检验合格的（釉面应均匀、光滑，颜色均匀。瓷件不应有生烧、过火和氧化起泡现象。表面不允许有裂纹。瓷件与法兰结合部位涂抹防水密封胶等） ②端面水平度、垂直度等尺寸要符合要求。调整支柱（旋转）绝缘子的安装面、中心线位置至要求值，并进行标记 ③瓷件的爬电距离、干弧距离应满足相关文件要求 ④额定参数及外形结构尺寸应符合户式试验文件要求、新产品/改进型式结构应有型式试验报告和产品鉴定证书 ⑤绝缘子上、下金属附件应热镀锌，热镀锌层厚度应均匀，表面光滑且镀锌层厚度不小于90μm		□是　□否	
19	总装配及调试	调试： ①分、合闸操作力矩符合要求且相差在规定范围内 ②合闸时动静触头插入时的位置，插入深度符合工艺文件要求	现场检查/现场抽查	□是　□否	

208

序号	验收项目	验收标准	检查方式	验收结论（是否合格）	验收问题说明
19	总装配及调试	③动、静触头夹紧力符合工艺文件要求 ④机械闭锁装置和调整触点配满足工艺文件要求 ⑤操动机构辅助触点信号与隔离开关、接地开关断口位置、行程开关切换满足要求 ⑥各部分机械尺寸符合工艺文件要求 ⑦220kV及以上电压等级隔离开关和接地开关在制造厂必须进行全面组装，调整好各部件的尺寸，并做好相应的标记	现场检查/现场抽查	□是　□否	
四、试验验收			验收人签字：		
20	试验见证	接地开关、最小及分、合闸过程中最不利位置的空气绝缘距离测试结果合格	现场检查/现场抽查	□是　□否	
		主回路触头夹紧力测试结果合格		□是　□否	
		机械操作试验大于3000次无异常		□是　□否	
		主回路电阻的测量符合要求		□是　□否	
		超B类接地开关辅助灭弧装置试验符合技术标准、技术协议要求		□是　□否	
		辅助和控制回路绝缘试验结果合格		□是　□否	
		主回路的绝缘试验结果合格		□是　□否	
		接地回路的电阻符合要求		□是　□否	
		电机过载保护配置合理，应可靠动作		□是　□否	

隔离开关出厂验收标准

隔离开关基础信息	工程名称		生产厂家		
	设备型号		出厂编号		
	验收单位		验收日期		
序号	验收项目	验收标准	检查方式	验收结论（是否合格）	验收问题说明
			验收人签字：		
一、隔离开关外观验收					
1	预装	所有组部件应装配完整	现场检查	□是 □否	
2	本体	隔离开关外观清洁无污损，油漆完整，无色差	现场检查	□是 □否	
		瓷套表面清洁，无损伤、放电痕迹，法兰无开裂现象，均压环无变形		□是 □否	
		一次端子接线板无开裂，无变形，表面镀层无破损		□是 □否	
		金属法兰与瓷套胶装部位粘合牢固，防水胶完好		□是 □否	
		接地块（件）安装美观，整齐		□是 □否	
3	铭牌	电动操动机构铭牌应包括电气原理接线图	现场检查/现场抽查	□是 □否	
		支柱绝缘子的代号、型号，制造厂及其抗弯抗扭强度		□是 □否	
		铭牌应为不锈钢或铜材，且应用中文印制，设备零件及其附件上的指示牌、警告牌以及其他标记也应用中文印制		□是 □否	
		铭牌内容应在提交的图纸上说明		□是 □否	
4	位置指示器	位置指示器的颜色和标示应符合相关标准要求，分、合闸指示牌应有两个及以上定位螺栓固定以保证固定不发生位移	现场检查	□是 □否	

contin续表

序号	验收项目	验收标准	检查方式	验收结论（是否合格）	验收问题说明
5	组部件	金属零部件应防锈、防腐蚀，钢制件应热镀锌处理，螺纹连接部分应防锈、防松动和电腐蚀	现场检查/现场抽查	□是 □否	
		同型号规格产品的安装尺寸应一致，零部件应具有互换性		□是 □否	
		外观完整、无损伤，接地良好，箱门与箱体之间接地连接铜线截面积不小于4mm²		□是 □否	
		各空气开关、熔断器、接触器等元器件标齐全正确		□是 □否	
		机构箱箱门开合顺畅，密封胶条安装到位，应有效防止尘、雨、雪，小虫和动物的侵入，防护等级不低于IP44，顶部应设防雨檐，顶盖采用双层隔热布置		□是 □否	
6	机构箱	机构箱清洁无杂物	现场检查	□是 □否	
		机构箱中金属元件无锈蚀		□是 □否	
		机构箱内交、直流电源应有绝缘隔离措施		□是 □否	
		机构箱应配有能观察到分合闸指示的储能位置的观察窗		□是 □否	
		机构箱内二次回路的接地应符合规范，并设置专用的接地排		□是 □否	
		机构箱内若配有通风设施，则应满足设备防潮、防凝露要求		□是 □否	
		若有通气孔，应确保形成对流		□是 □否	

211

序号	验收项目	验收标准	检查方式	验收结论（是否合格）	验收问题说明
7	绝缘子	绝缘子应烧制永不磨损、清晰可见的厂家标志、生产年月，批号及产品样本一致的产品代号	现场检查/现场抽查	□是 □否	
		瓷体和法兰之间的浇注面应采取有效的防水措施		□是 □否	
		瓷体和法兰的浇注应能防止胀裂		□是 □否	
		每批绝缘子均应有绝缘子制造厂的质量合格证和制造厂的出厂试验报告		□是 □否	
		绝缘子应按标准规定进行尺寸及外表检查、瓷件超声波检查，弯曲和扭转试验，任一项不符合要求判为不合格，用于72.5kV及以上电压等级的绝缘子，应逐个进行机械负荷试验		□是 □否	
		绝缘子与法兰胶装部分应采用喷砂工艺，胶装处应采用外露表面应平整，无水泥残渣及露缝等缺陷，胶装后露砂高度10～20mm，胶装处应均匀涂以防水密封胶		□是 □否	
8	接地螺栓	隔离开关、接地开关底座上应装设不小于M12的接地螺栓	现场检查/现场抽查	□是 □否	
		每相一个底座的隔离开关、各相应分别装设接地螺栓		□是 □否	
		接地接触面应平整、光洁，并涂上防锈油，连接截面应满足动、热稳定要求		□是 □否	
		接地位置应标以接地符号		□是 □否	

212

序号	验收项目	验收标准	检查方式	验收结论（是否合格）	验收问题说明
9	接地开关铜质软连接	接地开关可动部件与其底座之间的铜质软连接的截面积应不小于50mm²	现场检查	□是 □否	
		软连接采用来承载短路电流时，则应进行相应的设计，如果采用其他材料，则应具有等效的截面积	现场抽查	□是 □否	
10	加热驱潮、照明装置	机构箱内所有的加热元件应是非暴露型的，加热器、驱潮装置及控制元件的绝缘应良好，电缆及电线的距离应大于50mm，加热驱潮装置能按照设定温度自动投入，照明装置应工作正常	旁站见证/资料检查	□是 □否	
二、隔离开关试验验收				验收人签字：	
11	主回路的绝缘试验	保证隔离开关洁净、干燥，整台设备进行或成分相进行		电压值__kV □是 □否	
		当隔离开关在装运前不是整体总装时，则对所有组件都应分开进行试验，试验电压应协议确定，考虑试验对有机绝缘件的积累影响，试验电压可降为标准值的80%	现场检查/资料检查	电压值__kV □是 □否	
		对隔离开关加压试验时，分别在分闸与合闸状态下，并应考虑在相间、相对地、断口同以及接地开关与主导电回路间的最短距离下进行		电压值__kV □是 □否	
		试验电压应均匀升压，升到规定耐受电压值并维持1min，如发生破坏性放电，应认为隔离开关通过了试验		电压值__kV □是 □否	

序号	验收项目	验收标准	检查方式	验收结论（是否合格）	验收问题说明
11	主回路的绝缘试验	⑤试验电压值（1min工频耐受电压峰值） 35kV：95kV（中性点不接地系统）/80kV 66kV：160kV 110kV：230kV 220kV：460kV 330kV：510kV 500kV：740kV 750kV：960（+460）kV	现场检查/资料检查	电压值___kV □是　□否	
12	辅助和控制回路的绝缘试验	工频耐压试验，试验电压为2 000V持续时间1min，应合格 绝缘电阻测试，用1 000V绝缘电阻表进行绝缘试验，绝缘电阻应大于10MΩ	现场检查/资料检查	绝缘电阻___MΩ □是　□否 绝缘电阻___MΩ □是　□否	
13	主回路电阻的测量	通以不小于100A直流电流，进行隔离开关主回路电阻测量，与温升试验前进行的主回路电阻值之差应不大于20% 试验应与型式试验环境温度与测量点相同	现场检查/资料检查	□是　□否 □是　□否	
14	机械特性试验和机械操作	隔离开关和接地开关及其操动机构应分别在额定、最高（110%Un）、最低（85%Un）操作电压下进行机械特性试验，操作应无故障 人力操动机构的隔离开关和接地开关，应进行50次分、合闸空载操作	现场检查/资料检查	□是　□否 □是　□否	

序号	验收项目	验收标准	检查方式	验收结论（是否合格）	验收问题说明
14	机械特性试验和机械操作	试验时，不允许进行调整，操作应无故障，在每次操作中都应达到合闸位置和分闸位置，试验后，隔离开关和接地开关各部分不应损坏	现场检查/资料检查	□是　□否	
		分合闸同期性应符合产品技术条件要求		□是　□否	
		隔离开关和所配接地开关间机械闭锁应可靠		□是　□否	
15	绝缘子探伤检测	逐只进行绝缘子超声波探伤，探伤结果合格	现场检查/资料检查	□是　□否	
16	金属镀层检测	导电部件触头、导电杆等接触部位应镀银，导电回路动接触部位镀银厚度不小于20μm	现场检查/资料检查	□是　□否	
		其他部位满足相关技术要求		□是　□否	

附录1-5-20：组合电器关键点见证标准

组合电器关键点见证标准（35～750kV）

组合电器基础信息	工程名称		生产厂家	
	设备型号		生产工号	
	验收单位		验收日期	

验收人签字：

序号	验收项目	验收标准	检查方式	验收结论（是否合格）	验收问题说明
一、材料验收					
1	绝缘件	产品与技术规范书或技术协议中厂家、型号、规格一致		□是 □否	
2	密封件、传动件	产品具备出厂质量证书、合格证、试验报告	资料检查	□是 □否	
3	伸缩节	进厂验收、检验、见证记录齐全		□是 □否	
4	套管	户内外设备金属外表面防腐材料的附着力、涂层厚度满足相关规程要求		□是 □否	
5	外壳	标准的试验压力应是k倍的设计压力（对于焊接的铝外壳和焊接的钢外壳：k=2.0）。对于铸造的铝合金外壳：k=1.3。试验压力至少应维持1min，试验期间不应出现破裂或永久变形		□是 □否	
		承受气体压力有漏气的可能，金属焊缝均应进行无损探伤	资料检查	□是 □否	
		户外设备外壳应采用防腐材料		□是 □否	
		设备外壳涂防腐材料的附着力、涂层厚度满足相关规程要求		□是 □否	

序号	验收项目	验收标准	检查方式	验收结论（是否合格）	验收问题说明
6	隔板的压力试验	每个隔板应承受两倍的设计压力，试验时间1min，隔板不应表现出任何过应力或泄漏的迹象	资料检查	口是 口否	
		建议每个工程至少抽样三支隔板型盆式绝缘子进行水压坏试验		口是 口否	
7	压力释放装置试验	其安全动作值应符合规定的动作值。提供压力释放装置动作曲线图	资料检查	口是 口否	
8	继电器和分合闸电磁铁	应加强继电器和分合闸电磁铁的抽检，防止分合闸电磁铁等故障导致拒动、误动	劳站见证/资料检查	口是 口否	
二、绝缘试验验收				验收人签字：	
9	绝缘子试验	GIS设备内部的绝缘操作杆、盆式绝缘子、支撑绝缘子等部件，必须经过局部放电试验方可装配	现场检查/资料检查	局放量___pC 口是 口否	
		应严格对绝缘拉杆、工频耐压、支撑绝缘子逐支进行X射线探伤，局部放电试验，要求在试验电压下单个绝缘件的局部放电量不大于3pC		局放量___pC 口是 口否	
		252kV及以上瓷空心绝缘子应逐支进行超声纵波探伤检测		局放量___pC 口是 口否	
		1000kVGIS用盆式绝缘子应按照《Q/GDW 11128—2013 1100kV串联的要求开展抽样试验		局放量___pC 口是 口否	
三、导体验收				验收人签字：	
10	导体	母线导体材质为电解铜或铝合金	现场检查	口是 口否	
		铝合金母线的导电部位表面应镀银，满足产品技术文件要求		口是 口否	
		有必要时检查导体电导率		口是 口否	
		应对导体插接处进行标记		口是 口否	

四、本体装配验收

序号	验收项目	验收标准	检查方式	验收结论（是否合格）	验收问题说明
11	断路器（参照断路器验收）	断路器嵌入组合电器内应平整、稳固	现场检查	□是 □否	
		操动机构与本体连接应可靠、灵活、不应出现卡涩现象		□是 □否	
		确保机构内部清洁、完好、无杂物		□是 □否	
		检查液压机构管路无泄漏，同时应充分验证高压油区在高温下不会由于气泡造成频繁打压		□是 □否	
12	隔离开关和接地开关	操动机构动作可靠、灵活	现场检查	□是 □否	
		分合闸位置指示正确		□是 □否	
		机构与本体连接处密封完好		□是 □否	
		应确保操动机构的操作工具具有一定裕度，避免合分闸不到位		□是 □否	
13	电流互感器（参照电流互感器验收）	电流互感器安装牢固、可靠	现场检查	□是 □否	
		电流互感器二次侧严禁开路，备用的二次绕组也应短路接地		□是 □否	
		二次线排列整齐、均匀美观		□是 □否	
		二次线固定良好、无松动		□是 □否	
14	避雷器（参照避雷器验收）	避雷器导体连接部位紧固良好	现场检查	□是 □否	
		避雷器在线监测仪安装好		□是 □否	
15	电压互感器（参照电压互感器验收）	安装牢固、可靠	现场检查	□是 □否	
		电压互感器二次侧严禁短路		□是 □否	
		二次线排列整齐、均匀美观、固定良好、无松动		□是 □否	

验收人签字：

218

序号	验收项目	验收标准	检查方式	验收结论（是否合格）	验收问题说明
16	干燥处理过程及结果	依据供应商判断干燥是否完成的工艺规定，并由其出具其书面结论（含干燥曲线）	资料检查	□是 □否	
		确认在线参数测定装置完好，运行稳定		□是 □否	
五、总装配验收			验收人签字：		
17	防爆和吸附剂装配	每个隔室应装有适当数量的吸附剂装置，材质应选用不锈钢或其他高强度材料	资料检查	□是 □否	
		制造厂家应提供防爆装置的压力释放曲线		□是 □否	
		防爆膜或其他防爆装置应完好，配置应符合产品技术文件要求		□是 □否	
		防爆装置的布置及保护罩的位置，应确保排出压力气体时，不危及巡视通道上执行运行任务人员的安全		□是 □否	
18	清洁度	组合电器内部应无任何异物，无毛刺，无漆尘，无漆膜脱落，光亮、清洁	现场检查	□是 □否	
19	暴露时间	根据暴露的环境（温度、湿度）条件和时间，针对不同产品，按供应商的工艺规定，进行干燥，或延长抽真空的时间	资料检查	□是 □否	
六、主回路电阻测量			验收人签字：		
20	主回路电阻验收	应测试整体回路电阻。要在元件装配时、间隔装配完成后，运输单元上（Ru是形式试验得的相应电阻）并做三相回路电阻的比较。制造厂家应提供每个元件或每个单元主回路电阻的控制值Rn（Rn是产品技术条件规定值），并提供测试区间的测试点示意图以及电阻值	资料检查	回路电阻___Ω □是 □否	

附录1-5-21：组合电器出厂验收（外观）标准

组合电器出厂验收（外观）标准

组合电器基础信息	工程名称		生产厂家	
	设备型号		出厂编号	
	验收单位		验收日期	

序号	验收项目	验收标准	检查方式	验收结论（是否合格）	验收问题说明

验收人签字：

一、组合电器外观验收

序号	验收项目	验收标准	检查方式	验收结论（是否合格）	验收问题说明
1	预装	所有组部件应安装配完	现场检查	□是　□否	
2	伸缩节及波纹管检查	检查调整螺栓间隙是否符合厂方规定，一般为2mm间隙 应对运行中起调整作用的伸缩节在出厂时进行明确标志	现场检查	□是　□否 □是　□否	
3	各气室SF₆气体压力	符合厂家出厂充气压力要求	现场检查	□是　□否	
4	密度继电器及连接管路	一个独立气室应设装密度继电器，严禁出现串联连接或连通过阀门连接 密度继电器应当与本体安装在同一运行环境温度下，不得安装在构机箱内 各密封管阀门位置正确，阀门有明显的关合、开启位置指示，户外密度继电器必须有防雨罩，防雨罩应能将表、控制电缆线接端子一起放入 应采用防震型密度继电器	现场检查	□是　□否 □是　□否 □是　□否 □是　□否	

220

序号	验收项目	验收标准	检查方式	验收结论（是否合格）		验收问题说明
5	铭牌	组合电器壳体、断路器、隔离开关、电流互感器、电压互感器、避雷器等功能单元应有独自的铭牌标志，其出厂编号应为唯一并可追溯	现场检查	□是	□否	
		应确保操动机构、盆式绝缘子、绝缘拉杆、支撑绝缘子等重要核心组部件具有唯一识别编号，以便查找和追溯		□是	□否	
6	螺栓	全部紧固螺栓均应采用热镀锌螺栓	现场检查	□是	□否	
		导电回路应用8.8级热镀锌螺栓		□是	□否	
		螺栓应采取可靠防松措施		□是	□否	
7	汇控柜	汇控柜柜门应密封良好，柜门有限位措施，回路模拟线无脱落，可靠接地	现场检查	□是	□否	
		户外用组合电器的机构箱盖板、汇控柜门应具备优质的密封防水性，且观察窗不应采用有机玻璃或强化有机玻璃		□是	□否	
8	本体、机构、支架、轴销、传动杆检查	安装牢固，外表清洁完整，支架及接地引线无锈蚀和损伤，瓷件完好清洁，基础牢固，水平垂直误差符合要求	现场检查	□是	□否	
9	盆式绝缘子颜色标示	隔断盆式绝缘子标示红色，导通盆式绝缘子标示为绿色	现场检查	□是	□否	
10	连线引线及接地	连接可靠且接触良好并满足通流要求，接地良好，接地连片有接地标志	现场检查	□是	□否	
		接地回路应采用不小于M16螺栓		□是	□否	
		盆式绝缘子两侧应安装等电位跨接线		□是	□否	

序号	验收项目	验收标准	检查方式	验收结论（是否合格）		验收问题说明
11	驱潮、加热装置	满足机构箱、汇控柜运行环境要求	现场检查	□是	□否	
		应采用长寿命、易更换的加热器		□是	□否	
		加热装置应设置在机构箱的底部，并与机构箱内二次线保持足够的距离		□是	□否	
12	断路器、隔离开关分、合闸操作	动作正确，指示正常，便于观察	现场检查	□是	□否	
		隔离开关的二次回路严禁具有"记忆"功能	资料检查	□是	□否	
13	断路器、隔离开关机构检查	密封良好，电缆口应封闭，接地良好，分合闸闭锁良好		□是	□否	
		断路器计数器必须是不可复归型	现场检查	□是	□否	
		同一间隔离开关的多台隔离开关的电机电源，必须设置独立的开断设备		□是	□否	
14	运输要求	在断路器、隔离开关、电压互感器和避雷器运输单元上加装三维冲击记录仪，其他运输单元加装震动指示器	现场检查	□是	□否	

222

附录1-5-22：组合电器出厂验收（试验）标准

组合电器出厂验收（试验）标准

组合电器基础信息	工程名称		生产厂家	
	设备型号		出厂编号	
	验收单位		验收日期	

序号	验收项目	验收标准	检查方式	验收结论（是否合格）	验收问题说明
验收人签字：					
一、组合电器的试验验收					
1	主回路交流电压试验	应在耐压试验前进行老练试验。要求在对地、相间，以及分开的断路器装置断口间进行试验时，参照合产品技术协议要求 验电压符合产品技术协议要求，技术协议中无明确要求时，参照以下规定： ①1100kV设备施加1100kV电压 ②800kV设备施加960kV电压 ③550kV设备施加740kV电压 ④363kV设备施加520kV电压 ⑤252kV设备施加460kV电压 ⑥126kV设备施加230kV电压 ⑦72.5kV设备施加140kV或160kV电压	旁站见证	试验电压___kV 试验时间___s □是　□否	
2	雷电冲击耐压试验	252kV及以上设备应在$1.2/50\mu s$标准下进行正、负极性各3次雷电冲击耐压试验，试验结果符合产品技术协议要求	旁站见证	□是　□否	

序号	验收项目	验收标准	检查方式	验收结论（是否合格）	验收问题说明
3	主回路局部放电试验	试验电压及最大允许局部放电电量符合产品技术协议的规定，技术协议中无明确要求时，试验电压参照《DLT 617气体绝缘金属封闭开关设备技术条件》，最大允许局部放电电量不应超过5pC	旁站见证	试验电压____kV 局放量____pC □是 □否	
4	辅助和控制回路交流耐压试验	试验电压为2000V，持续时间1min，如果每次试验均未发生破坏性放电，则认为开关设备和控制设备的辅助和控制回路通过了试验	旁站见证/资料检查	电压____V 时间____s □是 □否	
5	主回路电阻试验	测量所用电流应等于或高于直流100a，主回路电阻值不应超过1.2Ru（Ru是型式试验时测得的相应电阻），并做三相不平衡度比较，制造厂家应提供每个元件或每个单元主回路电阻的控制值Rn（Rn是产品技术条件值）和出厂实测值，还应提供测试点区间的测试点示意图以及电阻定值	旁站见证/资料检查	回路电阻____μΩ □是 □否	
6	气体密封性试验	每个封闭压力系统或隔室允许的相对年漏气率应不大于0.5% 对于外购件应进行整体密封试验	旁站见证/资料检查	漏气率____% □是 □否 漏气率____% □是 □否	
7	SF₆气体湿度试验	各气室的湿度满足产品技术协议要求	旁站见证/资料检查	湿度____μL/L □是 □否	

序号	验收项目	验收标准	检查方式	验收结论（是否合格）	验收问题说明
		出厂时应逐台进行断路器机械特性测试，断路器应按照要求进行分合闸速度、分合时间、分合同期性等机械特性试验，应进行操动机构低压电压试验，并测量断路器的行程—时间特性曲线，均应符合产品技术条件要求，机械行程特性曲线应在GB1984规定的包络线范围内	旁站见证/资料检查	合闸速度_____m/s 分闸速度_____m/s 合闸时间_____ms 分闸时间_____ms 合闸不同期 _____ms 分闸不同期 _____ms □是　□否	
8	机械特性试验	断路器、隔离开关和接地开关应进行不少于200次的机械操作试验，操作完成后应彻底清洁体内部，再进行其他出厂试验，特高压GIS断路器的200次机械操作磨合试验时，应在前100次中的最后20次和后100次中的最后20次采用重合闸操作		合闸速度_____m/s 分闸速度_____m/s 合闸时间_____ms 分闸时间_____ms 合闸不同期 _____ms 分闸不同期 _____ms □是　□否	

序号	验收项目	验收标准	检查方式	验收结论（是否合格）	验收问题说明
8	机械特性试验	出厂试验机械操作过程应对操动机构与分合闸指示连接性能进行严格检查和确认	旁站见证/资料检查	合闸速度____m/s 分闸速度____m/s 合闸时间____ms 分闸时间____ms 合闸不同期____ms 分闸不同期____ms □是　□否	
9	气体密度继电器及压力表校验	气体密度继电器应校验其接点动作值与返回值，并符合其产品技术条件的规定，压力表示值与变差、均应在表计相应等级的允许误差范围内	旁站见证/资料检查	□是　□否	
10	断路器合闸电阻	应对断口合闸电阻进行逐一测量，满足技术规范书要求	旁站见证/资料检查	合闸电阻____Ω □是　□否	
二、套管试验验收			验收人签字：		
11	密封性试验和SF₆气体湿度检测	符合产品技术协议要求，每个封闭压力系统或隔室允许的相对年漏气率应不大于0.5%	旁站见证/资料检查	漏气率____% 湿度____μL/L □是　□否	
		湿度符合产品技术协议要求		漏气率____% 湿度____μL/L □是　□否	

序号	验收项目	验收标准	检查方式	验收结论（是否合格）	验收问题说明
12	局部放电试验 SF_6	符合产品技术条件要求，无要求时按下述要求进行，1.5Um/√3电压下，局部放电量应不大于10pC	旁站见证/资料检查	局放量___pC □是 □否	
13	交流耐压试验	套管与组合电器的导电回路总装后，应随组合电器本体一起试验	旁站见证/资料检查	试验电压___kV □是 □否	
三、绝缘件试验验收				验收人签字：	
14	交流耐压试验	GIS设备内部的绝缘操作杆、盆式绝缘子、支撑绝缘子等部件，必须经过局部放电试验方可装配	资料检查	试验电压___kV □是 □否	
		应严格对绝缘拉杆、盆式绝缘子、支撑绝缘子逐支进行X射线探伤、工频耐压，局部放电试验，要求放电试验电压下单个绝缘件的局部放电量不大于3pC		试验电压___kV □是 □否	
		252kV及以上瓷套管应逐支进行超声纵波探伤检测		试验电压___kV □是 □否	
		1 000kVGIS用盆式绝缘子应按照Q/GDW 11128的要求开展抽样试验		试验电压___kV □是 □否	

附录1-5-23：开关柜关键点见证标准

开关柜关键点见证标准

开关柜基础信息	工程名称		生产厂家	
	设备型号		生产工号	
	验收单位		验收日期	

序号	验收项目	验收标准	检查方式	验收结论（是否合格）	验收问题说明
一、材料验收					
1	绝缘件与绝缘热缩套材质	产品与技术规范书/技术协议书中厂家、型号、规格一致，柜体板材厚度不小于2mm	现场检查/资料检查	厚度为___mm □是 □否	
2	主母线材质	产品具备出厂质量证书、合格证、试验报告		□是 □否	
3	开关柜动静触头镀层	进厂验收、检验、见证记录齐全		□是 □否	
4	壳体及观察窗材质	20kV及以上绝缘件需采用双屏蔽结构		□是 □否	
5	接地刀闸导体材质	观察窗必须为机械强度与外壳相当的内有接地屏蔽网的钢化玻璃遮蔽板，严禁使用普通或有机玻璃		□是 □否	
6	开关柜隔离挡板材质	开关柜隔离挡板应采用阻燃绝缘材料		□是 □否	
验收人签字：					
二、内部故障级别验收					
7	开关柜内部燃弧试验报告	内部燃弧型式试验报告在有效期范围内，报告中附被试品照片	现场检查/资料检查	□是 □否	
				□是 □否	
验收人签字：					

序号	验收项目	验收标准	检查方式	验收结论（是否合格）	验收问题说明
三、投切电容器组用断路器试验验收			验收人签字：		
8	投切电容器组用断路器老练试验	如选用真空断路器，则应在出厂前进行高压大电流老练处理，厂家应提供断路器整体老练试验报告			
		逐台检查投切电容器断路器分、合闸行程特性曲线，并与本型断路器标准分、合闸行程特性曲线一致	现场检查/资料检查	□是 □否	
		用于电容器投切的开关柜必须与所配断路器投切电容器的试验报告一致		□是 □否	
四、开关柜绝缘件局放试验验收			验收人签字：		
9	开关柜绝缘件局放试验	单个绝缘件局部放电不大于3pC	现场检查/资料检查	局放量___pC □是 □否	
五、开关柜总装配验收			验收人签字：		
10	空气绝缘净距离	空气绝缘净距离：12kV≥125mm，24kV≥180mm，40.5kV≥300mm，如采用复合绝缘或固体绝缘封装等可靠技术，可适当降低其绝缘距离要求	现场检查	□是 □否	
11	空气开关柜壳体检查	测量开关柜壳体厚度大于2mm	现场检查	厚度___mm □是 □否	
12	刀闸装配	刀闸安装牢固、规整，绝缘子绝缘良好		□是 □否	
		刀闸合闸接触可靠，分闸距离打开满足要求	现场检查/	□是 □否	
		导体部分应满足相间及相同与对地与空气绝缘距离要求	资料检查	□是 □否	

续表

序号	验收项目	验收标准	检查方式	验收结论（是否合格）	验收问题说明
13	互感器装配	互感器安装牢固，分布美观	现场检查	□是 □否	
		互感器一次电气连接应可靠，铜铝连接应使用铜铝过渡片		□是 □否	
		导体部分应满足相间与空气绝缘距离要求		□是 □否	
		互感器二次接线正确，二次线束应采用阻燃绝缘护套并绑扎牢固，走向清晰正确，与一次部分绝缘距离满足要求		□是 □否	
14	带电显示装置与传感器装配	传感器与开关柜本体应固定牢固，一次导体与传感器固定可靠	现场检查/资料检查	□是 □否	
		带电显示装置安装牢固，二次接线正确，装配完毕检查完毕带电显示装置自检功能完好		□是 □否	
15	静触头盒与穿柜套管一次分支装配	触头盒固定牢固可靠，触头盒内一次导体应进行倒角处理。35kV穿柜套管均匀电场，触头盒应带有内外屏蔽结构（内部浇注屏蔽网）不得采用无屏蔽或内壁涂半导体漆屏蔽产品。屏蔽引出线应使用复合绝缘外套包封	现场检查/资料检查	□是 □否	
16	开关柜手车导轨与活门装配	导轨安装平整，固定牢固	现场检查/资料检查	□是 □否	
		开关柜活门固定可靠，活门开启、活门关闭动作部分动作灵活，柜内金属活门应可靠接地，活门机构应选用可独立锁止结构		□是 □否	
		导轨应有足够的机械强度		□是 □否	
17	断路器（隔离开关）手车装配	断路器（隔离开关）与开关柜手车固定牢固	现场检查/资料检查	□是 □否	
		断路器（隔离开关）二次接线正确，航空插头动静触头接触可靠		□是 □否	

序号	验收项目	验收标准	检查方式	验收结论（是否合格）		验收问题说明
18	开关柜五防装置装配	开关柜五防装置安装正确、牢固	现场检查/资料检查	□是	□否	
		五防装置调试操作试验各部闭锁可靠		□是	□否	
		高压开关柜的机械强度应有足够的机械强度		□是	□否	
19	开关柜并柜及母线装配	开关柜并柜牢固，主母线串柜预装配	现场检查	□是	□否	
		整体开关柜检查各部连接符合安装尺寸及空气绝缘距离要求		□是	□否	
20	开关柜观察窗	高压开关柜的观察窗应使用机械强度与外壳相当的内有接地屏蔽遮的钢网化玻璃遮板	现场检查	□是	□否	
		玻璃遮板应安装紧固，位置满足观察需要		□是	□否	
六、SF$_6$充气验收			验收人签字：			
21	外壳的压力试验和探伤	标准的试验压力应是k倍的设计压力（对于焊接的铝外壳和焊接的铝外壳和铝铸造的铝外壳和铝合金外壳：k=1.3。对于铸造的铝外壳，试验压力至少应维持1min，试验期间不应出现破裂或永久变形	旁站见证/资料检查	□是	□否	
		承受气体压力有漏气的可能，金属焊缝均应进行无损探伤		□是	□否	

开关柜出厂验收（外观）标准

开关柜基础信息	工程名称			生产厂家		
	设备型号			出厂编号		
	验收单位			验收日期		

序号	验收项目	验收标准	检查方式	验收结论（是否合格）		验收问题说明
				验收人签字：		
一、开关柜外观验收						
1	预装	所有组部件应装配完整	现场检查	□是	□否	
		泄压通道与设计图纸一致		□是	□否	
2	泄压通道与压力释放装置	泄压通道打开方向正确	现场检查与资料检查相结合	□是	□否	
		泄压通道采用单边尼龙螺栓固定或采用其他可靠型结构（提供型式试验报告）		□是	□否	
		压力释放装置安装可靠，安装位置符合要求		□是	□否	
3	标志	手车位置应有位置指示标志		□是	□否	
		开关柜前面板一次接线图应与柜内接线方式一致		□是	□否	
		开关柜可触及隔室、不可触及隔室、活门和机构等关键部位出厂时应设置明显的安全警告、警示标志	现场检查	□是	□否	
		继保二次小室二次接线回路标号清晰、正确，保护跳闸压板准接片开口朝上		□是	□否	
4	组部件	产品与技术规范书技术协议中厂家、型号、规格一致	现场检查	□是	□否	

序号	验收项目	验收标准	检查方式	验收结论（是否合格）	验收问题说明
4	组部件	等电位短接，如开关柜门、互感器接地端子、观察窗接地，开关手车接地、柜内金属短接地，采用软导线连接的两侧应短接鼻压接，软导线截面积应符合产品技术条件要求	现场检查	□是 □否	
5	铭牌	仪表、继电器元件校验合格，接线正确	现场检查	□是 □否	
		开关柜主铭牌内容完整		□是 □否	
		互感器、断路器、避雷器等铭牌齐全		□是 □否	
6	开关柜	开关柜外壳平整光滑，漆面无脱落	现场检查	□是 □否	
		开关内隔离开关/隔离开关小车触头镀层质量检测，被检测隔离开关/开关柜内触头表面应镀银且镀银层厚度应不小于8μm，硬度不小于120韦氏	现场检查	□是 □否	
7	一次部分对地绝缘距离	各部件及导体绝缘距离符合空气绝缘净距要求	现场检查	□是 □否	
8	操作检查	断路器及隔离手车操作顺畅、无卡滞，活门开启关闭正常	现场检查	□是 □否	
		触头人插入深度符合技术条件要求	现场检查	□是 □否	
		机械防误操作或电气联锁功能可靠		□是 □否	
9	其他	进出线套管、机械活门，母排拐弯处等场强较为集中的部位，应采取倒圆角处理等措施，柜内各二次线束应采用阻燃绝缘护套	现场检查	□是 □否	
		并绑扎牢固、宜使用牢固的金属扎带固定二次线束		□是 □否	
		断路器手车在运行位置，开关柜门不打开的情况下，在柜门上应有断路器紧急分闸按钮，且紧急分闸按钮应有防误动措施	现场检查	□是 □否	

附录1-5-25：开关柜出厂验收（试验）标准

开关柜出厂验收（试验）标准

开关柜基础信息	工程名称		生产厂家	
	设备型号		出厂编号	
	验收单位		验收日期	

序号	验收项目	验收标准	检查方式	验收结论（是否合格）	验收问题说明
			验收人签字：		
一、断路器试验验收					
1	绝缘电阻试验	绝缘电阻数值应满足产品技术条件规定	旁站见证/资料检查	绝缘电阻___MΩ □是　□否	
2	每相导电回路电阻试验	测得的电阻不应超过1.2Ru，Ru为型式试验时温升试验前测得的电阻	旁站见证/资料检查	回路电阻___μΩ □是　□否	
3	交流耐压试验	应在断路器合闸及分闸状态下进行交流耐压试验，如果没有发生破坏性放电，则认为通过试验	旁站见证/资料检查	整体耐压___kV 断口耐压___kV □是　□否	
4	机械特性试验	机械特性测试数据应符合产品技术条件规定，在机械特性试验中同步记录触头行程曲线，并确保在规定的范围内	旁站见证/资料检查	合闸时间___ms 分闸时间___ms 合闸不同期___ms 分闸不同期___ms 弹跳时间___ms □是　□否	

234

序号	验收项目	验收标准	检查方式	验收结论（是否合格）	验收问题说明
		用于电容器投切的断路器出厂时必须提供本台断路器分、合闸行程特性曲线，并提供本型断路器的标准分、合闸行程特性曲线		合闸时间 ___ms 分闸时间 ___ms 合闸不同期 ___ms 分闸不同期 ___ms 弹跳时间 ___ms □是 □否	
4	机械特性试验	低电压动作试验，符合产品技术条件规定	旁站见证/资料检查	合闸时间 ___ms 分闸时间 ___ms 合闸不同期 ___ms 分闸不同期 ___ms 弹跳时间 ___ms □是 □否	
		12kV真空断路器合闸弹跳时间不应大于2ms		合闸时间 ___ms 分闸时间 ___ms 合闸不同期 ___ms 分闸不同期 ___ms 弹跳时间 ___ms □是 □否	

序号	验收项目	验收标准	检查方式	验收结论（是否合格）	验收问题说明
4	机械特性试验	24kV真空断路器合闸弹跳时间不应大于2ms	旁站见证/资料检查	合闸时间____ms 分闸时间____ms 合闸不同期____ms 分闸不同期____ms 弹跳时间____ms □是　□否	
		40.5kV真空断路器合闸弹跳时间不应大于3ms		合闸时间____ms 分闸时间____ms 合闸不同期____ms 分闸不同期____ms 弹跳时间____ms □是　□否	
5	分、合闸线圈及合闸接触器线圈的绝缘电阻和直流电阻	绝缘电阻值不应小于10MΩ	旁站见证/资料检查	绝缘电阻____MΩ 直流电阻____Ω □是　□否	
		直流电阻值与产品出厂试验值相比应无明显差别		绝缘电阻____MΩ 直流电阻____Ω □是　□否	

序号	验收项目	验收标准	检查方式	验收结论（是否合格）	验收问题说明
6	投切电容器组试验、整体老炼试验	用于电容器投切的开关柜切的开关柜必须有其所配断路器投切电容器的试验报告；对于真空断路器，则应在出厂前进行高压大电流老炼处理，厂家应提供断路器整体老炼试验报告	旁站见证/资料检查	□是 □否	
7	辅助和控制回路工频耐压试验	试验电压为2kV，持续时间1min	旁站见证/资料检查	试验电压___kV □是 □否	
8	操动机构的试验	合闸装置在额定电源电压的85%～110%范围内，应可靠动作；分闸装置在额定电源电压的65%～110%（直流）或85%～110%（交流）范围内，应可靠动作	旁站见证/资料检查	□是 □否	
8	操动机构的试验	当电源电压低于额定电压的30%时，分闸装置不应脱扣	旁站见证/资料检查	□是 □否	

验收人签字：

二、绝缘子试验验收

序号	验收项目	验收标准	检查方式	验收结论（是否合格）	验收问题说明
9	绝缘电阻试验	符合合产品技术协议要求	旁站见证/资料检查	绝缘电阻___MΩ □是 □否	
10	交流耐压试验	如果没有发生破坏性放电，则认为通过试验	旁站见证/资料检查	试验电压___kV □是 □否	
11	局部放电试验	开关柜中所有绝缘件装配前均应进行局放检测，单个绝缘件局部放电量不大于3pC	旁站见证/资料检查	局放量___pC □是 □否	

序号	验收项目	验收标准	检查方式	验收结论（是否合格）	验收问题说明
三、SF₆充气柜验收			验收人签字：		
12	SF₆充气柜充压力	符合厂家出厂充气压力要求	现场检查	□是 □否	
13	SF₆性能	必须经SF₆气体质量监督管理中心抽检合格，并出具检测报告	旁站见证/资料检查	微量水___μL/L □是 □否	
		充气前应对每瓶气体测量微水，满足《GB/T 12022—2014工业六氟化硫》对新气的要求方可充入		微量水___μL/L □是 □否	
		SF₆气体注入设备前后必须进行湿度试验，且应对设备内气体进行检测，必要时进行气体成分分析，结果符合标准要求		微量水___μL/L □是 □否	
14	气体密封性试验	每个封闭压力系统或隔室允许的相对年漏气率应不大于0.5%	旁站见证/资料检查	漏气率___% □是 □否	
四、开关柜整体试验验收			验收人签字：		
15	交流耐压试验	交流耐压试验过程中不应发生贯穿性放电	旁站见证/资料检查	试验电压___kV □是 □否	
16	局部放电检测	无异常放电	旁站见证/资料检查	局放量___pC □是 □否	

附录1-5-26　电流互感器关键点见证标准

电流互感器关键点见证标准

电流互感器基础信息	工程名称		制造厂家	
	设备型号		生产工号	
	验收单位		验收日期	

序号	验收项目	验收标准	检查方式	验收结论（是否合格）	验收问题说明
一、材料验收				验收人签字：	
1	硅钢片（铁芯）	①外购件与投标文件或技术协议中厂家、型号、规格一致 ②外购件具备出厂质量证书、合格证、检验、试验报告 ③外购件进厂验收、检验、见证记录齐全 ④实物与文件对证	资料检查	□是　□否	
2	电缆纸（油浸式）			□是　□否	
3	绝缘油（油浸式）			□是　□否	
4	密封件			□是　□否	
5	漆包线			□是　□否	
6	一次导电杆及端子			□是　□否	
7	油位计（油浸式）			□是　□否	
8	瓷套			□是　□否	
9	膨胀器（油浸式）			□是　□否	

序号	验收项目	验收标准	检查方式	验收结论（是否合格）		验收问题说明
10	二次绕组屏蔽罩材质			□是	□否	
11	聚酯薄膜（SF$_6$绝缘）			□是	□否	
12	SF$_6$气体（SF$_6$绝缘）	①外购件与投标文件或技术协议中厂家、型号、规格一致	资料检查	□是	□否	
13	防爆膜（SF$_6$绝缘）	②外购件具备出厂质量证书、合格证、试验报告		□是	□否	
14	密度继电器（SF$_6$绝缘）	③外购件进厂验收、检验、见证记录齐全		□是	□否	
15	聚四氟乙烯薄膜（复合绝缘干式）	④实物与文件对证		□是	□否	
16	硅橡胶护套（复合绝缘干式）			□是	□否	
二、绕组绕制			验收人签字：			
17	绕组绕制	绕组无变形、倾斜、位移		□是	□否	
		各部分绝缘件无位移、松动、排列整齐	旁站见证	□是	□否	
		导线接头无脱焊、虚焊		□是	□否	
		二次引线端子应有防转动措施，防止外部操作造成内部引线扭断	资料检查	□是	□否	

240

序号	验收项目	验收标准	检查方式	验收结论（是否合格）	验收问题说明
17		如具有电容屏结构，其电容屏连接筒应按要求采用强度足够的铸铝合金制造，以防止因材质偏软导致电容屏连接筒移位	旁站见证/资料检查	□是 □否	
三、铁芯制作			验收人签字：		
18	铁芯制作	外表平整无翘片，无波状，固定牢固	旁站见证/资料检查	□是 □否	
		铁芯尺寸符合设计要求		□是 □否	
四、真空干燥处理验收			验收人签字：		
19	真空处理过程（油浸、SF_6绝缘）	干燥时间、温度等严格按制造厂工艺流程书执行	旁站见证/资料检查	□是 □否	
20	真空注油过程（油浸式）	真空度、持续时间、注油速度等严格按制造厂工艺流程书执行	旁站见证/资料检查	□是 □否	
五、总装配			验收人签字：		
21	一次载流体装配检查	回路电阻符合要求，端部软连接固定可靠	旁站见证/资料检查	□是 □否	
22	紧固件的紧固、电气连接可靠性	器身所有紧固螺栓（包括绝缘螺栓）按力矩要求拧紧、并锁牢	旁站见证/资料检查	□是 □否	
23	洁净度检查	器身应洁净、无污染和杂物，铁芯无锈蚀	旁站见证/资料检查	□是 □否	
24	装配时间的监控	根据器身暴露的环境（温度、湿度）条件和时间，针对不同产品，按制造厂的工艺规定，必要时再入炉干燥	旁站见证/资料检查	□是 □否	

附录1-5-27：电流互感器出厂验收标准

电流互感器出厂验收标准

电流互感器 基础信息	工程名称		制造厂家	
	设备型号		出厂编号	
	验收单位		验收日期	
序号	验收项目	验收标准	检查方式	验收结论 （是否合格）	验收问题说明
---	---	---	---	---	---
一、电流互感器外观验收			验收人签字：		
1	铭牌标志	内容完整，标识清晰，无锈蚀	现场检查	□是　□否	
2	密封性能	无渗漏油（气），密封良好	现场检查	□是　□否	
3	油位指示	指示符合要求	现场检查	□是　□否	
4	SF$_6$气体压力指示	指示符合要求	现场检查	□是　□否	
5	瓷套或硅橡胶套管	瓷套或硅橡胶套管完好，达到防污要求 瓷套不存在缺损、脱釉、落砂，硅橡胶不存在龟裂、起泡和脱落 复合绝缘干式电流互感器（含复合硅橡胶绝缘电流互感器）表面无损伤、无裂纹	现场检查	□是　□否	
6	出线端子标志检验	出线端子应符合设计要求，	现场检查	□是　□否	

242

序号	验收项目	验收标准	检查方式	验收结论 （是否合格）	验收问题说明
二、绝缘油验收			验收人签字：		
7	击穿电压 （kV）	1 000kV（750kV）≥70kV，500kV≥60kV，330kV≥50kV，110～220kV≥40kV，35kV≥35kV	旁站见证/ 资料检查	□是　□否	
8	水分（mg/L）	1 000kV≤8，330kV～750kV≤10，220kV≤15，110kV及以下≤20	旁站见证/ 资料检查	□是　□否	
9	介质损耗因数 tanδ（90℃）%	500kV及以上≤0.5%，66～330kV≤1.0%	旁站见证/ 资料检查	□是　□否	
10	色谱	330kV及以上，总烃<10μL/L，H_2<50μL/L，C_2H_2=0.1 220kV及以下，总烃<10μL/L，H_2<100μL/L，C_2H_2=0.1	旁站见证/ 资料检查	□是　□否	
三、SF_6气体验收			验收人签字：		
11	SF_6气体纯度 （质量分数）	≥99.9%	旁站见证/ 资料检查	□是　□否	
12	空气含量（质量 分数）	≤0.03%	旁站见证/ 资料检查	□是　□否	
13	四氟化碳 （CF_4）含量 （质量分数）	≤0.01%	旁站见证/ 资料检查	□是　□否	

附录1-5-28：电压互感器关键点见证标准

电压互感器关键点见证标准

电流互感器 基础信息	工程名称				制造厂家	
设备型号				出厂编号	
验收单位				验收日期	

序号	验收项目	验收标准	检查方式	验收结论（是否合格）	验收问题说明
				验收人签字：	
一、材料验收					
1	铁芯			□是 □否	
2	电磁线			□是 □否	
3	绝缘油			□是 □否	
4	外瓷套			□是 □否	
5	金属膨胀器			□是 □否	
6	电容器纸（电容式）	①外购件与技术规范书或技术协议中厂家、型号、规格一致 ②外购件具备出厂质量证书、合格证、试验报告 ③外购件进厂验收、检验、见证记录齐全 ④实物与文件对证	资料检查	□是 □否	
7	聚丙烯膜（电容式）			□是 □否	
8	铝箔（电容式）			□是 □否	
9	电容器油（电容式）			□是 □否	
10	阻尼器（电容式）			□是 □否	

序号	验收项目	验收标准	检查方式	验收结论（是否合格）	验收问题说明
二、器身制作验收					
11	铁芯制作	铁芯叠装平整，紧固有效，端面无锈蚀	旁站见证/资料检查	□是 □否	
		铁芯叠厚，铁饼、芯柱直径尺寸符合设计要求		□是 □否	
		铁轭端面平整，铁轭端部应固定牢固		□是 □否	
12	绕组制作	绕组内外径、尺寸符合设计要求，绕组无变形、倾斜、位移，幅向导线无弹出，各部分垫块无位移、松动，排列整齐，导线接头无脱焊	旁站见证/资料检查	□是 □否	
13	电容芯子制作	现场的环境温度、湿度、洁净度应满足要求	旁站见证	□是 □否	
		电容芯件卷制及元件压制应符合设计文件要求	资料检查	□是 □否	
14	中间变压器制作	绕组无脏物、圈数应合理，出线标志符合图纸要求目标示材质及布置之间，标示之间应有足够的绝缘距离	旁站见证	□是 □否	
		一次、二次绕组固定可靠，无松动，引出线绝缘包扎良好，无破损，套装时绝缘无破损现象，变压器铁芯应装配平整	资料检查	□是 □否	
		电容式电压互感器中间变压器高压侧应装设氧化锌避雷器		□是 □否	
15	阻尼器制作	绕组无脏物，圈数记录，出线标志符合图纸要求	旁站见证	□是 □否	
		伏安特性测量记录符合设计文件要求	资料检查	□是 □否	
16	补偿电抗器制作	绕组无脏物，圈数记录，出线标志符合图纸要求	旁站见证/资料检查	□是 □否	
验收人签字：					
三、干燥处理验收					
17	干燥处理	干燥温度、时间、真空符合各制造厂工艺要求	旁站见证/资料检查	□是 □否	
验收人签字：					

序号	验收项目	验收标准	检查方式	验收结论（是否合格）	验收问题说明
四、	器身装配验收				
18	产品装配	组装车间应整洁、有序，具有空气净化系统，严格控制元件及环境净化度	旁站见证/资料检查		
		装配所有附件、零件均符合技术要求，使外观清洁，无油污和杂物		□是　□否	
		器身内无异物，无损伤，连线无折弯		□是　□否	
		装配时，应按图纸装配，各附件装配到位，固定牢靠		□是　□否	
		引线固定可靠，绕组排列顺序、标志符合工艺要求		□是　□否	
		电容式电压互感器的中间变压器、阻尼器、补偿电抗器圈数记录，出线标志有符合图纸要求		□是　□否	
		互感器的二次引线端子应有防转动措施，防止外部操作造成内部引线扭断		□是　□否	
	验收人签字：				
五、	抽真空与充油验收				
19	抽真空与注油	抽真空的真空度、温度与保持时间应符合制造厂工艺要求	旁站见证/资料检查	□是　□否	
		注油时的真空度、温度与注油时间应符合制造厂工艺要求		□是　□否	
		注入的油应试验应合格		□是　□否	
	验收人签字：				
六、	总装配验收				
20	总装配	油箱沿螺栓分次对称逐步拧紧、装配部位缝隙均匀	旁站见证/资料检查	□是　□否	
		产品外观整洁			
		根据器身暴露的环境（温度、湿度）条件和时间，针对不同产品，应符合制造厂的工艺规定		□是　□否	

附录1-5-29：电压互感器出厂验收标准

电压互感器出厂验收标准

电压互感器基础信息	工程名称		制造厂家	
	设备型号		出厂编号	
	验收单位		验收日期	

序号	验收项目	验收标准	检查方式	验收结论（是否合格）	验收问题说明
一、电压互感器外观验收			验收人签字：		
1	铭牌标志	内容完整，标识清晰，无锈蚀，使用防锈材质	现场检查	□是 □否	
2	渗漏油检查	无渗漏油	现场检查	□是 □否	
3	油位指示	中间变压器油箱应设置油位观察窗，油位应正常	现场检查	□是 □否	
4	外观检查	瓷套不存在缺损、脱釉、落砂，并达到防污等级要求；复合绝缘干式电压互感器表面无损伤，无裂纹	现场检查	□是 □否	
5	SF_6气体压力指示（气体绝缘）	指示符合要求	现场检查	□是 □否	
二、绝缘油验收			验收人签字：		
6	击穿电压（kV）	1 000kV（750kV）≥70kV，500kV≥60kV，330kV≥50kV，66kV～220kV≥40kV，35kV及以下电压等级≥35kV	旁站见证/资料检查	□是 □否	
7	水分（mg/L）	1 000kV≤8，330kV～750kV及以上≤10，220kV≤15，110kV及以下≤20	旁站见证/资料检查	□是 □否	

序号	验收项目	验收标准	检查方式	验收结论（是否合格）	验收问题说明
8	介质损耗因数 tanδ（90℃）%	注入电气设备前≤0.005，注入电气设备后≤0.007	旁站见证/资料检查	□是　□否	
9	色谱（电磁式）	总烃<10μL/L、H_2<50μL/L、C_2H_2=0	旁站见证/资料检查	□是　□否	
三、电磁式电压互感器出厂试验验收				验收人签字：	
10	密封性能试验	不带膨胀器产品，施加压力至少0.05MPa，维持6h，无渗漏 带膨胀器产品（不带膨胀器试验），施加压力至少0.1MPa，维持6h，无渗漏	旁站见证/资料检查	□是　□否	
11	绝缘电阻测量	一次绕组对二次绕组及其对外壳、各二次绕组间及其对外壳的绝缘电阻不低于1000MΩ	旁站见证/资料检查	□是　□否	
12	一次绕组工频交流耐压试验	加压时间按标准执行，试验结果合格，对于分级绝缘电磁式电压互感器，进行一次绕组感应耐压试验	旁站见证/资料检查	□是　□否	
13	介质损耗因数tanδ和电容量测量	110（66）kV及以上电磁式应满足，串级式介损因数≤0.02，非串级式介损因数≤0.005 电容量满足制造厂技术要求	旁站见证/资料检查	电容值____ tanδ____ □是　□否 电容值____ tanδ____ □是　□否	

序号	验收项目	验收标准	检查方式	验收结论（是否合格）	验收问题说明
14	局部放电量测量	中性点接地系统： 液体浸渍10pC（Um），5pC（1.2Um/√3） 固体50pC（Um），20pC（1.2Um/√3） 中性点绝缘或非有效接地系统： 液体浸渍10pC（1.2Um），5 pC（1.2Um/√3） 固体50pC（1.2Um），20 pC（1.2Um/√3） 110～500kV互感器出厂试验局放时间延长至5min	旁站见证/资料检查	局部放电量＿＿pC □是　□否 局部放电量＿＿pC □是　□否 局部放电量＿＿pC □是　□否	
15	准确度检验	在额定频率和80%～120%额定电压之间任意电压下，25%～100%额定负荷之间的任一负荷，在额定功率因数0.8（滞后），测量二次绕组误差满足精确度要求	旁站见证/资料检查	□是　□否	
16	绕组直流电阻测量	符合制造厂技术文件规定	旁站见证/资料检查	□是　□否	
17	二次绕组工频耐压试验	持续时间60s，试验结果合格	旁站见证/资料检查	□是　□否	
18	感应耐压试验	无击穿现象，试验结果合格	旁站见证/资料检查	□是　□否	
19	极性检测	减极性	旁站见证/资料检查	□是　□否	

序号	验收项目	验收标准	检查方式	验收结论（是否合格）	验收问题说明
20	励磁特性测量	电磁式电压互感器应进行空载电流测量，与型式试验对应结果应差异大于30%，励磁特性的拐点电压应大于1.5Um/√3（中性点有效接地系统）或1.9Um/√3（中性点非有效接地系统），且励磁特性差异不大于30%	旁站见证/资料检查	□是　　□否	
四、电容式电压互感器出厂试验验收：				验收人签字：	
21	电容分压器密封性能试验	液体压力超过工作压力，保持8h	现场见证	□是　　□否	
22	电容量与介质损耗因数tanδ测量	电容量与设计值偏差不超过2%	旁站见证/资料检查	电容值＿＿＿ tanδ＿＿＿ □是　　□否	
		介质损耗因数≤0.005（油纸绝缘）、≤0.0025（膜纸复合）	旁站见证/资料检查	电容值＿＿＿ tanδ＿＿＿ □是　　□否	
23	局部放电量测量	中性点接地系统：液体浸渍10pC（Um），5pC（1.2Um/√3）	旁站见证/资料检查	局放量＿＿＿pC □是　　□否	
		中性点绝缘或非有效接地系统：液体浸渍10pC（1.2Um），5pC（1.2Um/√3）	旁站见证/资料检查	局放量＿＿＿pC □是　　□否	
24	电磁单元的工频耐压试验	持续时间60s，试验结果合格	旁站见证/资料检查	□是　　□否	

序号	验收项目	验收标准	检查方式	验收结论（是否合格）	验收问题说明
25	准确度检验（误差测定）	在额定功率因数及额定负荷范围内，测量二次绕组精确度误差满足技术规范书的要求	旁站见证/资料检查	计量级误差 ____ 测量级误差 ____ 保护级误差 ____ □是 □否	
26	铁磁谐振检验	在0.8倍、1.0倍、1.2倍、1.5倍ULN下进行铁磁谐振试验	旁站见证/资料检查	□是 □否	
27	电容分压器底压端子工频耐压试验	持续时间60s，试验结果合格	旁站见证/资料检查	□是 □否	
28	极性检测	减极性	旁站见证/资料检查	□是 □否	
29	电磁单元密封性能试验	将电磁单元和底座密封，至少0.05MPa，维持8h无渗漏	旁站见证/资料检查	□是 □否	
30	密封件试验	对完整的SF₆电压互感器进行，年漏气率小于等于0.5%	旁站见证/资料检查	□是 □否	
31	老练试验	SF₆电压互感器交流耐压试验前，应进行老练试验	旁站见证/资料检查	□是 □否	

附录1-5-30：到货验收记录

到货验收记录（模板）

项目名称				
建设管理单位		建设管理单位联系人		
设备型号		出厂编号		
供应商名称		供应商联系人		
参加到货验收单位				
参加验收人员				
验收日期				
序号	验收内容	问题描述（可附图或照片）	整改建议	是否已整改（是/否）

注：详细问题见各设备验收细则到货验收标准卡，验收标准卡可采用具备电子签名的PDF电子版或签字扫描版

附录1-5-31：变压器到货验收标准

变压器到货验收标准

变压器基础信息	工程名称		生产厂家	
	设备型号		出厂编号	
	验收单位		验收日期	

序号	验收项目	验收标准	检查方式	验收结论（是否合格）	验收问题说明
一、本体到货验收			验收人签字：		
1	油箱及附件	油及所有附件应齐全，无锈蚀及机械损伤，密封应良好	现场检查	压力___MPa 油中水分含量___mg/L □是 □否	
		油箱箱盖或钟罩法兰及封板的连接螺栓应齐全，紧固良好，无渗漏		压力___MPa 油中水分含量___mg/L □是 □否	
		浸入油中运输的附件，其油箱应无渗漏		压力___MPa 油中水分含量___mg/L □是 □否	

序号	验收项目	验收标准	检查方式	验收结论（是否合格）	验收问题说明
1	油箱及附件	充气运输的设备，油箱内应为正压，其压力为0.01～0.03MPa	现场检查	压力____MPa 油中水分含量____mg/L □是　□否	
		油中水分含量，330～1 000kV：≤15mg/L；220kV：≤25mg/L；110kV及以下：≤35mg/L		压力____MPa 油中水分含量____mg/L □是　□否	
		残油击穿电压，750～1 000kV：≥60kV，500kV：≥50kV，330kV：≥45kV，220～66kV：≥35kV，35kV及以下：≥30kV		压力____MPa 油中水分含量____mg/L □是　□否	
2	检查三维冲击记录仪	检查三维冲击记录仪应具有时标且有合适量程，设备在运输及就位过程中受到的冲击值，应符合制造厂规定或小于3g	现场检查	□是　□否	
二、组部件到货验收			验收人签字：		
3	套管及升高座	套管外表面无损伤、裂痕，充油套管无渗漏	现场检查	□是　□否	
		套管升高座（CT安装在内）不随主油箱运输而单独运输时，内腔应抽真空后充以变压器油或压力0.01～0.03MPa的干燥空气		□是　□否	
4	冷却器	应有防护性隔离措施或采用包装箱	现场检查	□是　□否	

254

序号	验收项目	验收标准	检查方式	验收结论（是否合格）	验收问题说明
4	冷却器	所有接口法兰应用钢板良好封堵，密封放气塞和放油塞要密封紧固	现场检查	□是　□否 □是　□否	
5	组部件、备件	组部件、备件应齐全，规格应符合设计要求，包装及密封应良好	现场检查	□是　□否	
6	备品备件等	备品备件、专用工具和仪表单独包装，并明显标记。数量齐全，符合技术协议要求	现场检查	□是　□否	
7	螺丝	变压器在现场组装安装需用的螺栓和销钉等，应多装运10%	现场检查	□是　□否	
三、技术资料到货验收：			验收人签字：		
		外形尺寸图（包括吊装图及顶启图） 附件外形尺寸图、套管安装图、铭牌图、二次展开图及接线图		□是　□否	
		安装图： ①变压器器身示意图：绕组位置排列及其与套管、分接开关的连接，包括引线连接配的说明		□是　□否	
8	图纸	②上节油箱吊图：应标明起吊重量，起吊高度和吊索，吊点布置方式 ③注有尺寸的套管升高座的横断面图：应显示出法兰、电流互感器布置等。拆卸图：套管的拆卸方法、铁芯吊环位置、铁芯和绕组拆卸方法等 ④铁芯接地套管布置图，中性点接地套管引线支撑详图：应包括支柱绝缘子、支持钢结构排列、接地导体及钢结构详图	现场检查	□是　□否	

序号	验收项目	验收标准	检查方式	验收结论（是否合格）	验收问题说明
9	技术资料	制造厂应免费随设备提供给买方下述资料：①变压器出厂例行试验报告②变压器型式试验和特殊试验报告（含短路承受能力试验报告）③组部件说明书、试验报告④新油无腐蚀性硫、结构族、糠醛及油中颗粒度报告⑤变压器安装使用说明书	资料检查	□是　　□否	
四、绝缘油到货验收				验收人签字：	
10	变压器绝缘油	符合110%油量的招标要求	现场检查	□是　　□否	
		绝缘油应进行油化试验，大罐油应每罐取样，小桶油按GB7597要求抽样试验。油化试验标准应满足A4要求		□是　　□否	
五、本体就位见证验收				验收人签字：	
11	三维冲撞记录仪	卸货先检查三维冲击记录仪，设备在运输及就位过程中受到的冲击值，应符合制造厂规定	资料检查	卸货前记录仪＿g 卸货后记录仪＿g □是 □否	
		卸货到就位后再检查三维冲击记录仪，不应有严重冲击和振动，应符合制造厂规定或小于3g		卸货前记录仪＿g 卸货后记录仪＿g □是 □否	

序号	验收项目	验收标准	检查方式	验收结论（是否合格）	验收问题说明
12	基础	设备基础的轨道应水平，轨距与轮距应配合	旁站见证	□是　□否	
		卸车地点土质应必须坚实 装有滚轮用能拆卸的制动装置加以固定		□是　□否	
13	顶升	应将千斤顶放置在油箱千斤顶支架部位，升降操作应协调，各点受力均匀，并及时垫好垫块	旁站见证	□是　□否	
14	机械牵引	当利用机械牵引变压器、电抗器时，牵引的着力点应在设备重心以下，使用产品设计的专用受力点，并应采取防滑、防溜措施，牵引速度不应超过2m/min	旁站见证	□是　□否	
		设备基础的轨道应水平，轨距与轮距应配合 装有滚轮用能拆卸的制动装置加以固定		□是　□否	
15	起吊	钟罩式变压器整体起吊时，应将钢丝绳系在下节油箱专供起吊用整体起吊的吊耳上，并必须经钟罩上节相对应的吊耳导向	旁站见证	□是　□否	

附录1-5-32：断路器到货验收标准

断路器到货验收标准

断路器基础信息	工程名称		制造厂家		
	设备型号		出厂编号		
	验收单位		验收日期		
序号	验收项目	验收标准	检查方式	验收结论（是否合格）	验收问题说明
一、本体到货验收			验收人签字：		
1	外观检查	断路器及构架、机构箱等连接部位螺栓压接牢固、平垫、弹簧垫齐全、螺栓外露长度符合要求	现场检查	□是 □否	
		一次接线端子无开裂、无变形、表面镀层无破损		□是 □否	
		金属法兰与瓷件胶装部位黏合牢固、防水胶完好		□是 □否	
		设备防水、防潮措施完好、设备无受潮现象		□是 □否	
		断路器外观清洁无污损、油漆完整		□是 □否	
		其他根据运输协议应检查项目，如预充气体压力值检查		□是 □否	
2	铭牌	设备出厂铭牌齐全、参数正确	现场检查	□是 □否	
3	套管	瓷套表面无裂纹、清洁、无损伤、均压环无变形	现场检查	□是 □否	
4	机构箱	机构箱无磕碰划伤	现场检查	□是 □否	
二、组部件到货验收			验收人签字：		
5	地脚螺栓	规格、数量应符合技术协议和安装图纸要求	现场检查	□是 □否	
6	气体	应提供足够断路器安装一次所充的气体量	现场检查	□是 □否	

258

序号	验收项目	验收标准	检查方式	验收结论（是否合格）	验收问题说明
7	组部件、备件	组部件、备件应齐全，规格应符合设计要求，包装及密封应完好	现场检查	□是　□否	
		备品备件、专用工具和仪表应随断路器同时装运，但必须单独包装，并明显标记，以便与提供的其他设备相区别		□是　□否	
		备品备件验收可参照本细则中断路器备件验收要求执行		□是　□否	
		依照装箱清单清点发货物品，避免遗漏		□是　□否	

三、技术资料到货验收 验收人签字：

序号	验收项目	验收标准	检查方式	验收结论（是否合格）	验收问题说明
8	图纸	外形图	资料检查	□是　□否	
		设备安装图		□是　□否	
		一次原理图及接线图		□是　□否	
9	技术资料	制造厂应免费随设备提供给买方下述资料： ①断路器出厂试验报告及合格证 ②断路器型式试验和特殊试验报告 ③主要材料检验报告、套管、密度继电器、绝缘拉杆、电流互感器、温湿度加热器等组件的检验报告 ④安装使用说明书	资料检查	□是　□否	

隔离开关到货验收标准

隔离开关基础信息	工程名称		生产厂家		
	设备型号		出厂编号		
	验收单位		验收日期		
序号	验收项目	验收标准	检查方式	验收结论（是否合格）	验收问题说明
一、到货验收			验收人签字：		
1	外观检查	按照运输单清点，检查运输箱外观应无损伤和碰撞变形痕迹	现场检查/现场抽查	□是　□否	
		各部件无损坏		□是　□否	
2	保管条件	设备运输箱应按其不同保管要求置于室内或室外平整、无积水且坚硬的场地	现场检查	□是　□否	
		设备运输箱应按箱体标注安置。瓷件应安置稳妥，装有触头及操动机构金属传动部件的箱子应有防潮措施	现场抽查	□是　□否	
3	开箱检查	产品技术文件应齐全；到货设备、附件、备品备件应与装箱单一致；核对设备型号、规格应与设计图纸相符	现场检查	□是　□否	
		设备应无损伤变形和锈蚀，涂层完好		□是　□否	
		镀锌设备支架应无变形、无锈蚀、无脱落，镀锌层完好、色泽一致。	现场抽查	□是　□否	

序号	验收项目	验收标准	检查方式	验收结论（是否合格）	验收问题说明
3	开箱检查	瓷质绝缘子应无裂纹和破损，复合绝缘子无损伤；瓷质与金属法兰胶装部位牢固密实，法兰结合面应平整、无外伤或铸造砂眼；并涂有性能良好的防水胶	现场检查/现场抽查	□是　□否	
		导电部分软连接应无折损，接线端子（或触头）镀银层应完好		□是　□否	
		箱门与箱体间接连接应安装良好，接地连接铜线截面积不小于4mm²		□是　□否	
		手动操作把手应合格、完好		□是　□否	
4	图纸	外形图	资料检查	□是　□否	
		基础安装图		□是　□否	
		二次原理图及接线图		□是　□否	
5	技术资料	隔离开关出厂试验报告	资料检查	□是　□否	
		隔离开关型式试验和特殊试验报告及合格证		□是　□否	
		组部件试验报告		□是　□否	
		主要材料检验报告		□是　□否	
		安装使用说明书		□是　□否	

附录1-5-34：组合电器到货验收标准

组合电器到货验收标准

组合电器 基础信息	工程名称		生产厂家	
	设备型号		出厂编号	
	验收单位		验收日期	
序号	验收项目	验收标准	检查方式	验收结论 （是否合格）	验收问题说明
一、本体到货验收			验收人签字：		
1	运输过程检查	运输中如出现冲击加速度大于3g（三维冲撞记录仪）或不满足产品技术文件要求的情况，产品运至现场后应打开相应隔室检查各部件是否完好，必要时可增加测试验项目或返厂处理 运输和存储时气室内应保持0.02～0.05Mpa的微正压	现场检查	□是　□否 □是　□否	
2	组合电器落地	检查组合电器外观无异常，无锈蚀损伤	现场检查	□是　□否	
二、组部件到货验收			验收人签字：		
3	套管	套管外表面无损伤、裂痕	现场检查	□是　□否	
4	绝缘件和导体	绝缘件和导体表面无损伤、裂纹、无凸起、无异物		□是　□否	
		导体镀银层应光滑、无斑点		□是　□否	
		绝缘件和导体包装完整，应有防潮措施	现场检查	□是　□否	
		吊装、转运过程中应做好防护、加强运输过程中的加速度监测		□是　□否	
5	密封件	密封件应有可靠防潮措施，为厂家原包装，且无损伤、完好	现场检查	□是　□否	

序号	验收项目	验收标准	检查方式	验收结论（是否合格）	验收问题说明
6	组部件、备件	组部件、备件应齐全，规格应符合设计要求，包装及密封应良好	现场检查	□是 □否	
		备品备件、专用工具和仪表应随组合电器同时装运，但必须单独包装，并明显标记		□是 □否	
		组合电器在现场组装需用的螺栓和销钉等，应多装运10%		□是 □否	
三、技术资料验收			验收人签字：		
7	图纸	外形尺寸图（包括吊装图及顶启图）	资料检查	□是 □否	
		附件外形尺寸图		□是 □否	
		套管安装图		□是 □否	
		二次展开图及接线图		□是 □否	
		组合电器安装图		□是 □否	
		组合电器内部结构示意图		□是 □否	
		组合电器气室隔图		□是 □否	
8	技术资料	制造厂家应免费随设备提供给买方下述资料：①组合电器出厂试验报告②组合电器型式试验（特殊试验报告）③组部件试验报告④主要材料检验报告：密封圈检验报告、导体试验报告、绝缘等对外购继电器、合分闸线圈等元器件的检验报告。制造厂家对外购线圈等开展的线圈阻值、动作电压、动作时间、动作功率、合分闸线圈电阻及绝缘电阻等项目的测试报告接点电阻及绝缘电阻等项目的测试报告	资料检查	□是 □否	

263

序号	验收项目	验收标准	检查方式	验收结论（是否合格）	验收问题说明
四、SF₆气体到货验收			验收人签字：		
9	组合电器SF₆气体	必须具有SF₆检测报告、合格证 制造厂家应提供现场每瓶SF₆气体的批次测试报告	资料检查	□是　□否	
五、本体检查验收			验收人签字：		
10	本体紧固	运输支撑和本体各部位应无移动变位现象，运输用的临时防护装置及临时支撑已予拆除	现场检查	□是　□否	
		所有螺栓紧固，并有防松措施		□是　□否	
11	断路器检查	断路器各部位螺栓固定良好，二次线均匀布置，无松动、断路器与组合电器间的绝缘符合技术文件要求	现场检查	□是　□否	
		断路器分合闸指示标志清晰，动作指示位置是否正确		□是　□否	
12	隔离开关和接地开关检查	隔离开关各部位螺栓紧固良好	现场检查	□是　□否	
		隔离开关和接地开关分合闸标志是否清晰		□是　□否	
13	电流互感器检查	电流互感器各部位螺栓紧固良好，二次线均匀布置，二次侧没有开路，备用的二次绕组短路接地	现场检查	□是　□否	
		二次接线引线端子完整，标志清晰，二次引线端子应有防松动措施，引流端子连接牢固，绝缘良好		□是　□否	
14	电压互感器检查	电压互感器各部位螺栓紧固良好，二次线均匀布置，二次侧没有短路；电压互感器身的绝缘符合产品技术文件要求	现场检查	□是　□否	
		检查外壳是否清洁、无异物		□是　□否	
15	避雷器	避雷器各部位螺栓紧固良好	现场检查	□是　□否	
		检查避雷器外壳是否清洁、无异物		□是　□否	

264

序号	验收项目	验收标准	检查方式	验收结论（是否合格）	验收问题说明
16	绝缘子检查	绝缘子应无损伤、划痕，检查绝缘符合产品技术文件要求 有瓷瓶探伤合格报告	现场检查	□是 □否	
17	套管检查	外观是否完好，无裂纹	现场检查	□是 □否	
18	导体检查	导体应无损伤、划痕，表面镀银层完好无脱落，电阻值符合产品技术文件要求	现场检查	□是 □否	
六、其他部件检查验收		验收人签字：			
19	密度继电器检查	密度继电器外观完好，无渗漏	现场检查	□是 □否	
20	密封圈检查	密封圈应无损伤、划痕，保证其有效密封	现场检查	□是 □否	
21	组合电器内部清洁度	各部位应无油泥、水滴和金属屑末等杂物 进入内部检查人员均已带出，无遗漏	现场检查	□是 □否 □是 □否	
22	吸附剂检查	吸附剂应完好，包装无破损，且无异常变色，有试验合格证 组合电器主铭牌内容完整	现场检查	□是 □否 □是 □否	
23	铭牌检查	断路器、隔离开关、电流互感器、电压互感器、避雷器等功能单元应有独自的铭牌标志其出厂编号为唯一并可追溯 密度继电器等其他附件铭牌齐全	现场检查	□是 □否 □是 □否	

附录1-5-35：开关柜到货验收标准

开关柜到货验收标准

开关柜 基础信息	工程名称			生产厂家			
	设备型号			出厂编号			
	验收单位			验收日期			
序号	验收项目	验收标准		检查方式	验收结论 （是否合格）		验收问题说明
				验收人签字：			
1	开关柜柜体	开关柜柜体包装完好，拆包装检查面板螺栓紧固、齐全，表面无锈蚀及机械损伤，密封应良好		现场检查	□是 □否		
		SF₆充气柜预充压力符合要求			□是 □否		
2	绝缘件	绝缘件包裹完好，拆包装检查无受潮，外表面无损伤、裂痕		现场检查	□是 □否		
3	接地手车	接地手车包装完好，拆包装检查接地手车外观完整		现场检查	□是 □否		
4	母线	检查母线包装完好，拆箱核对母线数量与装箱单数量一致		现场检查	□是 □否		
5	充气柜SF₆气体	必须具有SF₆检测报告、合格证		查阅报告	□是 □否		
6	其他零部件	组部件、备件应齐全，规格应符合设计要求，包装及密封应良好			□是 □否		
		备品备件、专用工具同时装运，但必须单独包装，并明显标记，以便与提供的其他设备相区别		现场检查	□是 □否		
		开关柜在现场组装需用的螺栓和销钉等，应多装运10%			□是 □否		

266

二、技术资料到货验收

验收人签字：

序号	验收项目	验收标准	检查方式	验收结论（是否合格）	验收问题说明
7	图纸	外形尺寸图	资料检查	□是 □否	
		附件外形尺寸图		□是 □否	
		开关柜排列安装图		□是 □否	
		母线安装图		□是 □否	
		二次回路接线图		□是 □否	
		断路器二次回路原理图		□是 □否	
8	技术资料	制造厂应免费随设备提供给买方下述资料： ①开关柜出厂试验报告 ②开关柜型式试验和特殊试验报告（含内部燃弧试验c报告） ③断路器出厂试验及型式试验报告 ④电流互感器、电压互感器出厂试验报告 ⑤避雷器出厂试验报告 ⑥接地刀闸出厂试验报告 ⑦三工位刀位出厂试验报告 ⑧主要材料检验报告：绝缘件检验报告，导体镀银层试验报告，绝缘纸板等的检验报告 ⑨断路器安装使用说明书 ⑩开关柜安装使用说明书 ⑪用于投切电容器的断路器应有大电流老炼试验报告	资料检查	□是 □否	

附录1-5-36：电流互感器到货验收标准

电流互感器到货验收标准

电流互感器 基础信息	工程名称		制造厂家	
	设备型号		出厂编号	
	验收单位		验收日期	

序号	验收项目		验收标准	检查方式	验收结论 （是否合格）	验收问题说明
一、到货验收				验收人签字：		
1	包装		装订铭牌，核对铭牌参数完整性	现场检查	□是　□否	
			核对装箱文件和附件	现场检查	□是　□否	
			包装箱材料满足工艺要求	现场检查	□是　□否	
2	外观检查		铭牌、标志、接地栓、接地符号应符合要求		□是　□否	
			瓷套表面无破损、釉面均匀		□是　□否	
			复合绝缘干式电流互感器（含复合硅橡胶绝缘电流互感器）表面无损伤、无裂纹	现场检查	□是　□否	
			接线端子符合一次载流体及其连接件，油标油阀完好，产品无渗漏现象		□是　□否	
3	充气压力（气体绝缘）		充气运输的设备，气室应为微正压，其压力为0.01～0.03MPa	现场检查	□是　□否	

序号	验收项目	验收标准	检查方式	验收结论（是否合格）	验收问题说明
4	检查冲撞记录仪（振动子）	110kV及以下互感器推荐直立安放运输，220kV及以上互感器必须满足110（66）kV产品卧倒运输的要求，运输时110（66）kV产品每批次超过10台时，每车装10g振动子2个，低于10台时每车装10g振动子1个；220kV产品每台安装10g振动记录子1个，330kV及以上每台安装带时标的三维冲撞记录仪，到达目的地后检查振动记录装置的记录，若记录数值超过10g一次或10g振动子落下，则产品应返厂解体检查	现场检查	□是　　□否	
二、技术资料到货验收			验收人签字：		
5	技术资料	制造厂应随设备提供给买方下述资料： ①出厂试验报告 ②使用说明书 ③产品合格证 ④安装图纸	查阅资料	□是　　□否	

电流互感器到货验收标准

电流互感器 基础信息	工程名称		制造厂家		
	设备型号		出厂编号		
	验收单位		验收日期		
序号	验收项目	验收标准	检查方式	验收结论 （是否合格）	验收问题说明
一、本体到货验收			验收人签字：		
1	包装及密封检查	包装及密封良好	现场检查	□是　□否	
2	外观检查	互感器外观应完整，附件应齐全，无锈蚀及机械损伤，密封应良好	现场检查	□是　□否	
		复合绝缘干式电流互感器表面无损伤、无裂纹		□是　□否	
3	油位、渗漏油检查	油位正常，密封严密，无渗油现象	现场检查	□是　□否	
4	电磁装置和谐振阻尼器（电容式）	油位正常，密封严密、无渗油现象，电磁装置和谐振阻尼器铅封完好	现场检查	□是　□否	
5	SF₆电压互感器	气室应为微正压，其压力为0.01～0.03MPa	现场检查	压力＿＿MPa □是　□否	
		SF₆压力表或密度继电器应经校验合格，并有检定证书		压力＿＿MPa □是　□否	

序号	验收项目	验收标准	检查方式	验收结论（是否合格）	验收问题说明
二、技术资料到货验收			验收人签字：		
6	技术资料	制造厂应免费随设备提供给买方下述资料： ①出厂试验报告 ②使用说明书 ③产品合格证 ④安装图纸	资料检查	□是　□否	

附录1-5-38：隐蔽工程验收记录

隐蔽工程验收记录（模板）

项目名称				
建设管理单位		建设管理单位联系人		
验收项目				
施工单位名称		施工单位联系人		
参加验收单位				
参加验收人员				
开始时间		结束时间		
序号	验收内容	问题描述（可附图或照片）	整改建议	是否已整改（是/否）

注：详细问题见各设备验收细则隐蔽工程验收标准卡，验收标准卡可采用具备电子签名的PDF电子版或签字扫描版

附录1-5-39：变压器隐蔽工程验收标准

变压器隐蔽工程验收标准

变压器基础信息	工程名称		生产厂家	
	设备型号		出厂编号	
	验收单位		验收日期	

序号	验收项目	验收标准	检查方式	验收结论（是否合格）	验收问题说明
验收人签字：					
一、铁芯检查验收					
1	器身紧固	运输支撑和器身各部位应无移动变位现象，运输用的临时防护装置及临时支撑已予拆除	现场检查	□是　　□否	
		所有螺栓紧固，并有防松措施；绝缘螺栓无损坏，防松绑扎完好			
2	铁芯检查	铁芯无变形，铁轭与夹件间的绝缘垫良好	现场检查	□是　□否	
		铁芯无多点接地		□是　□否	
		铁芯外引接地的变压器，拆开接地线后铁芯对地绝缘符合产品技术文件要求		□是　□否	
		打开夹件与铁轭接地片后，铁轭螺杆与铁芯、铁轭与夹件、螺杆与夹件间的绝缘符合产品技术文件要求		□是　□否	
		当铁轭采用钢带绑扎时，钢带对铁轭的绝缘符合产品技术文件要求		□是　□否	
		打开铁芯屏蔽接地引线，屏蔽绝缘符合产品技术文件要求		□是　□否	
		铁芯拉板及铁轭拉带应紧固，绝缘符合产品技术文件要求		□是　□否	

续表

二、线圈检查验收　　验收人签字：

序号	验收项目	验收标准	检查方式	验收结论（是否合格）	验收问题说明
3	线圈检查	打开夹件与线圈压板的连线，检查压钉绝缘符合产品技术文件要求	现场检查	□是　□否	
		绕组绝缘层完整，无缺损、变位现象		□是　□否	
		各绕组应排列整齐、间隙均匀、油路无堵塞		□是　□否	
		绕组的压钉应紧固，防松螺母应锁紧		□是　□否	
		绝缘屏障应完好，且固定牢固、无松动现象		□是　□否	
		绝缘围屏绑扎牢固，围屏上所有线圈引出处的封闭符合产品技术文件要求		□是　□否	
4	引出线检查	引出线绝缘包扎牢固，无破损、拧弯现象	现场检查	□是　□否	
		引出线绝缘距离合格，固定牢靠，其固定支架紧固		□是　□否	
		引出线的裸露部分无毛刺或尖角，其焊接良好		□是　□否	
		引出线与套管的连接应牢靠，接线正确		□是　□否	

三、其他部件检查验收　　验收人签字：

序号	验收项目	验收标准	检查方式	验收结论（是否合格）	验收问题说明
5	分接开关检查	无励磁调压切换装置各分接头与线圈的连接紧固正确	现场检查	□是　□否	
		无励磁分接开关各分接头清洁，且接触紧密、弹力良好		□是　□否	
		无励磁分接开关各分接头所有接触到的部分，用0.05mm×10mm塞尺检查，应塞不进去		□是　□否	
		无励磁分接开关转动接点应正确地停留在各个位置上，且与指示器所指位置一致		□是　□否	

序号	验收项目	验收标准	检查方式	验收结论（是否合格）	验收问题说明
5	分接开关检查	无励磁开关切换装置的拉杆、分接头凸轮、小轴、销子等应完好无损	现场检查	□是 □否	
		无励磁开关转动盘应动作灵活，密封良好		□是 □否	
		有载调压切换装置的选择开关、范围开关接触良好，分接引线连接正确、牢固，切换开关分接密封良好		□是 □否	
		有载分接开关至油室底部放油塞密封良好		□是 □否	
6	强油管路密封	强油循环油路与下铁轭绝缘接口部位的密封良好	现场检查	□是 □否	
7	油箱	油箱磁屏蔽固定牢固，绝缘良好，有一点接地	现场检查	□是 □否	
		各部位应无油泥、水滴和金属屑等杂物，油箱底部无遗留杂物		□是 □否	
		进入油箱检查人员的工器具均已带出，无遗漏			

组合电器隐蔽工程验收（组部件安装）标准

组合电器基础信息	工程名称		生产厂家	
	设备型号		出厂编号	
	验收单位		验收日期	
序号	验收项目	验收标准	检查方式	验收结论（是否合格）	验收问题说明

验收人签字：

一、组合电器对接安装验收

序号	验收项目	验收标准	检查方式	验收结论（是否合格）	验收问题说明
1	组合电器对接	安装牢固、外表清洁完整，支架及接地引线无锈蚀和损伤，瓷件完好清洁，基础牢固，水平垂直误差符合要求	现场检查	□是 □否	
		外壳简体外观完好，简体内部应清洁、无焊渣		□是 □否	
		必要时应先用吸尘器清理灰尘、杂物，再用无水酒精将内部擦拭干净		□是 □否	
		对接面、法兰密封面应无伤痕、无异物；对接前应将密封面清理干净，涂抹密封胶，密封圈经硅脂涂抹均匀；密封圈应全部嵌入凹槽内，严格检查密封硅脂涂覆工艺，以及漆后检查硅脂过量滴溅造成GIS放电		□是 □否	
		有力矩要求的紧固件、连接件，应使用力矩扳手并合理使用防松胶；紧固螺丝时是否对称、均匀、逐步拧紧		□是 □否	
		电气连接可靠且接触良好、接地良好，牢固无渗漏，各密封管路阀门位置正确		□是 □否	

276

序号	验收项目	验收标准	检查方式	验收结论（是否合格）	验收问题说明
1	组合电器对接	户外组合电器安装不应在风沙、雨雪、雾霾等恶劣天气下进行且不能与土建工程同时进行	现场检查	□是　□否	
		现场安装过程中，必须采取有效的防尘措施，如移动防尘帐篷等，组合电器的孔、盖等打开时必须使用防尘罩进行封盖		□是　□否	
		现场安装环境应该在-5℃～40℃，湿度不应大于80%，现场清洁、无灰尘		□是　□否	
		应严格清理安装孔、工艺孔或屏蔽罩内的异物		□是　□否	
		装配前应对连杆等传动部件进行尺寸复查		□是　□否	
		瓷套外观清洁、无损伤		□是　□否	
		套管金属法兰结合面应平整、无外伤或铸造砂眼表面涂有合格的防水胶		□是　□否	
2	套管检查	相序接地可靠	现场检查	□是　□否	
		检查泄漏比距是否符合标准参数要求		□是　□否	
		套管爬距应符合当地防污等级要求		□是　□否	
		法兰密封垫安装正确，密封良好，法兰连接螺栓齐全、紧固		□是　□否	
3	套管安装	引出线顺直、不扭曲，套管不应承受额外的张力	现场检查	□是　□否	
		引出线与套管连接接触良好、连接可靠，套管顶部结构密封良好		□是　□否	

序号	验收项目	验收标准	检查方式	验收结论（是否合格）	验收问题说明
二、导体、伸缩节和绝缘子安装验收			验收人签字：		
4	绝缘子检查	外观清洁、无损伤、试验合格	现场检查	□是 □否	
5	导体连接	必须对导体是否插接良好进行检查，特别对可调整的伸缩节及电缆连接处的导体连接情况应进行重点检查	现场检查	□是 □否	
		应严格执行镀银层防氧化涂层的清理，在检查卡中记录在案		□是 □否	
		应在外部对触头位置做好标记		□是 □否	
		应严格检查并确认限位螺栓可靠安装，避免漏装限位螺栓导致接触不良		□是 □否	
6	伸缩节安装	母线伸缩节的装配应符合装配工艺要求	现场检查	□是 □否	
		伸缩节长度应满足厂家技术要求，应考虑安装时环境温度的影响，合理预留伸缩节调整量		□是 □否	
		应确保罐体和支架之间的滑动结构能保证伸缩节正常动作；应严格按照伸缩节配置方案，区分安装伸缩节和补偿伸缩节，进行各位置螺栓的紧固		□是 □否	
7	绝缘子安装	绝缘子螺栓紧固良好，连接可靠	现场检查	□是 □否	
		重视绝缘件的表面清理，宜采用"吸一擦"循环的方式		□是 □否	
		绝缘子拉杆要在打开包装后的规定时间内完成装配过程，使用前应进行干燥处理，必要时重新进行出厂试验露在空气中时间超出规定时间的绝缘件		□是 □否	
		盆式绝缘子不宜水平布置		□是 □否	

序号	验收项目	验收标准	检查方式	验收结论（是否合格）	验收问题说明
7	绝缘子安装	充气口宜避开绝缘件位置，避免充气口位置距绝缘件太近，充气过程中带人异物附着在绝缘件表面	现场检查	□是　□否	
		绝缘拉杆连接牢固，并有防止绝缘拉杆脱落的有效措施			
三、吸附剂安装验收			验收人签字：		
8	吸附剂	包装完整，包装无漏气、破损	现场检查	□是　□否	
9	外观检查	吸附剂真空包装无漏气、无破损	现场检查	□是　□否	
10	吸附剂安装	吸附剂盒应采用金属材质，且螺栓应紧固良好、组合电器封盖前各隔室应先安装吸附剂	现场检查	□是　□否	
		吸附剂不能直接装入吸附剂盒，应装入专用的吸附剂袋后装入吸附剂盒内		□是　□否	
四、密度继电器安装验收			验收人签字：		
11	外观检查	外观完好，无机械损伤	现场检查	□是　□否	
		密度继电器安装前检查密封面清洁并安装牢固		□是　□否	
12	密度电器安装	户外安装的密度继电器应设置防雨罩，控制电缆接线端子一起放入，防止指示表（罩）应能将表、控制电缆接线盒和充放气接口进水受潮	现场检查	□是　□否	
		二次接线正确，固定牢固		□是　□否	
		密度继电器校验接头安装应安装牢固、无转动		□是　□否	
		需靠近巡视走道安装表针，不应有遮挡，其安装位置和朝向应充分考虑巡视的便利性和安全性，密度继电器表计安装高度不宜超过2m（距离地面或检修平台底板）		□是　□否	

序号	验收项目	验收标准	检查方式	验收结论 （是否合格）	验收问题说明
13	密度继电器检查	密度继电器应能准确指示气体的压力，且能在气体压力变化时，发出报警、闭锁信号；密度继电器的二次线护套管在最低处必须有漏水孔	现场检查	□是　□否	
五、传感器检查验收			验收人签字：		
14	外观检查	清洁无损伤	现场检查	□是　□否	
15	局部放电传感器安装	220kV及以上电压等级组合电器应加装内置局部放电传感器	现场检查	□是　□否	
		传感器螺丝紧固良好、固定牢固，无松动。位置应便于检测的部位，有可靠的防雨措施		□是　□否	
		内置特高频局放传感器应逐个进行性能检测，制造厂家应出具传感器布点设计详细报告		□是　□否	
16	带电显示装置安装	带电显示装置传感器引出线应从接线盒下方引出	现场检查	□是　□否	
		此项检查须在抽真空前完成		□是　□否	
六、防爆装置检查验收			验收人签字：		
17	外观检查	安装时应检查并确认是否受外力损伤	现场检查	□是　□否	

附录1-5-41：组合电器隐蔽工程验收（抽真空充气）标准

组合电器隐蔽工程验收（抽真空充气）标准

组合电器基础信息	工程名称		生产厂家	
	设备型号		出厂编号	
	验收单位		验收日期	

序号	验收项目	验收标准	检查方式	验收结论（是否合格）	验收问题说明
一、抽真空验收				验收人签字：	
1	抽真空前阀门、管道连接	抽真空前检查真空管道是否密闭良好，不应出现漏气现象	现场检查	□是　□否	
		应采用出口带有电磁阀的真空处理设备，且在使用前应检查电磁阀动作可靠，防止抽真空设备意外断电造成真空泵油倒灌进入设备内部		真空度＿＿Pa □是　□否	
2	抽真空	现场环境应该在-5℃～40℃，湿度不应大于80%	现场检查	真空度＿＿Pa □是　□否	
		禁止使用麦氏真空计		真空度＿＿Pa □是　□否	

序号	验收项目	验收标准	检查方式	验收结论（是否合格）	验收问题说明
2	抽真空	组合电器真空度符合要求不大于133Pa，真空处理结束后应检查抽真空管芯的滤芯是否有油渍	现场检查	真空度___Pa □是 □否	
		组合电器的真空保持时间不得少于5h		真空度___Pa □是 □否	
二、SF$_6$气体性能验收			验收人签字：		
3	SF$_6$性能	必须经SF$_6$气体质量监督管理中心抽检合格，并出具检测报告	现场检查/资料检查	湿度___μL/L □是 □否	
		充气前应对每瓶气体测量湿度，满足《GB/T 12022—2014 工业六氟化硫》对新气的要求方可充入		湿度___μL/L □是 □否	
三、充气验收			验收人签字：		
4	充气	充气前，充气设备及管路应洁净、无水分、无油污、管路连接部分应无渗漏；使用后应妥善保管，不得落地，避免充气过程中引入异物	现场检查	□是 □否	
		拧紧气体管路时，应保证管路与气口间没有相对运动，防止摩擦产生异物		□是 □否	

续表

序号	验收项目	验收标准	检查方式	验收结论（是否合格）	验收问题说明
4	充气	充气时，先排净充气管路空气同时缓慢开启减压阀进行充气，要保证气体充分气化；观察减压阀的压力表读数，一旦达到确定的压力值立即停止充气	现场检查	□是 □否	
		充气时，使SF₆气瓶瓶口低于底部		□是 □否	
		充气后，先关闭断路器本体侧阀门，再关闭气瓶阀门		□是 □否	

283

附录1-5-42：开关柜隐蔽工程验收标准

开关柜隐蔽工程验收标准

开关柜基础信息	工程名称		生产厂家			
	设备型号		出厂编号			
	验收单位		验收日期			
序号	验收项目	验收标准	检查方式	验收结论（是否合格）		验收问题说明
主母线连接验收			验收人签字：			
1	开关柜母线室检查	检查开关柜母线室内有无异物		□是 □否		
		开关柜母线室无灰尘，母线室清洁	现场检查	□是 □否		
		在开关柜的柜间，母线室之间及与本柜其他功能隔室之间应采取有效的封堵隔离措施		□是 □否		
2	主母线外观检查	检查主母线绝缘热缩套无划伤、脱落，相位标志清晰		□是 □否		
		检查主母线导电连接面表面光滑，无划伤，镀层完好	现场检查	□是 □否		
		检查主母线端部经过倒角处理		□是 □否		
3	主母线穿柜敷设	敷设平整、牢固可靠	现场检查	□是 □否		
4	穿柜套管等电位连线连接	检查等电位连线长度适中，接线端子与引线压接牢固	现场检查	□是 □否		
		等电位连线与穿柜套管连接牢固可靠，等电位连线与主母线连接牢固可靠，防止产生悬浮放电	现场检查	□是 □否		

序号	验收项目	验收标准	检查方式	验收结论（是否合格）	验收问题说明
5	主母线与开关柜分支电气连接	导体接触面表面涂抹导电脂	现场检查	□是 □否	
		母线与分支连接无应力		□是 □否	
6	主母线间电气连接	接触面应平整、清洁	现场检查	真空度___Pa □是 □否	
		导体接触面表面涂抹导电脂		真空度___Pa □是 □否	
		螺栓固定良好，力矩符合要求		真空度___Pa □是 □否	
7	主母线固定	检查支撑绝缘子外观完好，支架应采用热镀锌工艺	现场检查	□是 □否	
		绝缘子经试验验合格		□是 □否	
		测量主母线室内导体对地、相间绝缘距离（海拔1 000m）12kV≥125mm、24kV≥180mm、40.5kV≥300mm，采用复合绝缘或固体绝缘等可靠技术，可以降低其绝缘距离要求		□是 □否	
		固定主母线并对螺栓紧固处理，做紧固标记		□是 □否	
8	主母线及分支母线电气连接紧固	选用适当力矩扳手对电气连接螺栓紧固处理，力矩要求满足厂家技术标准	现场检查	□是 □否	
		紧固完毕对已紧固接触面标记避免遗漏		□是 □否	
		母线与分支连接无应力		□是 □否	

序号	验收项目	验收标准	检查方式	验收结论（是否合格）	验收问题说明
9	开关柜母线室绝缘化	检查绝缘热缩盒外观完好，母线应标示相序	现场检查	□是　□否	
		对已紧固完成并标记的接触面包封处理并包扎紧密		□是　□否	
		母线需全部加绝缘护套		□是　□否	
10	开关柜基础检查	高压开关柜基础牢固，无下沉现象	现场检查	□是　□否	

附录1-5-43：中间验收记录

中间验收记录（模板）

项目名称					
建设管理单位		建设管理单位联系人			
验收项目					
施工单位名称		施工单位联系人			
参加验收单位					
参加验收人员					
开始时间		结束时间			
序号	验收内容	问题描述（可附图或照片）	整改建议	是否已整改（是/否）	

注：详细问题见各设备验收细则中间验收标准卡，验收标准卡可采用具备电子签名的PDF电子版或签字扫描版

附录1-5-44：变压器中间验收（组部件安装）标准

变压器中间验收（组部件安装）标准

变压器基础信息	工程名称		生产厂家	
	设备型号		出厂编号	
	验收单位		验收日期	

序号	验收项目	验收标准	检查方式	验收结论（是否合格）	验收问题说明
			验收人签字：		
一、高中压套管安装验收					
1	套管及电流互感器	试验合格。	现场检查	□是　□否	
2	升高座安装	二次接线板及端子密封完好，无渗漏，清洁无氧化。二次引线连接螺栓紧固，接线可靠，二次引线裸露部分不大于5mm；备用芯应使用保护帽；无渗漏油		□是　□否	
		检查放气塞在升高座最高处，无渗漏油	现场检查	□是　□否	
		安装位置正确		□是　□否	
		绝缘筒装配正确，不影响套管穿入		□是　□否	
		法兰连接紧密，无渗漏		□是　□否	
3	套管检查	瓷套外观清洁，无损伤，无渗油，油位正常		□是　□否	
		套管金属法兰结合面应平整，无外伤或铸造砂眼		□是　□否	
		放气塞位于套管法兰最高处，无渗漏	现场检查	□是　□否	
		相序符合铭牌要求		□是　□否	
		末屏检查接地可靠		□是　□否	

序号	验收项目	验收标准	检查方式	验收结论（是否合格）	验收问题说明
4	套管安装	法兰密封垫安装正确，密封良好，法兰连接螺栓齐全，紧固	现场检查	□是　□否	
		油位指示面向外侧，便于巡视检查		□是　□否	
		引出线顺直，不扭曲		□是　□否	
		应力锥在均压罩内，深度合适		□是　□否	
		均压球在均压屏蔽罩内间距15mm左右		□是　□否	
		等电位铜片连接可靠		□是　□否	
		引出线与套管连接接触良好，连接可靠，套管顶部结构密封良好		□是　□否	
		均压环表面应光滑无划痕，安装牢固目方向正确，均压环易积水部位最低点应有排水孔		□是　□否	

验收人签字：

二、低压套管安装验收

序号	验收项目	验收标准	检查方式	验收结论（是否合格）	验收问题说明
5	套管检查	外观清洁，无损伤	现场检查	□是　□否	
		放气塞在套管最高处，无渗漏		□是　□否	
6	套管安装	法兰密封垫安装正确，密封良好，法兰连接螺栓紧固	现场检查	□是　□否	
		绕组引线与套管连接螺栓紧固		□是　□否	

验收人签字：

三、分接开关安装验收

序号	验收项目	验收标准	检查方式	验收结论（是否合格）	验收问题说明
7	无励磁分接开关	顶盖、操作机构位置指示一致	现场检查	□是　□否	
		传动连杆安装正确，转动无卡阻		□是　□否	

序号	验收项目	验收标准	检查方式	验收结论（是否合格）	验收问题说明
7	无励磁分接开关	触头接触良好	现场检查	□是 □否	
		直流电阻和变比测量的数值与档位相符		□是 □否	
8	有载调压开关	切换开关的触头及其连接线应完整无损，且接触良好，每对触头不大于500μΩ；其限流电阻应完好，无断裂现象	现场检查	□是 □否	
		传动机构中的操作机构、电动机，传动齿轮和杠杆应固定牢靠，连接位置正确，且操作灵活，无卡阻现象；传动机构的摩擦部分应涂以适合当地气候条件的润滑脂		□是 □否	
		切换装置的工作顺序应符合产品出厂要求；切换装置在极限位置时，其机械联锁与极限的电气联锁动作应正确		□是 □否	
		档位指示器应动作正常，指示正确		□是 □否	
		注入油箱中的绝缘油，其绝缘强度应符合产品的技术要求		□是 □否	
		有载分接开关切换油室油能经受0.05MPa压力的油压试验，历时24h无渗漏，油位正常，且低于本体油位		□是 □否	

四、储油柜安装验收 验收人签字：

序号	验收项目	验收标准	检查方式	验收结论（是否合格）	验收问题说明
9	储油柜检查	储油柜内部检查清洁，无杂物，无锈蚀	现场检查	□是 □否	
		储油柜外观检查无变形，无锈蚀，密封良好		□是 □否	
		胶囊外观清洁，无变形，损伤，1kPa下持续20min气密性检查无泄漏		□是 □否	
		金属波纹节无裂缝，变形现象，清洁，密封良好		□是 □否	
10	储油柜安装	胶囊沿长度方向应与储油柜的长轴保持平行，不应扭偏	现场检查	□是 □否	
		胶囊口密封无泄漏，呼吸通畅		□是 □否	

序号	验收项目	验收标准	检查方式	验收结论（是否合格）	验收问题说明
10	储油柜安装	波纹式储油柜滑槽清理干净，波纹节伸缩移动灵活，无卡涩现象 气体继电器联管在储油柜端稍高，朝储油柜方向有1.5%～2%升高坡度	现场检查	□是 □否 □是 □否	
11	油位计安装	油位计安装位置应便于观察 油位计动作灵活，油位表的指示必须与储油柜的真实油位相符，不得出现假油位 油位表的信号接点位置正确	现场检查	□是 □否 □是 □否 □是 □否	
五、吸湿器安装验收				验收人签字：	
12	外观检查	吸湿器外观检查密封良好，无裂纹 吸湿器塑料布包装、密封等已解除	现场检查	□是 □否 □是 □否	
13	安装	连通管整体清洁，无堵塞、无锈蚀，与油枕旁通阀门关闭 正确；连接法兰密封垫安装正确，密封良好，法兰连接螺栓齐全、紧固 注入吸湿器油杯的油量要适中，应略高于油面线、油位线应高于呼吸管口，无变色，并能起到长期呼吸作用 吸湿剂干燥，在顶盖下应留出1/6～1/5高度的空隙	现场检查 现场检查 现场检查	□是 □否 □是 □否 □是 □否	
六、压力释放装置安装验收				验收人签字：	
14	外观检查	校验合格，内部检查无杂物、污迹、无渗漏、防雨措施可靠。	现场检查	□是 □否	

序号	验收项目	验收标准	检查方式	验收结论（是否合格）	验收问题说明
15	安装	安全管道将油导至离地面500mm高处，喷口朝向鹅卵石，并且不应靠近控制柜或其他附件	现场检查	□是 □否	
		法兰连接螺栓紧固，无渗漏		□是 □否	
		动作指示位置正确		□是 □否	
		阀盖及弹簧无变动，定位装置在变压器运行前拆除		□是 □否	
		电触点检查动作准确，绝缘良好		□是 □否	

七、气体继电器安装验收：

验收人签字：

序号	验收项目	验收标准	检查方式	验收结论（是否合格）	验收问题说明
16	安装前检查	外观清洁、完好，试验及校验验收合格，运输用的固定措施已解除	现场检查	□是 □否	
17	继电器安装	气体继电器应在真空注油完毕后再安装	现场检查	□是 □否	
		继电器水平安装，箭头标志指向储油柜，连接密封严密		□是 □否	
		继电器加装防雨罩		□是 □否	
		集气盒无气体，无渗漏，管路无变形，无死弯		□是 □否	
		主连通管沿主油管道有1.5%~2%升高坡度		□是 □否	
		气体继电器安装应便于检查和运行中取气，或有集气盒引下		□是 □否	
18	二次接线	电缆引线在接入气体继电器处有滴水弯，进线孔封堵严密	现场检查	□是 □否	
		重瓦斯保护宜采用就地跳闸方式，即将重瓦斯保护通过双副触点的两个跳闸回路大启动功率中间继电器，点分别直接接入断路器的		□是 □否	

序号	验收项目	验收标准	检查方式	验收结论（是否合格）	验收问题说明
八、测温装置安装验收			验收人签字：		
19	外观检查	温度计校验合格	现场检查	□是　□否	
		表计密封良好，无凝露		□是　□否	
		测温包毛细导管不宜过长，无破损、变形、死弯、弯曲半径≥50mm		□是　□否	
20	安装	就地与远方温度显示基本一致，偏差小于5℃	现场检查	□是　□否	
		根据运行规程或厂家要求整定，接点动作正确		□是　□否	
		温度计座内应注以变压器油，密封应良好，无渗油现象；闲置的温度计座也应密封，不得进水		□是　□否	
九、冷却器安装验收			验收人签字：		
21	安装前检查	冷却器外观检查无变形、渗漏，法兰端面平整	现场检查	□是　□否	
		外接管路清洁，无锈蚀		□是　□否	
		冷却器密封件试验按制造厂规定压力值30min无渗漏		□是　□否	
22	冷却器安装	冷却器、外接油管路用合格的绝缘油经净油机循环冲洗干净，并将残油排尽	现场检查	□是　□否	
		散热器安装顶部放气孔位置靠近阀门，散热器间隙均匀，固铁连接牢固		□是　□否	
		支座及拉杆调整法兰面平行，密封垫居中，不偏心，受压		□是　□否	
		所有法兰连接螺栓紧固，无渗漏		□是　□否	
		阀门操作灵活，开闭位置正确		□是　□否	
		外接管路流向标志正确，安装位置偏差符合要求		□是　□否	

序号	验收项目	验收标准	检查方式	验收结论（是否合格）	验收问题说明
22	冷却器安装	风扇安装牢固，运转平稳无卡阻，转向正确，叶片无变形	现场检查	□是 □否	
		油流继电器接点动作正确，无凝露		□是 □否	
		潜油泵运转平稳，转向正确，转速≤1 000r/min		□是 □否	
		冷却器两路电源应独立，两路电源任意一相缺相、断相保护均能正确动作，两路电源自动切换		□是 □否	
23	动作试验	强迫风冷自动投入正确、辅助、备用冷却器投入动作正确、信号正确	现场检查	□是 □否	
		自然循环风冷系统手动、温度控制自动投入动作校验正确、信号正确		□是 □否	
		强迫油循环水冷却器，持续运行1h应无渗漏，水、油系统应分别检查无渗漏		□是 □否	

十、中性点安装验收 验收人签字：

序号	验收项目	验收标准	检查方式	验收结论（是否合格）	验收问题说明
24	间隙安装	根据各单位变压器中性点绝缘水平和过电压水平校核后确定的数值进行验收	现场检查	□是 □否	
		棒间隙可用直径14mm或16mm的圆钢，棒间隙水平布置，端部为半球形，表面加工细致无毛刺并镀锌，尾部应留有15～20 mm螺扣，用于调节间隙距离		□是 □否	
		在安装棒间隙时，应考虑与周围接地物体的距离＞1m，离地面距离应≥0.5 m，接地棒长度应≥2m		□是 □否	

附录1-5-45：变压器中间验收（抽真空注油）标准

变压器中间验收（抽真空注油）标准

变压器基础信息	工程名称			生产厂家	
	设备型号			出厂编号	
	验收单位			验收日期	

序号	验收项目	验收标准	检查方式	验收结论（是否合格）	验收问题说明
一、抽真空验收				验收人签字：	
1	抽真空前阀门、管道连接	胶囊式储油柜上旁通阀门打开，真空注油时打开，正常运行时处于关闭状态	现场检查	□是　□否	
		对采用有载分接开关的变压器油箱应同时按要求抽真空，抽真空前应用连通管接通本体与开关油室		□是　□否	
		变压器、电抗器注油时，宜从下部油阀进油；对导向强油循环的变压器，注油应按产品技术文件的要求执行		□是　□否	
2	抽真空	真空泵或真空机组应有防止真空泵油倒灌的措施，禁止使用麦氏真空计	现场检查	真空度＿＿＿Pa 保持时间＿＿＿h □是　□否	
		气体继电器不能随油箱同时抽真空		真空度＿＿＿Pa 保持时间＿＿＿h □是　□否	
		变压器真空度符合要求（220～500kV变压器的真空度不应大于133Pa，750～1000kV变压器的真空度不应大于13Pa）		真空度＿＿＿Pa 保持时间＿＿＿h □是　□否	

序号	验收项目	验收标准	检查方式	验收结论（是否合格）	验收问题说明
	抽真空	220～330kV变压器的真空保持时间不得少于8h，500kV变压器的真空保持时间不得少于24h。750～1 000kV变压器的真空保持时间不得少于48h方可注油	现场检查	真空度___Pa 保持时间___h □是 □否	
		抽真空时应监视并记录油箱的变形，其最大值不得超过箱壁厚度最大值的两倍		真空度___Pa 保持时间___h □是 □否	
二、绝缘油性能验收			验收人签字：		
3	绝缘油性能	新安装的变压器不宜使用混合油	资料检查	□是 □否	
		注油前各项性能指标应满足绝缘油验收标准		□是 □否	
		绝缘油介质损耗因数tanδ：90℃时，注入电气设备前≤0.005，注入电气设备后≤0.007		□是 □否	
三、注油验收			验收人签字：		
4	注油	变压器器身本体及各侧绕组、滤油机及油管道应可靠接地	现场检查	□是 □否	
		注入油温应高于器身温度，注油速度不宜大于100L/min		□是 □否	
		在最高、最低油位应检查油位计接点动作正确		□是 □否	
		油位指示应符合"油温—油位曲线"		□是 □否	
5	密封试验	变压器注油后，在储油柜顶部施加0.03MPa的压力24h，应无渗漏	现场检查/	□是 □否	
		整体运输变压器可不进行密封试验	资料检查	□是 □否	
四、静置及放气			验收人签字：		
6	静置	变压器注油（热油循环）完毕后，在施加电压前，应进行静置	现场检查	□是 □否	

序号	验收项目	验收标准	检查方式	验收结论（是否合格）	验收问题说明
6	静置	110kV及以下变压器静置时间不少于24h，220kV及330kV变压器不少于48h，500kV及750kV变压器不少于72h，1 000kV变压器不少于168h	现场检查	□是　□否	
7	放气	静止完毕后，应从变压器套管、升高座、冷却装置、气体继电器及压力释放装置等有关部位进行多次放气，并启动潜油泵，直至残余气体排尽，调整油位至相应环境温度时的位置	现场检查	□是　□否	

附录1-5-46：变压器中间验收（热油循环）标准

变压器中间验收（热油循环）标准

变压器基础信息	工程名称			生产厂家	
	设备型号			出厂编号	
	验收单位			验收日期	

序号	验收项目	验收标准	检查方式	验收结论（是否合格）	验收问题说明
验收人签字：					
一、热油循环验收					
1	热油循环	热油循环前，应对油管抽真空	现场检查	□是 □否	
		冷却器内的油应与油箱主体的油同时进行热油循环		□是 □否	
		循环油过程中，滤油机加热脱水缸中的油的温度，应控制在65°C±5°C范围内，油箱内温度不应低于40°C，当环境温度全天平均低于15°C时，应对油箱采取保温措施		□是 □否	
2	持续时间	热油循环持续时间不应少于48h，或不应少于3×变压器总油重通过滤油机每小时的油量，以时间长者为准	现场检查	□是 □否	
3	绝缘油性能	热油循环后的变压器油应满足绝缘油验收标准，1 000kV变压器油含气量≤0.5%	资料检查	□是 □否	

附录1-5-47：组合电器中间验收标准

组合电器中间验收标准

组合电器 基础信息	工程名称		生产厂家	
	设备型号		出厂编号	
	验收单位		验收日期	
序号	验收项目	验收标准	检查方式	验收结论 （是否合格）	验收问题说明

一、组合电器外观验收

			验收人签字：		
1	外观检查	基础平整无积水、牢固，水平、垂直误差符合要求，无损坏	现场检查	□是　□否	
		安装牢固，外表清洁完整，支架及接地引线无锈蚀和损伤		□是　□否	
		瓷件完好清洁		□是　□否	
		均压环与本体连接良好，安装应牢固、平整，不得影响接线板的接线；安装在环境温度零度及以下地区的均压环，宜在均压环最低处打排水孔		□是　□否	
		断路器机构箱机构密封完好，加热驱潮装置运行正常检查；机构箱开合顺畅，箱内无异物		□是　□否	
		基础牢固，水平、垂直误差符合要求		□是　□否	
		横跨母线的爬梯，不得直接架于母线器身上；爬梯安装应牢固，两侧的围栏应符合相关要求		□是　□否	
		避雷器泄漏电流表安装高度最高不大于2m		□是　□否	

299

序号	验收项目	验收标准	检查方式	验收结论 （是否合格）		验收问题说明
1	外观检查	落地母线间隔之间应根据实际情况设置巡视梯，在组合电器顶部布置的机构应加装检修平台	现场检查	□是	□否	
		室内GIS站房屋顶需预埋吊点或增设行吊		□是	□否	
		母线避雷器和电压互感器应设置独立的隔离开关或隔离断口		□是	□否	
		检查断路器分合闸指示器与绝缘拉杆相连的运动部件相对位置有无变化		□是	□否	
		电流互感器、电压互感器接线盒电缆进线口封堵严实，箱盖密封良好		□是	□否	
2	标志	隔断盆式绝缘子标示红色，导通盆式绝缘子标示为绿色	现场检查	□是	□否	
		设备标识正确、规范		□是	□否	
		主母线相序标志清楚		□是	□否	
3	接地检查	底座、构架和检修平台可靠接地，导通良好	现场检查	□是	□否	
		支架与主地网可靠接地，接地引下线连接牢固，无锈蚀、损伤、变形		□是	□否	
		全封闭组合电器的外壳法兰片间应采用跨接连接，并应保证良好通路，金属法兰片的盆式绝缘子的跨接排要与该组合电器的型式报告型式结构一致		□是	□否	
		接地无锈蚀，压接牢固，标志清楚，与地网可靠相连		□是	□否	

序号	验收项目	验收标准	检查方式	验收结论（是否合格）	验收问题说明
3	接地检查	本体应多点接地，并确保相连壳体间的良好通路，避免壳体感应电压过高及异常发热威胁人身安全；非金属法兰的盆式绝缘子跨接排、相间汇流排排采用可靠防腐措施和防松措施	现场检查	□是　□否	
		接地排应直接连接到地网，电压互感器、避雷器、快速接地开关应采用专用接地线直接连接到地网，不应通过外壳和支架接地		□是　□否	
		带电显示装置的外壳应直接接地		□是　□否	
		检修平台的各段增加跨接排，连接可靠导通良好		□是　□否	
4	密度继电器及连接管管路	每一个独立气室应装设密度继电器，严禁出现串联连接；密度继电器应当与本体安装在同一运行环境温度下，各密封管路阀门位置正确	现场检查	□是　□否	
		密度继电器须满足不拆卸校验要求，位置便于检查巡视记录		□是　□否	
		二次线必须牢靠，户外安装密度继电器必须有防雨罩，密度继电器防雨箱（罩）应能将表、控制电缆接线端子一起放入，防止指示表、防止指示表、控制电缆接线盒和充放气接口进水受潮		□是　□否	
		220kV及以上分箱结构断路器每相应安装独立的密度继电器		□是　□否	
		所在气室名称与实际气室及后台信号对应、一致		□是　□否	

序号	验收项目	验收标准	检查方式	验收结论（是否合格）	验收问题说明
4	密度继电器及连接管路	密度继电器的报警、闭锁定值应符合规定，备用间隔（只有母线侧刀闸间）及母线筒密度继电器的报警接入相邻同隔充气阀侧检查无气体泄漏，阀门自封良好，管路无划伤	现场检查		
		SF₆气体压力均应满足说明书的要求值		□是 □否	
		密度继电器的二次线护套管在最低处必须有漏水孔，防止雨水倒灌进入密度表的二次捅头造成误发信号		□是 □否	
		GIS密度继电器朝向巡视主要道路，前方不应有遮挡物，满足机器人巡检要求		□是 □否	
		阀门开启、关闭标志清晰		□是 □否	
		需靠近巡视走道安装表计，不应有遮挡，其安装位置和朝向应充分考虑巡视的便利性和安全性，密度继电器表计安装高度不宜超过2m（距离地面或检修平台底板）		□是 □否	
		所有扩建预留间隔应加装密度继电器并可实现远程监视		□是 □否	
5	伸缩节及波纹管检查	检查调整螺栓间隙是否符合厂方规定，留有余度	现场检查	□是 □否	
		检查伸缩节跨接地排的安装接地排与法兰的固定部位应配合满足防水胶要求，接地排与法兰瓷件胶		□是 □否	
		检查伸缩节温度补偿装置完好，应考虑安装时环境温度的影响，合理预留伸缩节调整量		□是 □否	
		应对定调节用的伸缩节进行明确标志		□是 □否	
6	外瓷套或合成套外表检查	瓷套无磁碰损伤，一次端子接线牢固；金属法兰与瓷件胶装部位黏合应牢固，防水胶应完好	现场检查	□是 □否	

序号	验收项目	验收标准	检查方式	验收结论（是否合格）	验收问题说明
7	法兰盲孔检查	盲孔必须打密封胶，确保盲孔不进水	现场检查	□是　□否	
		在法兰与安装板及安装板连片处，法兰和安装板之间的缝隙必须打密封胶		□是　□否	
8	铭牌	设备出厂铭牌齐全，参数正确	现场检查	□是　□否	
9	相序	相序标志清晰、正确	现场检查	□是　□否	
10	隔离、接地开关电动机构	机构内的弹簧、轴、销、卡片、缓冲器等零部件完好		□是　□否	
		机构的分、合闸指示与实际相符		□是　□否	
		传动齿轮应咬合准确，操作轻便、灵活		□是　□否	
		电机操作回路应设置缺相保护器		□是　□否	
		隔离开关控制电动操作与手动操作应独立分开；同一间隔内的多台隔离开关，必须分别设置独立的开断设备	现场检查	□是　□否	
		机构的电动操作与手动操作相互闭锁应可靠、电动操作前，应先进行多次手动分、合闸，机构动作应正常		□是　□否	
		机构动作应平稳，无卡阻、冲击等异常情况		□是　□否	
		机构限位装置应准确、可靠，到达规定分、合极限位置时，应可靠地切除电动机电源		□是　□否	
		机构密封完好，加热驱潮装置运行正常		□是　□否	
		做好控缆进机构箱的封堵措施，严防进水		□是　□否	
		三工位的隔离刀闸，应确认实际分合位置，与操作逻辑、现场指示相对应		□是　□否	

序号	验收项目	验收标准	检查方式	验收结论（是否合格）	验收问题说明
10	隔离、接地开关电动机构	机构应设置闭锁销，闭锁销处于"闭锁"位置机构、即不能电动操作也不能手动操作，处于"解锁"位置时能正常操作	现场检查	□是　□否	
		应严格检查销轴、卡环及螺栓连接等连接部件的可靠性，防止其脱落导致传动失效		□是　□否	
		相间连杆采用转动方式设计的三相机械联动隔离开关，应在三相同时安装分合闸指示器		□是　□否	
		机构内的轴、销、卡片完好，二次线连接紧固		□是　□否	
		液压油应洁净无杂质，油位指示应正常，同批安装设备油位指示一致		□是　□否	
		液压机构管路连接处应密封良好，管路不应和机构箱内其他元件相碰		□是　□否	
		液压机构下方应无油迹，机构箱的内部应无液压油渗漏		□是　□否	
11	断路器液压机构	储能时间符合产品技术要求、额定压力下、液压机构的24h压力降应满足产品技术条件规定（安装单位提供报告）	现场检查	□是　□否	
		检查油泵启动停止、闭锁自动重合闸、闭锁分合闸、氮气泄漏报警、氮气预充压力、零压力起建压时间应和产品技术条件相符		□是　□否	
		防失压慢分装置应可靠		□是　□否	
		电接点压力表、安全阀应校验合格，泄压阀动作应可靠、关闭严密		□是　□否	

序号	验收项目	验收标准	检查方式	验收结论（是否合格）	验收问题说明
11	断路器液压机构	微动开关、接触器的动作应准确可靠，接触良好		□是　□否	
		油泵打压计数器应正确动作		□是　□否	
		安装完毕后应对液压系统及油泵进行排气（查安装记录）	现场检查	□是　□否	
		液压机构操作后液压下降值应符合产品技术要求		□是　□否	
		机构打压时液压表指针不应剧烈抖动		□是　□否	
		应在机构上储能位置指示器、分合闸位置指示器便于观察巡视		□是　□否	
12	断路器弹簧机构	弹簧机构内的弹簧、轴、销、卡片等零部件完好		□是　□否	
		机构合闸后，应能可靠地保持在合闸位置		□是　□否	
		机构上储能指示器、分合闸位置指示器便于观察巡视	现场检查	□是　□否	
		合闸弹簧储能完毕后，限位辅助开关应立即将电机电源切断		□是　□否	
		储能时间满足产品技术条件规定，并应小于重合闸充电时间		□是　□否	
		储能过程中，合闸控制回路应可靠断开		□是　□否	
13	断路器液压弹簧机构	机构内的轴、销、卡片完好，二次线连接紧固		□是　□否	
		液压油应洁净无杂质，油位指示正常	现场检查	□是　□否	
		液压弹簧机构各功能模块应无液压油渗漏		□是　□否	
		电机零表压储能时间、分合闸操作后储能时间符合产品技术要求、额定压力下，液压弹簧机构的24h压力降应满足产品技术条件规定（安装单位提供报告）		□是　□否	

序号	验收项目	验收标准	检查方式	验收结论（是否合格）	验收问题说明
13	断路器液压弹簧机构	检查液压弹簧机构各压力参数安全阀动作压力、油泵启动停止压力、重合闸闭锁报警压力、合闸闭锁报警压力、分闸闭锁报警压力、分闸闭锁压力应和产品技术条件相符	现场检查	□是 □否	
		防失压慢分装置应可靠，投运时应将弹簧销插入闭锁装置；手动泄压阀动作应可靠，关闭严密		□是 □否	
		检查驱潮、加热装置应工作正常		□是 □否	
		应在机构上储能位置指示器、分合闸位置指示器便于观察巡视		□是 □否	
14	连接引线及接地	连接可靠并有接地标志片连接良好并满足通流要求；接地良好，接地连接螺栓应采用M16螺栓固定	现场检查	□是 □否	
				□是 □否	
15	绝缘盆子带电检测部位检查	绝缘盆子为非金属封闭、金属屏蔽但有浇注口；可采用带金属法兰的盆式绝缘子，但应预留窗口、预留浇注口盖板宜采用非金属材质，以满足现场带高频特高频电检测要求	现场检查	□是 □否	

二、汇控柜验收

验收人签字：

序号	验收项目	验收标准	检查方式	验收结论（是否合格）	验收问题说明
16	外观检查	安装牢固，外表清洁完整，无锈蚀和损伤，接地可靠	现场检查	□是 □否	
		基础牢固，水平、垂直度误差符合要求		□是 □否	
		汇控柜柜门必须限位措施，开、关灵活，门锁完好		□是 □否	
		回路模拟线正确，无脱落		□是 □否	
		汇控柜门需加装跨接接地		□是 □否	

序号	验收项目	验收标准	检查方式	验收结论（是否合格）	验收问题说明
17	封堵检查	底面及引出、引入线孔和吊装孔，封堵严密可靠。	现场检查	□是 □否	
18	标志	回路模拟线正确、无脱落 设备编号牌正确、规范 标志正确、清晰	现场检查	□是 □否 □是 □否 □是 □否	
19	二次接线端子	二次引线连接紧固、可靠，内部清洁，电缆备用芯戴绝缘帽 应做好二次线缆的防护，避免由于绝缘电阻下降造成断路器偷跳	现场检查	□是 □否 □是 □否	
20	加热、驱潮装置	运行正常、功能完备，加热、驱潮装置应保证长期运行时不对箱内邻近设备、二次线缆造成热损伤，应大于50mm，其二次电缆应选用阻燃电缆	现场检查	□是 □否	
21	位置及光字指示	断路器、隔离开关分合闸位置指示灯正常，光字牌指示正确与后台指示一致	现场检查	□是 □否	
22	二次元件	汇控柜内二次元件排列整齐、固定牢固，并贴有清晰的中文名称标识 柜内隔离开关空气开关标志清晰，并一对一控制相应隔离开关 断路器二次回路不应采用RC加速设计 各继电器位置正确，无异常信号 断路器安装后必须对其二次回路中的防跳继电器、非全相继电器进行传动，并保证在模拟手合于故障条件下断路器不会发生跳跃现象	现场检查	□是 □否 □是 □否 □是 □否 □是 □否 □是 □否	

序号	验收项目	验收标准	检查方式	验收结论（是否合格）		验收问题说明
23	照明	灯具符合现场安装条件，开、关应具备门控功能	现场检查	□是	□否	
三、	联锁检查验收		验收人签字：			
24	带电显示装置与接地刀闸间的闭锁	带电显示装置自检正常，闭锁可靠	现场检查	□是	□否	
25	主设备间联锁检查	满足"五防"闭锁要求	现场检查	□是	□否	
		汇控柜联锁、解锁功能正常		□是	□否	
四、	其他验收		验收人签字：			
26	监控信号回路	监控信号回路正确，传动良好	现场检查	□是	□否	
27	施工资料	变更设计的证明文件、安装技术记录、调整试验记录、竣工报告	现场检查	□是	□否	
28	厂家资料	使用说明书、技术说明书、出厂试验报告、合格证及安装图纸等技术文件	现场检查	□是	□否	
29	备品备件	按照技术协议书规定、核对备品备件、专用工具及测试仪器数量、规格，是否符合要求	现场检查	□是	□否	
30	配电装置室	组合电器室应装有通风装置，风机应设置在室内底部，并能正常开启	现场检查	□是	□否	
		GIS配电装置室内应设置一定数量的氧量仪和SF$_6$浓度报警仪		□是	□否	
31	排水孔	导线金具、均压环，电缆槽盒排水孔位置，孔径合理	现场检查	□是	□否	
32	槽盒	电缆槽盒封堵良好，各段的跨接排水设备合理，接地良好	现场检查	□是	□否	

附录1-5-48：开关柜中间验收标准

开关柜中间验收标准

开关柜基础信息	工程名称		生产厂家		
	设备型号		出厂编号		
	验收单位		验收日期		
序号	验收项目	验收标准	检查方式	验收结论（是否合格）	验收问题说明
一、开关柜验收				验收人签字：	
1	开关柜各部面板	柜体平整，表面干净无脱漆锈蚀	现场检查	□是 □否	
		柜体柜门密封良好，接地可靠，观察窗完好，标志正确、完整		□是 □否	
		电气指示灯颜色符合设计要求，亮度满足要求		□是 □否	
		设备出厂铭牌齐全、参数正确		□是 □否	
		开关柜泄压通道尼龙螺栓齐全，压力释放方向应避开人员和其他设备		□是 □否	
		在开关柜的配电室内应配置通风、空调、除湿机等除湿防潮设备和温湿度计，空调出风口不得朝向柜体，防止凝露导致绝缘事故		□是 □否	
		SF₆充气柜压力释放装置开启打开方向应朝向无人经过区		□是 □否	
		SF₆充气柜密度继电器压力开启打开符合产品技术条件要求，温度补偿小螺栓是否在打开状态		□是 □否	

309

序号	验收项目	验收标准	检查方式	验收结论（是否合格）	验收问题说明
2	开关柜本体	开关柜垂直偏差：<1.5mm/m	现场检查	□是 □否	
		开关柜水平偏差：相邻柜顶<2mm，成列柜顶<2mm		□是 □否	
		开关柜面偏差：相邻柜边<1mm，成列柜面<1mm，开关柜间接缝<2mm		□是 □否	
		采用截面积不小于240mm²铜排可靠接地		□是 □否	
		开关柜等电位接地线连接牢固		□是 □否	
		检查穿柜套管外观完好		□是 □否	
		穿柜套管固定牢固，紧固力矩符合厂家技术标准要求		□是 □否	
		检查穿柜套管表面光滑，固定牢固		□是 □否	
		新、扩建开关柜的接地母线，端部尖角经过倒角处理		□是 □否	
		开关柜二次接地排应用透明外套的铜接地线接入地网，应有两处与接地网可靠连接点		□是 □否	
		开关柜间对桥及电容器出线桥应用吊架起支撑		□是 □否	
		额定电流2500A及以上全金属封闭高压开关柜应装设带防护罩、风道布局合理的强排通风装置、进风口应有防尘网；风机启动值应按照厂家要求设置合理		□是 □否	
3	仪器仪表室	二次接线准确、绑扎牢固，连接可靠、标志清晰、绝缘合格、备用线芯采用绝缘包扎	现场检查	□是 □否	
		驱潮、加热装置安装完好，工作正常		□是 □否	

序号	验收项目	验收标准	检查方式	验收结论（是否合格）	验收问题说明
3	仪器仪表室	柜内照明良好	现场检查	□是 □否	
		端子排无异物接线正确布局美观，无异物附着，端子排及接线标志清晰		□是 □否	
		检查空气开关位置正确，接线美观，标志正确清晰；空气开关不得交、直流混用，保护范围应与其上、下级配合		□是 □否	
		柜内二次线应采用阻燃防护套		□是 □否	
4	断路器室	触头、触指无损伤颜色正常，配合良好，表面均匀涂抹薄层凡士林，行程（辅助）开关到位良好	现场检查	□是 □否	
		断路器手车工作位置插入深度符合要求，手车断路器静触头逐个检查，确保连接紧固并留有复检标记		□是 □否	
		柜上观察窗完好，能看到断路器机械指示储能指示位置及储能指示位置		□是 □否	
		活门开启关闭顺畅，无卡涩，并涂抹二硫化钼锂基脂，活门机构应选用可独立锁止的结构		□是 □否	
		断路器外观完好，无灰尘		□是 □否	
		仓室内无异物、无灰尘、导物平整、光滑		□是 □否	
		驱潮、加热装置安装完好，工作正常；加热、驱潮装置应保证长期运行时不对箱内对近设备、二次线缆造成热损伤，应大于50mm，其二次电缆应选用阻燃电缆		□是 □否	
		手车断路器航空插头在运行位置具有不可摘下的措施		□是 □否	
		断路器计数器应采用不可复归型		□是 □否	

序号	验收项目	验收标准	检查方式	验收结论（是否合格）	验收问题说明
5	电缆室	导体对地及相间间距离满足开关绝缘净距离要求 相色标记明显、清晰，不易脱落	现场检查	□是 □否	
		一次电缆和二次电缆引出孔洞封堵良好，堵料应与基础粘接牢固		□是 □否	
		柜内照明应良好、齐全		□是 □否	
		驱潮、加热装置安装完好，工作正常；加热、驱潮装置应保证长期运行时不对箱内邻近设备、二次电缆造成热损伤，其二次电缆应选用阻燃电缆；加热器与各元件、电缆及电线的距离应大于50mm		□是 □否	
		电缆接头处应有分相色可拆卸热缩盒		□是 □否	
		电缆接头必须可靠固定，金属护层必须可靠接地		□是 □否	
		电流互感器铭牌使用金属激光刻字，标示清晰，接线螺栓必须紧固，外绝缘良好，二次接线良好无开路		□是 □否	
		仓室内绝缘化完整、可靠		□是 □否	
		电缆室防火封堵应完好		□是 □否	
		接地闸刀传动轴销完好、开口销已开口，转动部位已润滑，接地闸刀应有分、合闸方向位置指示，确保只有一个位置，没有中间位置，并在分合闸不到位时有强制性闭锁装置，并有紧急解锁功能		□是 □否	
		零序电流互感器或一次消谐装置安装合格		□是 □否	

序号	验收项目	验收标准	检查方式	验收结论（是否合格）	验收问题说明
6	电流互感器	检查电流互感器外观完好，试验合格	现场检查	□是 □否	
		电流互感器安装定牢固可靠，接地牢靠		□是 □否	
		电流互感器一次接线端子清理、打磨，涂抹导电脂并与柜内引线连接牢固		□是 □否	
		电流互感器安装完毕后测量导体与柜体、相间绝缘距离满足要求		□是 □否	
		电流互感器二次接线正确，螺栓紧固可靠		□是 □否	
		相色标记明显清晰，不得脱落		□是 □否	
		电流互感器铭牌使用金属激光刻字，标示清晰，接线螺栓必须紧固，外绝缘良好，二次接线良好无开路		□是 □否	
		二次线束绑扎牢固		□是 □否	
		一次接头连接良好，紧固可靠		□是 □否	
7	电压互感器	相间距离满足绝缘距离要求	现场检查	□是 □否	
		相色标记明显清晰，不得脱落		□是 □否	
		电压互感器铭牌使用金属激光刻字，标示清晰，接线螺栓必须紧固，外绝缘良好，二次接线良好无短路		□是 □否	
		电压互感器消谐装置外观完好，二次接线直接可靠		□是 □否	
		电压互感器严禁爬裙与母线直接相连		□是 □否	
		一次接头连接良好，紧固可靠		□是 □否	
8	避雷器	无变形、避雷器爬裙完好无损、清洁，放电计数器校验正确，无进水受潮现象	现场检查	□是 □否	

序号	验收项目	验收标准	检查方式	验收结论（是否合格）	验收问题说明
8	避雷器	相间距离符合安全要求		□是 □否	
		计数器安装位置便于巡视检查		□是 □否	
		避雷器严禁与母线直接相连	现场检查	□是 □否	
		避雷器一次接头连接良好，紧固可靠		□是 □否	
		避雷器接地应可靠		□是 □否	
9	操作	接地刀闸分合顺畅无卡涩，接地良好，二次位置切换正常		□是 □否	
		手车断路器，摇进摇出顺畅到位，无卡涩，二次切换位置正常		□是 □否	
		断路器远方、就地分合闸正常，无异响，机构储能正常，紧急分闸功能正常	现场检查	□是 □否	
		PT一次保险便于拆卸更换，保险应良好		□是 □否	
		二次插头接触可靠，闭锁把手能可靠保证插头接触不松动		□是 □否	
		开关柜接地手车摇进摇出顺畅到位，无卡涩，二次切换位置正常		□是 □否	
		SF6充气柜三工位刀闸传动正常、无异响，刀闸位置与开关柜面板指示对应		□是 □否	
10	闭锁逻辑	开关柜闭锁逻辑应至少满足以下要求： ①手车在工作位置/中间位置，接地刀闸不能合闸，机械闭锁可靠 ②手车在中间位置，断路器不能合闸，电气及机械闭锁可靠	现场检查	□是 □否	

314

序号	验收项目	验收标准	检查方式	验收结论（是否合格）	验收问题说明
		③断路器在合位，手车不能摇进摇出，机械闭锁可靠			
		④接地刀闸在合位，手车不能摇进，机械闭锁可靠			
		⑤接地刀闸在分位，后柜门不能开启，机械闭锁可靠			
		⑥带电显示装置指示有电时/模拟带电时，接地刀闸不能合闸，电气及机械闭锁可靠			
		⑦带电显示装置指示有电时/模拟带电时，若无接地刀闸，直接闭锁开关柜后柜门，电气闭锁可靠			
10	闭锁逻辑	⑧后柜门未关闭，接地刀闸不能分闸，机械闭锁可靠	现场检查	□是 □否	
		⑨断路器在工作位置，航空插头不能拔下，机械闭锁可靠			
		⑩主变隔离柜/母联隔离柜的手车在试验位置时，主变进线柜/母联开关柜的手车不能摇进工作位置，电气闭锁可靠			
		⑪主变进线柜/母联开关柜的手车在工作位置时，主变隔离柜/母联隔离柜的手车不能摇出试验位置，电气闭锁可靠			
		⑫SF$_6$充气柜内逻辑闭锁检查符合产品设计及技术要求			
		各隔室应相对密封独立		□是 □否	
11	隔室密封检查	检查手车室机构活门开启、关闭正常、活动灵活	现场检查	□是 □否	
		穿柜套管的固定隔板应使用非导磁材料，柜体铁板应开缝，防止形成闭合磁路		□是 □否	
		使用绝缘护套加强绝缘护套材料必须保证密封良好，高压开关柜		□是 □否	
12	绝缘护套	导体绝缘护套采用的绝缘护套材料应为通过试验型式的合格产品	现场检查	□是 □否	
		母线及引线热缩护套颜色应与相序标志一致		□是 □否	

315

序号	验收项目	验收标准	检查方式	验收结论（是否合格）	验收问题说明
13	等电位连线	穿柜套管、穿柜CT、触头盒、传感器支瓶等部件的等电位连线应与母线及部件内壁可靠固定	现场检查	□是　□否	
14	绝缘隔板	柜内绝缘隔板应采用一次浇注成型产品，材质满足产品技术条件要求，且耐压和局放试验合格，带电体与绝缘板之间的最小空气间隙应满足下述要求： ①对12kV：不应小于30mm ②对24kV：不应小于50mm ③对40.5kV：不应小于60mm		□是　□否	
15	套管	检查主进穿墙套管周围密封良好无缝隙，防止进雨受潮，底板采用非导磁材料或对底板开磁，柜体铁板应使用非导磁材料，不能形成磁通路 穿柜套管的固定板应使用非导磁材料，防止形成闭合磁路	现场检查	□是　□否 □是　□否	
二、其他验收				验收人签字：	
16	备品备件移交清单	通过备品备件移交清单检查备备品件数量、质量良好	现场检查	□是　□否	
17	专用工器具清单	通过专用工器具清单检查专用工器具数量、质量良好	现场检查	□是　□否	
18	附属手车检查	检查检修手车、核相手车、接地手车数量、质量良好	现场检查	□是　□否	

竣工（预）验收及整改记录（模板）

序号	设备类型	安装位置/运行编号	问题描述（可附图或照片）	整改建议	发现人	发现时间	整改情况	复验结论	复验人	备注（属于重大问题的，注明联系单编号）

注：详细问题见重大问题联系单、各设备验收细则竣工（预）验收标准卡或前期各阶段验收卡，验收标准卡可采用具备电子签名的PDF电子版或签字扫描版

附录1-5-50：变压器资料及文件验收标准

变压器资料及文件验收标准

变压器基础信息	变电站名称		设备名称编号		
	生产厂家		出厂编号		
	验收单位		验收日期		
序号	验收项目	验收标准	检查方式	验收结论（是否合格）	验收问题说明
			验收人签字：		
1	订货合同、技术协议	资料齐全	资料检查	□是 □否	
2	安装使用说明书，图纸等技术文件	资料齐全	资料检查	□是 □否	
3	重要附件的说明书、工厂检验报告和出厂试验报告	套管、分接开关、气体继电器、压力释放阀等重要附件资料齐全	资料检查	□是 □否	
4	抗短路能力动态计算报告（或突发短路型式试验报告）	资料齐全，数据合格	资料检查	□是 □否	
5	变压器整体出厂试验报告	资料齐全，数据合格	资料检查	□是 □否	
6	工厂监造报告	资料齐全	资料检查	□是 □否	
7	三维冲击记录仪记录纸和押运记录	各项记录齐全、数据合格	资料检查	□是 □否	

序号	验收项目	验收标准	检查方式	验收结论（是否合格）	验收问题说明
8	安装检查及安装过程记录	记录齐全，数据合格	资料检查	□是　□否	
9	安装质量检验及评定报告	资料齐全	资料检查	□是　□否	
10	安装过程中设备缺陷通知单、设备缺陷处理记录	记录齐全	资料检查	□是　□否	
11	交接试验报告	项目齐全，数据合格	资料检查	□是　□否	

附录1-5-5-51：变压器竣工（预）验收标准

变压器竣工（预）验收标准

变压器 基础信息	变电站名称		设备名称编号	
	生产厂家		出厂编号	
	验收单位		验收日期	
序号	验收项目	验收标准	检查方式	验收结论 （是否合格）	验收问题说明
一、本体外观验收			验收人签字：		
1	外观检查	表面干净无脱漆锈蚀，无变形，密封良好，无渗漏，标志 正确、完整，放气塞紧固	现场检查	□是　□否	
2	铭牌	设备出厂铭牌齐全、参数正确	现场检查	□是　□否	
3	相序	相序标志清晰正确	现场检查	□是　□否	
二、套管验收			验收人签字：		
4	外观检查	瓷套表面无裂纹、清洁，无损伤，注油塞和放气塞紧固， 无渗漏油 油位计就地指示应清晰，便于观察，油位正常，油套管垂 直安装油位在1/2以上（非满油位），倾斜15°安装应高于 2/3至满油位	现场检查	□是　□否 □是　□否	
5	末屏检查	相色标志正确、醒目 套管末屏密封良好，接地可靠	现场检查	□是　□否 □是　□否	
6	升高座	法兰连接紧固，放气塞紧固	现场检查	□是　□否	

序号	验收项目	验收标准	检查方式	验收结论（是否合格）	验收问题说明
7	二次接线盒	密封良好，二次引线连接紧固、可靠，内部清洁；电缆备用芯加装保护帽	现场检查	□是 □否	
8	引出线安装	不采用铜铝对接过渡线夹，引线接触良好、连接可靠，引线无散股、扭曲、断股现象	现场检查	□是 □否	
三、分接开关验收			验收人签字：		
9	无励磁分接开关	顶盖、操作机构档位指示一致	现场检查	□是 □否	
		操作灵活，切换正确，机械操作闭锁可靠		□是 □否	
10	有载分接开关	手动操作不小于2个循环，电动操作不少于5个循环，其中电动操作时电源电压为额定电压以及远方指示应一致：①本体指示、操作机构指示应一致②操作无卡涩、联锁、限位、连接校验正确，操作可靠；机械联动，电气联动的同步性能应符合制造厂要求，就地及手动、电动均进行操作检查③有载开关油位正常，并略低于变压器本体储油柜油位④有载开关防爆膜处应有明显防踩踏的提示标志	现场检查	□是 □否	
四、在线净油装置验收			验收人签字：		
11	外观	装置完好，部件齐全，各管清洁，无渗漏、污垢和锈蚀；进油和出油的管接头上应安装止阀；连接管路长度及角度适宜，使在线净油装置不受应力	现场检查	□是 □否	
12	装置性能	检查手动、自动及定时控制装置正常，按使用说明进行功能检查	现场检查	□是 □否	

序号	验收项目	验收标准	检查方式	验收结论（是否合格）	验收问题说明
五、储油柜验收			验收人签字：		
13	外观检查	外观完好，部件齐全，各联管清洁、无渗漏、污垢和锈蚀	现场检查	□是 □否	
14	胶囊气密性	呼吸通畅	现场检查	□是 □否	
15	旁通阀	抽真空及真空注油时阀门打开，真空注油结束立即关闭	现场检查	□是 □否	
16	断流阀	安装位置正确，密封良好，性能可靠，应加装防雨罩，投运前处于运行位置	现场检查	□是 □否	
17	油位计	反映真实油位，油位符合油温油位曲线要求，油位清晰可见，便于观察；油位表的信号接点位置正确、动作准确，绝缘良好	现场检查	□是 □否	
六、吸湿器验收			验收人签字：		
18	外观	密封良好，无裂纹、无变色，吸湿剂干燥，在顶盖下应留出1/6～1/5高度的空隙，在2/3位置处应有标示	现场检查	□是 □否	
19	油封油位	油量适中，在最低刻度与最高刻度之间，呼吸正常	现场检查	□是 □否	
20	连通管	清洁，无锈蚀	现场检查	□是 □否	
七、压力释放装置验收			验收人签字：		
21	安全管道	将油导至离地面500mm高处，喷口朝向鹅卵石，并且不应靠近控制柜或其他附件	现场检查	□是 □否	
22	定位装置	定位装置应拆除	现场检查	□是 □否	
23	电触点检查	接点动作准确，绝缘良好	现场检查	□是 □否	
八、气体继电器验收			验收人签字：		
24	校验	校验合格	现场检查	□是 □否	

序号	验收项目	验收标准	检查方式	验收结论（是否合格）	验收问题说明
25	继电器安装	继电器上的箭头标志应指向储油柜，无渗漏，无气体，芯体绑扎线应拆除，油位观察窗挡板应打开	现场检查	□是 □否	
26	继电器防雨、防震	户外变压器加装防雨罩，本体及二次电缆进线50mm应被遮蔽，45°向下雨水不能直淋	现场检查	□是 □否	
27	浮球及弹簧接点	浮球及干簧接点完好，无渗漏，接点动作可靠 采用排油注氮保护装置的变压器应使用双浮球结构的气体继电器	现场检查	□是 □否	
28	集气盒	集气盒应引下便于取气，集气盒内要充满油，无渗漏，管路无变形，无死弯，处于打开状态	现场检查	□是 □否	
29	主连通管	朝储油柜方向有1.5%～2%升高坡度	现场检查	□是 □否	

验收人签字：

九、温度计验收

序号	验收项目	验收标准	检查方式	验收结论（是否合格）	验收问题说明
30	温度计校验	校验合格	现场检查	□是 □否	
31	整定与调试	根据运行规程（或制造厂规定）整定，接点动作正确	现场检查	□是 □否	
32	温度指示	现场多个温度计指示值应基本保持一致，控制室温度计显示装置或监控系统的温度应基本保持一致，误差不超过5K	现场检查	□是 □否	
33	密封	密封良好，无凝露，温度计应具备良好的防雨措施，本体及二次电缆进线50mm应被遮蔽，45°向下雨水不能直淋	现场检查	□是 □否	
34	温度计座	温度计座应注入适量变压器油，密封良好 闲置的温度计座应注入适量变压器油密封，不得进水	现场检查	□是 □否 □是 □否	
35	金属软管	不宜过长，固定良好，无破损变形、死弯、弯曲半径≥50mm	现场检查	□是 □否	

序号	验收项目	验收标准	检查方式	验收结论（是否合格）	验收问题说明
十、冷却装置验收			验收人签字：		
36	外观检查	无变形、渗漏，外接管路清洁、无锈蚀，流向标志正确，安装位置偏差符合要求	现场检查	□是 □否	
37	潜油泵	运转平稳，转向正确，转速≤1 000r/min，潜油泵的轴承应采取E级或D级，油泵转动时应无异常噪声、振动	现场检查	□是 □否	
38	油流继电器	指针指向正确，无抖动，继电器接点动作正确，无凝露	现场检查	□是 □否	
39	所有法兰连接	连接螺栓紧固，端面平整，无渗漏	现场检查	□是 □否	
40	风扇	安装牢固，运转平稳，转向正确，叶片无变形	现场检查	□是 □否	
41	阀门	操作灵活，开闭位置正确，阀门接合处无渗漏油现象	现场检查	□是 □否	
42	冷却器两路电源	两路电源任意一相缺相，断相保护均能正确动作，两路电源相互独立、互为备用	现场检查	□是 □否	
43	风冷控制系统动作校验	动作校验正确	现场检查	□是 □否	
十一、接地装置验收			验收人签字：		
44	外壳接地	两点以上与不同主地网格连接、牢固、导通良好、截面符合动热稳定要求	现场检查	□是 □否	
45	中性点接地	变压器本体上、下油箱连接排螺栓紧固，接触良好，套管引线应加软连接，使用双根接地排引下，与接地网主网格的不同边连接，每根引下线截面符合动热稳定校核要求	现场检查	□是 □否	

序号	验收项目	验收标准	检查方式	验收结论（是否合格）	验收问题说明
46	平衡线圈接地	平衡线圈若两个端子引出，管间引线应加软连接，截面符合动热稳定要求	现场检查	□是 □否	
		若三个端子引出，则单个套管接地，另外两个端子应加包绝缘热缩套，防止端子间短路		□是 □否	
47	铁芯接地	接地良好，接地引下应便于接地电流检测，引下线截面满足热稳定校核要求，铁芯接地引下线应与夹件接地引下线分别引出，并在油箱下部分别标志	现场检查	□是 □否	
48	夹件接地	接地良好，接地引下应便于接地电流检测，引下线截面满足热稳定校核要求	现场检查	□是 □否	
49	组部件接地	储油柜、套管、升高座、有载开关、端子箱等应有短路接地	现场检查	□是 □否	
50	备用CT短接接地	正确、可靠	现场检查	□是 □否	
十一、中性点间隙验收：					验收人签字：
51	中性点放电间隙安装	根据各单位变压器中性点绝缘水平和过电压水平校核后确定的数值进行验收	现场检查	□是 □否	
		棒间隙可用直径14mm或16mm的圆钢，棒间隙水平布置，端部为半球形，表面加工细致无毛刺并镀锌，尾部应留有15～20mm螺扣，用于调节间隙距离		□是	
		在安装棒间隙时，应考虑与周围接地物体的距离大于1m，接地棒长度应不小于0.5m，离地面距离应≥2m		□是 □否	

序号	验收项目	验收标准	检查方式	验收结论（是否合格）	验收问题说明
51	中性点放电间隙安装	对于110kV变压器，当中性点绝缘的冲击耐受电压大于185kV时，还应在间隙旁并联金属氧化物避雷器，间隙距离及避雷器参数配合应进行校核，同隙、避雷器应同时配合保证工频和操作过电压都能防护	现场检查	□是　□否	
十三、其他验收			验收人签字：		
52	35kV、20kV、10kV铜排母线桥	装设绝缘热缩保护，加装绝缘护层，引出线需用软连接引出	现场检查	□是　□否	
		引排挂接地线处三相应错开		□是　□否	
53	各侧引线	接线正确，松紧适度，排列整齐，相间、对地安全距离满足要求	现场检查	□是　□否	
		接线端子连接面应涂以薄层电力复合脂		□是　□否	
		户外引线400mm²及以上线夹朝上30~90安装时，应在底部设滴水孔		□是　□否	
54	导电回路螺栓	主导电回路采用强度8.8级热镀锌螺栓	现场检查	□是　□否	
		采取弹簧垫圈等防松措施		□是　□否	
		连接螺栓应齐全、紧固，紧固力矩符合GB50149标准		□是　□否	
55	爬梯	梯子有一个可以锁住踏板的防护机构，距带电部件的防护板的距离应满足电气安全距离的要求；无集气盒的应便于对气体取气电带电取气	现场检查	□是　□否	

序号	验收项目	验收标准	检查方式	验收结论（是否合格）	验收问题说明
56	控制箱、端子箱、机构箱	安装牢固、密封、封堵、接地良好	现场检查	□是 □否	
		除器身端子箱外，加热装置与各元件、二次电缆的距离应大于50mm，温控器有整定值，动作正确，接线整齐		□是 □否	
		端子箱、冷却装置控制箱内各空开、继电器标志正确、齐全		□是 □否	
		端子箱内直流正极、负极，跳闸回路接线之间应至少有一个空端子，二次电缆备用芯应加装保护帽		□是 □否	
		交直流回路应分开使用独立的电缆，二次电缆走向牌标识清楚		□是 □否	
57	二次电缆	电缆走线槽应固定牢固，排列整齐，封盖良好并不易积水	现场检查	□是 □否	
		电缆保护管无破损锈蚀		□是 □否	
		电缆波纹管不应有积水弯或高挂低用现象，若有应做好封堵并开排水孔		□是 □否	
58	消防设施	齐全、完好，符合设计或厂家标准	现场检查	□是 □否	
59	事故排油设施	完好、通畅	现场检查	□是 □否	
60	专用工器具清单、备品备件	齐全	现场检查	□是 □否	

327

附录1-5-52：变压器交接试验验收标准

变压器交接试验验收标准

变压器 基础信息	变电站名称		设备名称编号		
	生产厂家		出厂编号		
	验收单位		验收日期		
序号	验收项目	验收标准	检查方式	验收结论 （是否合格）	验收问题说明
一、绝缘油试验验收				验收人签字：	
1	绝缘油试验	应在注油静置后，耐压和局部放电试验24h后各进行一次器身内绝缘油的油中溶解气体色谱分析		H_2___μL/L C_2H_2___μL/L 总烃___μL/L □是 □否	
		油中气体含量应符合以下标准：$H_2 \leq 10$μL/L、总烃≤ 20μL/L、$C_2H_2 \leq 0.1$μL/L，特别注意有无增长	资料检查/ 现场抽检	H_2___μL/L C_2H_2___μL/L 总烃___μL/L □是 □否	
		其他性能指标参见绝缘油验收标准卡		H_2___μL/L C_2H_2___μL/L 总烃___μL/L □是 □否	

序号	验收项目	验收标准	检查方式	验收结论（是否合格）	验收问题说明
二、电气试验验验收			验收人签字：		
2	绕组变形试验	110（66）kV及以上变压器应分别采用低电压短路阻抗法、频率响应法进行该项试验，35kV及以下变压器采用低电压短路阻抗法进行该项试验 容量100MVa及以下且电压220kV以下变压器低电压短路阻抗值与出厂值相比偏差不大于±2%，相间偏差不大于±2.5%，容量100MVa以上或电压220kV及以上变压器低电压短路阻抗值与出厂值偏差不大于±1.6%，相间偏差不大于±2.0%	旁站见证/资料检查/现场抽检	□是　□否	
2	绕组变形试验	绕组频响曲线的各个波峰、波谷点所对应的幅值及频率与出厂试验值基本一致，且三相之间结果相比无明显差别	旁站见证/资料检查/现场抽检	□是　□否	
3	绕组连同套管的绝缘电阻、吸收比或极化指数测量	绝缘电阻值不低于出厂值的70%，吸收比（R60/R15）不小于1.3，或极化指数（R600/R60）不应小于1.5（10℃～40℃时），同时换算至出厂同一温度进行比较	旁站见证/资料检查/现场抽检	绝缘电阻____MΩ 吸收比____ 极化指数____ □是　□否	
		吸收比、极化指数与出厂值相比无明显变化		绝缘电阻____MΩ 吸收比____ 极化指数____ □是　□否	

序号	验收项目	验收标准	检查方式	验收结论（是否合格）	验收问题说明
3	绕组连同套管的绝缘电阻、吸收比或极化指数测量	35kV～110kV变压器R60大于3 000MΩ吸收比不做考核要求，220kV及以上大于10 000MΩ时，极化指数可不做考核要求	旁站见证/资料检查/现场抽检	绝缘电阻____MΩ 吸收比____ 极化指数____ □是 □否	
4	铁芯及夹件绝缘电阻测量	采用2 500V绝缘电阻表测量，持续时间1min，绝缘电阻值不小于1 000MΩ，应无闪络及击穿现象	旁站见证/资料检查/现场抽检	□是 □否	
5	绕组连同套管的泄漏电流测量	35kV及以上，且容量在8 000kVa及以上时，进行该项目 试验电压标准： <table><tr><td>绕组额定电压（kV）</td><td>6～10</td><td>20～35</td><td>63～330</td><td>500</td></tr><tr><td>直流试验电压（kV）</td><td>10</td><td>20</td><td>40</td><td>60</td></tr></table>注：绕组额定电压为13.8kV及15.75kV时按10kV级标准，18kV时按20kV级标准，分级绝缘变压器归按试验被试绕组电压等级的标准	旁站见证/资料检查/现场抽检	□是 □否	

序号	验收项目	验收标准	检查方式	验收结论（是否合格）	验收问题说明
5	绕组连同套管的泄漏电流测量	泄漏电流值不宜超过下表规定：	旁站见证/资料检查/现场抽检	□是　□否	
6	套管绝缘电阻	主绝缘对地绝缘电阻不小于10 000MΩ，末屏对地绝缘电阻不小于1 000MΩ	旁站见证/资料检查/现场抽检	□是　□否	
7	绕组连同套管的介质损耗、电容量测量	被测绕组的介损值不大于产品出厂值的130% 换算至同一温度进行比较，20℃时介质损耗因数要求330kV及以上，tanδ≤0.5%，110（66）~220kV，tanδ≤0.8%，35kV及以下：tanδ≤1.5% 绕组电容量与出厂试验值相比差值在±5%范围内	旁站见证/资料检查/现场抽检	tanδ____ □是　□否	
8	套管中的电流互感器试验	各绕组比差和角差值与出厂试验结果相符 校核工频下的励磁特性，应满足继电保护要求，与制造厂提供的励磁特性应无明显差别	旁站见证/资料检查/现场抽检	□是　□否	

序号5 泄漏电流值表：

额定电压（kV）	试验电压峰值（kV）	在下列温度时的绕组泄漏电流值（μa）							
		10	20	30	40	50	60	70	80
2~3	5	11	17	25	39	55	83	125	178
6~15	10	22	33	50	77	112	166	250	356
20~35	20	33	50	74	111	167	250	400	570
63~330	40	33	50	74	111	167	250	400	570
	60	20	30	45	67	100	150	235	330

续表

序号	验收项目	验收标准	检查方式	验收结论（是否合格）	验收问题说明
8	套管中的电流互感器试验	各二次绕组间及其对外壳的绝缘电阻不宜低于1 000MΩ，端子箱内CT二次回路绝缘电阻大于1MΩ		介质损耗因数___ □是　□否	
		二次端子极性与接线应与铭牌标志相符	旁站见证/资料检查/现场抽检	介质损耗因数___ □是　□否	
		电流互感器变比、直流电阻试验合格		介质损耗因数___ □是　□否	
9	非纯瓷套管试验	电容型套管的介损与出厂值相比无明显变化，电容量与产品铭牌或出厂试验值相比差值在±5%范围内	旁站见证/资料检查/现场抽检	□是　□否	
		介质损耗因数符合330kV及以上，tanδ≤0.5%，其他油浸纸tanδ≤0.7%，胶浸纸tanδ≤0.7%		□是　□否	
10	绕组连同套管的直流电阻测量	测量应在各分接头的所有位置进行，在同一温度下： ①1 600kVa及以下容量等级三相变压器，各相测得值的相互差应小于相互差应小于三相平均值的4%，线间测得值的相互差应小于平均值的2% ②1 600kVa及以上三相变压器，各相测得值的相互差应小于三相平均值的2%，线间测得值的相互差应小于平均值的1% ③与出厂实测值比较，变化不应大于2%	旁站见证/资料检查/现场抽检	误差___% □是　□否	

续表

序号	验收项目	验收标准	检查方式	验收结论（是否合格）	验收问题说明
11	有载调压切换装置的检查和试验	应进行有载调压切换装置切换特性试验，检查全部动作顺序，过渡电阻阻值，三相同步偏差、切换时间等等符合厂家技术要求	旁站见证/资料检查/现场抽检	□是　□否	
12	所有分接位置的电压比检查	额定分接头电压比误差不大于±0.5%，其他电压分接比误差不大于±1%，与制造厂铭牌数据相比应无明显差别	旁站见证/资料检查/现场抽检	□是　□否	
13	三相接线组别和单相变压器引出线的极性检查	接线组别和极性与铭牌一致	旁站见证/资料检查/现场抽检	□是　□否	
14	绕组连同套管的交流耐压试验	外施交流电压按出厂值80%进行	旁站见证/资料检查	□是　□否	
15	绕组连同套管的长时感应电压试验带局部放电试验	110kV及以上变压器必须进行现场局放，按照《电力变压器第3部分 绝缘水平、绝缘试验和外绝缘空气间隙》规定进行	旁站见证	局放___pC　□是　□否	
		对于新投运油浸式变压器，要求1.5Um/√3电压下，220~750kV变压器局放量不大于100pC		局放___pC　□是　□否	
		1 000kV特高压变压器测量电压为1.3 Um/√3，主体变压器高压绕组不大于100pC，中压绕组不大于200pC，低压绕组不大于300pC，调压补偿变压器110kV端子不大于300pC		局放___pC　□是　□否	

序号	验收项目	验收标准	检查方式	验收结论 （是否合格）	验收问题说明
15	绕组连同套管的长时感应电压试验带局部放电试验	对于有运行史的220kV及以上油浸式变压器，要求1.3Um/√3电压下，局放量一般不大于300pC	旁站见证	局放____pC □是　□否	
三、试验数据分析验收			验收人签字：		
16	试验数据的分析	试验数据应通过显著性差异分析法和横纵比分析法进行分析，并提出意见	旁站见证/资料检查	□是　□否	

附录1-5-53：断路器资料及文件验收标准

断路器资料及文件验收标准

断路器 基础信息	变电站名称		设备名称编号			
	制造厂家		出厂编号			
	验收单位		验收日期			
序号	验收项目	验收标准	检查方式	验收结论 （是否合格）		验收问题说明
一、	资料及文件验收		验收人签字：			
1	订货合同、技术协议	资料齐全	资料检查	□是	□否	
2	安装使用说明书、装箱清单、图纸、维护手册等技术文件	资料齐全	资料检查	□是	□否	
3	重要材料和附件的工厂检验报告和出厂试验报告	资料齐全、数据合格	资料检查	□是	□否	
4	出厂试验报告	资料齐全、数据合格	资料检查	□是	□否	
5	安装检查及安装过程记录	记录齐全、数据合格	资料检查	□是	□否	
6	安装过程中设备缺陷通知单、设备缺陷处理记录	记录齐全	资料检查	□是	□否	
7	交接试验报告	项目齐全、数据合格	资料检查	□是	□否	
8	安装质量检验及评定报告	项目齐全、质量合格	资料检查	□是	□否	
9	备品、备件、专用工具及测试仪器清单	资料齐全	资料检查	□是	□否	

断路器设备竣工（预）验收标准

断路器基础信息	变电站名称		设备名称编号	
	制造厂家		出厂编号	
	验收单位		验收日期	
序号	验收项目	验收标准	检查方式	验收结论（是否合格）	验收问题说明
			验收人签字：		

一、本体外观验收

序号	验收项目	验收标准	检查方式	验收结论（是否合格）	验收问题说明
1	外观检查	断路器及构架、机构箱安装应牢靠，连接部位螺栓压接牢固，满足力矩要求，平垫、弹簧垫齐全、螺栓外露长度符合要求，用于法兰连接的螺栓，紧固后螺纹一般应露出螺母2～3圈，各螺栓、螺纹连接件应按要求涂胶并紧固划标志线	现场检查	□是 □否	
		采用垫片（厂家调节垫片除外）调节断路器水平的，支架或底架与基础底座的垫片不宜超过3片，总厚度不应大于10mm，且各垫片间应焊接牢固		□是 □否	
		一次接线端子无松动、无开裂、无变形，表面镀层无破损		□是 □否	
		金属法兰与瓷件胶装部位黏合牢固，防水胶完好		□是 □否	
		均压环无变形、安装方向正确、排水孔无堵塞		□是 □否	
		断路器外观清洁无污损、油漆完整		□是 □否	
		电流互感器接线盒箱盖密封良好		□是 □否	
		设备基础无沉降、开裂、损坏		□是 □否	

序号	验收项目	验收标准	检查方式	验收结论（是否合格）	验收问题说明
2	铭牌	设备出厂铭牌齐全，参数正确	现场检查	□是 □否	
3	相色	相色标志清晰正确	现场检查	□是 □否	
4	封堵	所有电缆管（洞）口应封堵良好	现场检查	□是 □否	
5	机构箱	机构箱开合顺畅，密封胶条安装到位，应有效防止尘、雨、雪、小虫和动物的侵入	现场检查	□是 □否	
		机构箱内备用电缆芯应加有保护帽，二次线芯号头、电缆走向标示牌无缺失现象		□是 □否	
		机构箱内无异物，无遗留工具和备件		□是 □否	
		各空气开关、熔断器、接触器等元器件标识齐全正确，可操作的二次元器件中文标识齐全正确		□是 □否	
		机构箱内若配有通风设备，若有通气孔，应确保形成对流，则应功能正常		□是 □否	
6	防爆膜（如配置）	防爆膜检查应无异常，泄压通道通畅且不应朝向巡视通道	现场检查	□是 □否	

验收人签字：

二、极柱及瓷套管、复合套管验收

序号	验收项目	验收标准	检查方式	验收结论（是否合格）	验收问题说明
7	外观检查	瓷套管、复合套管表面清洁，无裂纹、无损伤	现场检查	□是 □否	
		增爬伞裙完好，无塌陷变形，粘接界面牢固		□是 □否	
		防污闪涂料涂层完好，不应存在剥离、破损		□是 □否	
8	相间距	极柱相间中心距离误差≤5mm	现场检查／资料检查	□是 □否	

序号	验收项目	验收标准	检查方式	验收结论（是否合格）	验收问题说明
三、SF₆气体系统			验收人签字：		
9	SF₆密度继电器	户外安装的密度电器应设置防雨罩，其应能将表、控制电缆接线端子一起放入，安装位置应方便巡视人员或智能机器人巡视观察	现场检查	□是　□否	
		SF₆密度继电器与开关本体之间的连接方式应满足不拆卸校验密度继电器的要求，密度继电器应设在与断路器本体同一运行环境温度的位置，断路器SF₆气体补气口位置尽量满足带电补气要求		□是　□否	
		充油型密度继电器无渗漏		□是　□否	
		具有远传功能的密度继电器，就地指示压力值应与监控后台一致		□是　□否	
		密度继电器报警、闭锁压力值应按制造厂规定整定，并能可靠上传信号及闭锁断路器操作		□是　□否	
10	SF₆气体压力	充入SF₆气体气压值满足制造厂规定	现场检查	气压值___MPa 环境温度___℃ □是　□否	
11	SF₆气体管路阀门系统	截止阀、逆止阀能可靠工作，投运前均已处于正确位置，截止阀应有清晰的关闭、开启方向及位置标示	现场检查	□是　□否	

序号	验收项目	验收标准	检查方式	验收结论（是否合格）	验收问题说明
四、操动机构					
12	操动机构通用验收要求	操动机构固定牢靠	现场检查	□是　□否	
		操动机构的零部件齐全，各转动部位应涂以适合当地气候条件的润滑脂		□是　□否	
		电动机固定应牢固，转向应正确		□是　□否	
		各种接触器、继电器、微动开关、压力开关、压力表、加热驱潮装置和辅助开关的动作应准确、可靠，接点应接触良好，无烧损或锈蚀		□是　□否	
		分、合闸线圈的铁芯应动作灵活，无卡阻		□是　□否	
		压力表应经出厂检验合格，并有检验报告，压力表的电接点动作正确可靠		□是　□否	
		操动机构的缓冲器应经过调整；采用油缓冲器时，油位应正常，所采用的液压油应适应当地气候条件，且无渗漏		□是　□否	
13	弹簧机构	储能机构检查： ①弹簧储能指示正确，弹簧机构储能接点能根据储能情况及断路器动作情况，可靠接通、断开 ②储能电机具有储能超时、过流、热偶等保护元件，并能可靠动作，打压超时整定时间应符合产品技术要求 ③储能电机应运行无异常，无异声，断开储能电机电源，手动储能，能正常执行，手动储能与电动储能之间闭锁可靠	现场检查	□是　□否	

验收人签字：

续表

序号	验收项目	验收标准	检查方式	验收结论 （是否合格）	验收问题说明
13	弹簧机构	④合闸弹簧储能时间应满足制造厂要求，合闸操作后一般应在20s（参考值）内完成储能，在85%～110%的额定电压下应能正常储能	现场检查	□是　□否	
		弹簧机构机能应检查： ①弹簧储能应能可靠防止发生空合操作 ②合闸弹簧储能时，牵引杆的位置应符合产品技术文件 ③合闸弹簧储能完毕后，行程开关应即将电动机电源切除，合闸完毕，行程开关应将电动机电源接通，机构储能超时应上传报警信号 ④合闸弹簧储能后，牵引杆的下端或凸轮应与合闸锁扣可靠的联锁 ⑤分、合闸闭锁装置动作应灵活，复位应准确而迅速，并应开合可靠	现场检查	□是　□否	
		弹簧机构其他验收项目： ①传动链条无锈蚀，机构各转动部分应涂油以适合当地气候条件的润滑脂 ②缓冲器缓冲行程符合制造厂规定 ③弹簧机构内轴销、卡簧等应齐全、螺栓应紧固，并画划线标记	现场检查	□是　□否	

340

序号	验收项目	验收标准	检查方式	验收结论（是否合格）	验收问题说明
14	液压机构	液压机构验收： ①液压油标号选择正确，符合设备运行地域环境要求，油位满足厂家要求，并应设置明显的油位观察窗，方便在运行状态检查油位情况 ②液压机构连接管路应清洁，无渗漏，压力表计指示正常且其安装位置应便于观察 ③油泵运转正常，无异常，欠压时能可靠启动，压力建立时间符合要求；若配有过流保护元件，整定值应符合产品技术要求 ④液压系统油压不足时，机械、电气防止慢分装置应可靠工作 ⑤具备慢分、慢合操作条件的机构，在进行慢分、慢合操作时，工作缸活塞杆的运动应无卡阻现象，其行程应符合产品技术文件 ⑥液压机构电动机或油泵应能满足60s内从重合闸闭锁油压打压到额定油压和5min内从零压充压到额定压力的要求；机构打压到额定压时应符合产品技术要求，时间应符合产品技术要求 ⑦微动开关、接触器的动作应准确可靠。电接点压力表、安全阀、压力释放器应经检验合格，动作可靠，关闭应严密 ⑧联动闭锁压力值应按产品技术文件要求予以整定，液压回路压力不足时能按设定值报警或闭锁断路器操作，并上传信号	现场检查	□是 □否	

序号	验收项目	验收标准	检查方式	验收结论（是否合格）	验收问题说明
14	液压机构	⑨液压机构24h内保压试验压力异常，24h压力泄漏量满足产品技术文件要求，频繁打压时能可靠上传报警信号	现场检查	□是 □否	
		液压机构储能装置验收： ①采用氮气储能的机构，储压筒的预充氮气压力，应符合产品技术文件要求，测量时应记录环境温度。补充的氮气应采用微水含量小于5μL/L的高纯氮气作为气源 ②储压筒应有足够的容量，在降压至闭锁压力前应能进行"分—0.3s—合分"或"合分—3min—合分"的操作 ③对于设有漏氮报警装置的储能器，需检查漏氮报警装置功能可靠	现场检查	氮气压力___Mpa 环境温度___℃ □是 □否	
15	断路器操作及位置指示	断路器及其操动机构操作正常，无卡涩、储能标志、合闸标志及动作指示正确，便于观察	现场检查	□是 □否	
16	就地远方切换	断路器远方、就地操作功能切换正常	现场检查	□是 □否	
17	辅助开关	断路器辅助开关切换时间与断路器主触头动作时间配合良好，接触良好，接点无电弧烧损	现场检查	□是 □否	
		辅助开关应安装牢固，应能防止因多次操作松动变位		□是 □否	
		辅助开关应转换灵活，切换可靠，性能稳定		□是 □否	
		辅助开关与机构间的连接应松紧适当，转换灵活，并应满足通电时间的要求。连接锁紧螺帽应拧紧，并应采取防松措施		□是 □否	
18	防跳回路	就地、远方操作时，防跳回路均能可靠工作，在模拟手合于故障条件下断路器不会发生跳跃现象	现场检查	□是 □否	

序号	验收项目	验收标准	检查方式	验收结论（是否合格）	验收问题说明
19	非全相装置	三相非联动断路器缺相运行时，所配置非全相装置能可靠动作，时间继电器经校验合格且动作时间满足整定值要求；带有试验按钮的非全相保护继电器应有警示标志	现场检查	□是　□否	
20	动作计数器	断路器应装设不可复归的动作计数器，其位置应便于读数，分相操作的断路器应分相装设	现场检查	□是　□否	
五、接地验收		验收人签字：			
21	断路器设备	断路器接地采用双引下线接地，接地铜排、镀锌扁钢截面积满足设计要求。接地引下线应有专用的色标；紧固螺钉或螺栓应使用热镀锌工艺，其直径应不小于12mm，接地引下线应无锈蚀、损伤、变形；扁钢与接地网连接处其搭接长度及焊接处理符合要求：扁钢（截面不小于100mm²）为其宽度的2倍且至少3个棱边焊接；圆钢（直径不小于8mm）为其直径的6倍，详见GB50169；焊接处应做防腐处理	现场检查	□是　□否	
22	机构箱	机构箱接地良好，有专用的色标，螺栓压接紧固；箱门与箱体之间的接地铜连接铜线截面不小于4mm²	现场检查	□是　□否	
23	控制电缆	由断路器本体就地机构端子箱之间的二次电缆的屏蔽层应在就地机构端子箱处可靠连接至等电位接地网的铜排上，在本体机构箱内不接地二次电缆绝缘层无变色、老化、损坏	现场检查	□是　□否	
				□是　□否	

343

序号	验收项目	验收标准	检查方式	验收结论（是否合格）	验收问题说明
六、其他			验收人签字：		
24	加热、驱潮装置	断路器机构箱、汇控柜中应有完善的加热、驱潮装置，并根据温湿度自动控制，必要时也能进行手动投切，其设定值应满足安装地点环境要求	现场检查	□是 □否	
		机构箱、汇控柜内所有的加热元件应是非暴露型的；加热驱潮装置及控制元件的绝缘应良好，加热器与各元件、电缆及电机的距离应大于50mm；加热驱潮装置电源与电机电源要分开	现场检查	□是 □否	
		寒冷地域装设的加热带能正常工作	现场检查	□是 □否	
25	照明装置	断路器机构箱、汇控柜应装设照明装置，且工作正常	现场检查	□是 □否	
26	一次引线	引线无散股、扭曲、断股现象；引线对地和相间符合电气安全距离要求，引线松紧适当，无明显过松或过紧现象，导线的弧垂须满足设计规范	现场检查	□是 □否	
		铝设备线夹，在可能出现冰冻的地区朝上30～90°安装时，应设置滴水孔		□是 □否	
		设备线夹与压接是不同材质时，应采用热镀锌螺栓		□是 □否	
		设备线夹连接是不同材质时，应采用面间过渡安装方式而不应使用铜铝对接过渡线夹		□是 □否	

断路器设备交接试验验收标准

断路器 基础信息	变电站名称		设备名称编号		
	制造厂家		出厂编号		
	验收单位		验收日期		
序号	验收项目	验收标准	检查方式	验收结论 （是否合格）	验收问题说明
一、绝缘介质试验验收			验收人签字：		
1	SF₆气体	SF₆气体必须经SF₆气体质量监督管理中心抽检合格，并出具检测报告方可使用，对气瓶抽检率参照GB／T12022-2014，其他每瓶只测定含水量	资料检查	□是　　□否	
		纯度（质量分数）／10⁻²≥99.8%，（SF₆气体注入设备后进行）		□是　　□否	
		水含量（质量分数）／10⁻⁶≤5，（20℃）		□是　　□否	
		湿度露点（101325Pa）≤−49.7℃，（20℃）		□是　　□否	
		酸度（以HF计）（质量分数）／10⁻⁶≤0.2		□是　　□否	
		四氟化碳（质量分数）／10⁻⁶≤100		□是　　□否	
		空气（质量分数）／10⁻⁶≤300		□是　　□否	
		可水解氟化物（以HF计）（质量分数）／10⁻⁶≤1		□是　　□否	
		矿物油（质量分数）／10⁻⁶≤4		□是　　□否	
		生物试验无毒		□是　　□否	

序号	验收项目	验收标准	检查方式	验收结论（是否合格）	验收问题说明
1	SF$_6$气体	35～500kV设备，SF$_6$气体含水量的测定应在断路器充气24h后进行，750kV设备在充气至额定压力120h后进行，且测量时环境相对湿度不大于80% SF$_6$气体含水量（20°C的体积分数）应符合下列规定：与灭弧室相通的气室，应小于150μL/L，其他气室小于250μL/L	旁站见证/资料检查	□是　□否 □是　□否	
2	密封试验（SF$_6$）	采用灵敏度不低于 1×10^{-6}（体积比）的检漏仪对断路器各密封部位、管道接头等处进行检测时，检漏仪不应报警，必要时可采用局部包扎法进行气体泄漏测量，以24h的漏气量换算，每一个气室年漏气率不应大于0.5%（750kV断路器设备相对年漏气率不应大于0.5μL/L，Q/GDW 1157 750kV电力设备交接试验规程），泄漏值的测量应在断路器充气24h后进行	旁站见证/资料检查	□是　□否	

二、表计校验　　　　　　　　　　　　　　　　　　　　　　　　验收人签字：

序号	验收项目	验收标准	检查方式	验收结论（是否合格）	验收问题说明
3	SF$_6$气体密度继电器及压力表校验	SF$_6$气体密度继电器安装前应进行校验并合格，动作值应符合产品技术条件 各类压力表（液压、空气）指示值的误差及其变差均应在产品相应等级的允许误差范围内	旁站见证/资料检查	□是　□否 □是　□否	

序号	验收项目	验收标准	检查方式	验收结论（是否合格）	验收问题说明
			验收人签字：		
三、电气试验验收					
4	绝缘电阻测量	断路器整体绝缘电阻值测量，应参照制造厂规定	旁站见证/资料检查	绝缘电阻_____MΩ □是 □否	
5	主回路电阻测量	采用电流不小于100A的直流压降法，测试结果应符合产品技术条件规定值，与出厂值进行对比，不得超过120%出厂值	旁站见证/资料检查	回路电阻_____μΩ □是 □否	
6	瓷套管、复合套管	使用2 500V绝缘电阻表测量，绝缘电阻不应低于1 000MΩ 复合套管应进行憎水性测试	旁站见证/资料检查 旁站见证/资料检查	□是 □否 □是 □否	
		交流耐压试验可随断路器设备一起进行	旁站见证/资料检查	□是 □否	
7	交流耐压试验	真空断路器（35kV）： ①应在断路器合闸及分闸状态下进行交流耐压试验 ②当在合闸状态下进行时，试验电压应符合厂家出厂试验电压的80% ③当在分闸状态下进行时，真空灭弧室断口间的试验电压应按产品技术条件的规定执行，试验中不应发生贯穿性放电	旁站见证/资料检查	□是 □否	

347

序号	验收项目	验收标准	检查方式	验收结论（是否合格）	验收问题说明
		35～500kVSF$_6$断路器： ①在SF$_6$气压为额定值时进行，试验电压按出厂试验电压的80%，试验时间为60s ②110kV以下电压等级应进行合闸对地和断口间耐压试验 ③罐式断路器应进行合闸对地和断口间耐压试验。 ④500kV定开距瓷柱式断路器只进行断口耐压试验	旁站见证/资料检查	□是　　□否	
7	交流耐压试验	750kVSF$_6$断路器主回路交流耐压试验 ①试验前应用5000V绝缘电阻表测量每相导体对地绝缘电阻 ②在充入额定压力的SF$_6$气体，其他各项交接试验项目完成并合格后进行，断路器应在合闸状态 ③试验电压值为出厂试验电压值的90%，试验电压频率在10Hz～300Hz范围内 ④试验前可进行低电压下的老练试验，施加试验电压值和时间可与厂家协商确定	旁站见证/资料检查	□是　　□否	
		750kVSF$_6$断路器断口交流耐压试验 ①主回路交流耐压试验完成后应进行断口交流耐压试验 ②试验电压值为出厂试验电压值的90%，试验电压频率在10～300Hz范围内 ③试验时断路器断开，断口一端施加试验电压，另一端接地		□是　　□否	

348

序号	验收项目	验收标准	检查方式	验收结论（是否合格）	验收问题说明
8	罐式断路器局放量检测	罐式断路器可在耐压过程中进行局部放电检测工作，1.2倍额定相电压下局部放电量应满足设备厂家技术要求	旁站见证/资料检查	□是　□否	
9	断路器均压电容器的试验（如配置）	断路器均压电容器试验（绝缘电阻、电容量、介损）应符合有关规定：①断路器均压电容器的极间绝缘电阻不应低于5 000MΩ ②断路器均压电容器的介质损耗角正切值应符合产品技术条件的规定 ③20°C时，电容值的偏差应在额定电容值的±5%范围内 ④罐式断路器的均压电容器试验可按制造厂的规定进行	旁站见证/资料检查	电容量＿＿＿ 介损＿＿＿ □是　□否	
10	断路器机械特性测试	应在断路器的额定操作电压、气压或液压下进行	旁站见证/资料检查	□是　□否	
		测量断路器的主、辅触头的分、合闸时间，测量分、合闸的同期性，实测数值应符合产品技术条件的规定		□是　□否	
		交接试验时应记录设备的机械特性行程曲线，并与出厂时的机械特性行程曲线进行对比，应在参考机械行程特性包络线范围内（《DL／T 615—2013高压交流断路器参数选用导则》）		□是　□否	
		真空断路器合闸弹跳40.5kV以下不应大于2ms，40.5kV及以上不应大于3ms，分闸反弹幅度不应超过额定开距的20%		□是　□否	

序号	验收项目	验收标准	检查方式	验收结论（是否合格）	验收问题说明
11	辅助开关与主触头间配合试验	对断路器合—分时间及操动机构辅助开关的转换时间与断路器主触头动作时间之间的配合应检查，对220kV及以上断路器，合分时间应符合产品技术条件中的要求，且满足电力系统安全稳定要求	旁站见证/资料检查	□是　□否	
12	SF₆断路器的分、合闸速度	应在断路器的额定操作电压、气压或液压下进行，实测数值应符合产品技术条件的规定（现场无条件安装采样装置的断路器，可不进行本试验）	旁站见证/资料检查	□是　□否	
13	断路器合闸电阻试验（如配置）	在断路器产品交接试验中，应对断路器主触头与合闸电阻触头的时间配合关系进行测试，有条件时应测量合闸电阻的阻值，合闸电阻的提前接入时间可参照制造厂规定执行，一般为8～11ms（参考值），合闸电阻值与初值（出厂值）差应不超5%	旁站见证/资料检查	配合时间___ms 合闸电阻值___Ω □是　□否	
14	断路器分合闸线圈电阻值	测量合闸线圈、分闸线圈直流电阻应合格，与出厂试验值的偏差不超过±5%	旁站见证/资料检查	线圈电阻 合闸线圈___Ω 分闸线圈1___Ω 分闸线圈2___Ω □是　□否	

序号	验收项目	验收标准	检查方式	验收结论（是否合格）	验收问题说明
15	断路器分、合闸线圈的绝缘性能	使用1 000V绝缘电阻表进行测试，不应低于10MΩ	旁站见证/资料检查	绝缘电阻 ___MΩ □是 □否	
16	断路器机构操作电压试验	合闸操作：弹簧、液压操动机构合闸装置在额定电源电压的85%～110%范围内，应可靠动作 分闸操作 ①分闸装置在额定电源电压的65%～110%（直流）或85%～110%（交流）范围内，不应分闸（《Q/GDW 1168—2013输变电设备状态检修试验规程》） ②附装失压脱扣器的，其动作特性应符合其出厂特性的规定 ③附装过流脱扣器的，其额定电流规定不小于2.5A，脱扣电流的等级范围及其准确度应符合相关标准	旁站见证/资料检查	□是 □否	
17	辅助和控制回路试验	采用1 000V绝缘电阻表进行绝缘试验，绝缘电阻大于10MΩ（《国网电科〔2014〕315号 国家电网公司关于印发电网设备技术标准差异化一条款意见的通知》）	旁站见证/资料检查	绝缘电阻 ___MΩ □是 □否	
18	电流互感器试验	二次绕组绝缘电阻、直流电阻、变比、极性、误差测量、励磁曲线测量等应符合产品技术条件，二次绕组绝缘电阻测量时使用1 000V绝缘电阻表，与出厂绕组绝缘电阻对比无明显变化	旁站见证/资料检查	绝缘电阻 ___MΩ □是 □否	

序号	验收项目	验收标准	检查方式	验收结论（是否合格）	验收问题说明
19	开、合空载架空线路、空载变压器和并联电抗器的试验	开、合空载架空线路、空载变压器和并联电抗器的试验，是否开展可根据招标文件、技术规范书执行，操作顺序亦按技术规范书执行	旁站见证/资料检查	□是　□否	
四、试验数据分析验收			验收人签字：		
20	试验数据的分析	试验数据应通过显著性差异分析法和横纵比分析法进行分析，并提出意见	旁站见证/资料检查	□是　□否	

附录1-5-56：隔离开关资料及文件验收标准

隔离开关资料及文件验收标准

隔离开关基础信息	变电站名称		设备名称编号		
	生产厂家		出厂编号		
	验收单位		验收日期		
序号	验收项目	验收标准	检查方式	验收结论（是否合格）	验收问题说明
验收人签字：					
一、资料及文件验收					
1	订货合同、技术协议	资料齐全	资料检查	□是 □否	
2	安装使用说明书、竣工图纸、维护手册等技术文件	资料齐全	资料检查	□是 □否	
3	重要材料和附件的工厂检验报告和出厂试验报告	资料齐全	资料检查	□是 □否	
4	整体出厂试验报告	资料齐全，数据合格	资料检查	□是 □否	
5	安装检查及安装过程记录	记录齐全，数据合格	资料检查	□是 □否	
6	安装过程中设备缺陷通知单、设备缺陷处理记录	记录齐全	资料检查	□是 □否	
7	交接试验报告	项目齐全，数据合格	资料检查	□是 □否	
8	变电工程投运前电气安装调试质量监督检查报告	项目齐全，质量合格	资料检查	□是 □否	

353

附录1-5-57：隔离开关设备竣工（预）验收标准

隔离开关设备竣工（预）验收标准

隔离开关 基础信息	变电站名称		设备名称编号		
	生产厂家		出厂编号		
	验收单位		验收日期		
序号	验收项目	验收标准	检查方式	验收结论 （是否合格）	验收问题说明
一、设备验收			验收人签字：		
1	外观检查	操动机构、传动装置、辅助开关及闭锁装置应安装牢固、动作灵活可靠、位置指示正确，各元件功能标志正确，引线固定牢固，设备线夹应有排水孔		□是　□否	
		三相联动的隔离开关、接地开关触头接触时，同期数值应符合产品技术文件要求，最大值不得超过20mm		□是　□否	
		相间距离及分闸时触头打开角度和距离，应符合产品技术文件要求		□是　□否	
		触头接触应紧密良好，接触尺寸应符合产品技术文件要求，导电接触检查可用0.05mm×10mm的塞尺进行检查，对于线接触应塞不进去，对于面接触其塞入深度：在接触面宽度为50mm及以下时不应超过4mm，在接触面宽度为60mm及以上时不应超过6mm	现场检查/ 现场抽查	□是　□否	
		隔离开关分合闸限位应正确		□是　□否	
		垂直连杆应无扭曲变形		□是　□否	
		螺栓紧固力矩应达到产品技术文件和相关标准要求		□是　□否	

354

序号	验收项目	验收标准	检查方式	验收结论（是否合格）	验收问题说明
1	外观检查	油漆应完整、相色标志正确，设备应清洁	现场检查/现场抽查	□是　□否	
		隔离开关、接地开关应底座与垂直连杆、接地端子及操动机构箱应接地可靠，软连接导电带紧固良好，无断裂、损伤		□是　□否	
		220kV及以上具有分相操作功能的隔离开关，位置节点要分相上送，机构操作电源应分开，独立		□是　□否	
2	安装资料	订货技术协议或技术规范	资料检查	□是　□否	
		出厂试验报告		□是　□否	
		使用说明书		□是　□否	
		交接试验报告		□是　□否	
		安装报告		□是　□否	
		施工图纸		□是　□否	
3	支架及接地	隔离开关及构架、机构箱安装应牢靠，连接部位螺栓压接牢固，满足力矩要求，平垫、弹簧垫齐全，螺栓外露长度符合要求，用于法兰连接的螺栓，紧固后螺纹外露一般应露出螺母2~3圈，各螺栓、螺纹连接件应按要求涂胶并紧固划线标志线	现场检查/现场抽查/资料检查	□是　□否	
		采用垫片安装（厂家调节垫片除外）调节隔离开关水平的，支架或底架与基础架的垫片不宜超过3片，总厚度不应大于10mm，且各垫片间应焊接牢固		□是　□否	

续表

序号	验收项目	验收标准	检查方式	验收结论（是否合格）	验收问题说明
3	支架及接地	底座与支架、支架与主地网的连接应满足设计要求，接地应牢固可靠，紧固螺钉或螺栓的直径应不小于12mm	现场检查/现场抽查/资料检查	□是 □否	
		接地引下线无锈蚀、变形、损伤，接地引下线应有专用的色标标志		□是 □否	
		一般铜质软连接的截面积不小于50mm²		□是 □否	
		隔离开关支架应有两点与主地网连接，接地引下线规格满足设计规范，连接牢固		□是 □否	
		架构底部的排水孔设置合理，满足要求		□是 □否	
4	绝缘子	清洁，无裂纹，无掉瓷，爬电比距符合污秽等级要求	现场检查/资料检查	□是 □否	
		金属法兰、连接螺栓无锈蚀，无表层脱落现象		□是 □否	
		金属法兰与瓷件的胶装部位涂以性能良好的防水密封胶，胶装后露砂高度10～20mm，且不得小于10mm		□是 □否	
		逐个进行绝缘子超声波探伤，探伤结果合格		□是 □否	
		有特殊要求不满足防污闪要求的，瓷质绝缘子喷涂防污闪涂层，应采用差色喷涂工艺，涂层厚度不小于2mm，无破损、起皮、开裂等情况。增爬伞裙无塌陷变形，表面牢固		□是 □否	
5	联锁装置	隔离开关与其所配的接地开关之间有可靠的机械闭锁和电气闭锁措施	现场检查/资料检查	□是 □否	
		具有电动操动机构的隔离开关的接地与其配用的接地开关之间应有可靠的电气联锁		□是 □否	

序号	验收项目	验收标准	检查方式	验收结论（是否合格）	验收问题说明
5	联锁装置	机构把手上应设置机械五防锁具的锁孔，锁具无锈蚀、变形现象	现场检查/资料检查	□是　□否	
		对于超B类接地开关、线路侧接地开关、接地开关辅助灭弧装置、接地侧接地开关，三者之间电气互锁正常		□是　□否	
		操作机构电动和手动操作转换时，应有相应的闭锁		□是　□否	
6	接触部位检查	触头表面镀银层完整，无损伤，导电回路主触头镀银层厚度应不小于20μm，硬度不小于120HV；固定接触面均匀涂抹电力复合脂，接触良好	现场检查/现场抽查	□是　□否	
		带有引弧装置的应动作可靠，不会影响隔离开关的正常分合		□是　□否	
7	辅助开关	辅助开关动作灵活可靠，位置正确，信号上传正确	现场检查	□是　□否	
8	隔离开关安装要求	隔离开关、接地开关导电管应合理设置排水孔，合闸位置内部应不积水。分、合闸位置，水平传动连杆端部应密封	现场检查	□是　□否	
		传动连杆应采用装配式结构，不应在施工现场进行切焊配装。连杆应选用满足强度和刚度要求的热镀锌无缝钢管，无扭曲、变形、开裂		□是　□否	
		检查传动摩擦部位磨损情况，补充适合当地条件的润滑脂		□是　□否	
		单柱垂直伸缩式在合闸位置时，驱动拐臂应过死点		□是　□否	
		定位螺钉应按产品的技术要求进行调整，并加以固定		□是　□否	

序号	验收项目	验收标准	检查方式	验收结论（是否合格）	验收问题说明
8	隔离开关安装要求	均压环无变形，安装方向正确，与本体连接良好，安装应牢固、平整，不得影响接线的接触。安装在环境温度零度及以下地区500kV以上的均压环，应在均压环最低处打排水孔，排水孔位置、孔径应合理	现场检查	□是 □否	
		检查破冰装置应完好		□是 □否	
		设备出厂铭牌齐全，运行编号、相序标志清晰可识别		□是 □否	
9	机构箱检查	机构箱密封良好，无变形、异物、水迹，密封条良好，门把手完好	现场检查	□是 □否	
		二次接线布置整齐，无松动、损坏，二次电缆绝缘层无损坏现象，二次接线排列整齐，接头牢固，无松动、编号清楚		□是 □否	
		箱内端子排、继电器、辅助开关等无锈蚀		□是 □否	
		由隔离开关本体机构箱至本体就地端子箱之间二次电缆的铜屏蔽层应在就地端子箱处可靠连接至等电位接地网的铜排上		□是 □否	
		操作电动机"电动/手动"切换把手外观无异常，"远方/就地"、"合闸/分闸"把手外观无异常，操作功能正常，手动、电动操作正常		□是 □否	
		机构箱内加热驱潮装置、照明装置工作正常，加热驱潮装置能按照设定温度自动投退		□是 □否	

序号	验收项目	验收标准	检查方式	验收结论（是否合格）	验收问题说明
10	一次引线	引线无散股、扭曲、断股现象，引线对地和相间符合电气安全距离要求，引线松紧适当，无明显过松过紧现象，导线的弧垂须满足设计规范	现场检查	□是　□否	
		压接式铝设备线夹，朝上30°~90°安装时，应设置排水孔		□是　□否	
		设备线夹压接应采用热镀锌螺栓，采用双螺母或蝶形垫片等防松措施		□是　□否	
		设备线夹与压线板是不同材质时，不应使用对接式铜铝过渡线夹		□是　□否	
二、交接试验验收		验收人签字：			
11	校核动、静触头开距	在额定、最低（85%Un）和最高（110%Un）操作电压下进行3次空载合、分试验，并测量分合闸时间，检查闭锁装置的性能和分合位置指示的正确性	现场检查/资料检查	□是　□否	
12	导电回路电阻值测量	采用电流不小于100A的直流压降法	现场检查/资料检查	□是　□否	
		测试结果，不应大于出厂值的1.2倍		□是　□否	
		导电回路应对合接线端子的导电回路进行测量	资料检查	□是　□否	
		有条件时测量触头夹紧压力		□是　□否	
13	瓷套、复合绝缘子	使用2 500V绝缘电阻表测量，绝缘电阻不应低于1 000MΩ	旁站见证/资料检查	□是　□否	
		复合绝缘子应进行憎水性测试	旁站见证/资料检查	□是　□否	

序号	验收项目	验收标准	检查方式	验收结论（是否合格）	验收问题说明
13	瓷套、复合绝缘子	交流耐压试验可随断路器设备一起进行	旁站见证/资料检查	□是　□否	
14	控制及辅助回路的工频耐压试验	隔离开关（接地开关）操动机构辅助和控制回路绝缘交接试验应采用2 500V绝缘电阻表，绝缘电阻应大于10MΩ	现场检查/资料检查	绝缘电阻___MΩ □是　□否	
15	测量绝缘电阻	整体绝缘电阻值测量，应参照制造厂规定	现场检查/资料检查	□是　□否	
16	瓷柱探伤试验	隔离开关、接地开关绝缘子应在设备安装完好并完成所有的连接后逐支进行超声波探伤，探伤结果合格 逐个进行绝缘子超声波探伤	现场检查/资料检查	□是　□否	
三、其他验收				验收人签字：	
17	加热、驱潮装置	机构箱中应装有加热、驱潮装置，并根据温湿度自动控制，必要时也能进行手动投切，其设定值满足安装地点环境要求。加热器应接成三相平衡的负荷，且与电机电源要分开	现场检查	□是　□否	
		寒冷地域装设的加热装置能正常工作	现场检查	□是　□否	
		加热器、驱潮装置及控制元件的绝缘应良好，加热器与各元件、电缆的电线的距离应大于50mm	现场检查	□是　□否	
18	照明装置	机构箱、汇控柜应装设照明装置，且工作正常	现场检查	□是　□否	

附录1-5-58：组合电器资料及文件验收标准

组合电器资料及文件验收标准

组合电器基础信息	工程名称			生产厂家		
	设备型号			出厂编号		
	验收单位			验收日期		
序号	验收项目	验收标准	检查方式	验收人签字：	验收结论（是否合格）	验收问题说明
一、资料及文件验收						
1	订货合同、技术协议	资料齐全	资料检查		□是　□否	
2	安装使用说明书、图纸、维护手册等技术文件	资料齐全	资料检查		□是　□否	
3	重要材料和附件的工厂检验报告和出厂试验报告	资料齐全，数据合格	资料检查		□是　□否	
4	出厂试验报告	资料齐全，数据合格	资料检查		□是　□否	
5	三维冲击记录仪记录纸和押运记录	记录齐全，数据合格	资料检查		□是　□否	
6	安装检查及安装过程记录	记录齐全，数据合格	资料检查		□是　□否	
7	安装过程中设备缺陷通知单、设备缺陷处理记录	记录齐全	资料检查		□是　□否	
8	交接试验报告	项目齐全，数据合格	资料检查		□是　□否	
9	变电工程投运前电气安装调试质量监督检查报告	项目齐全、质量合格	资料检查		□是　□否	

序号	验收项目	验收标准	检查方式	验收结论（是否合格）	验收问题说明
10	传感器布点设计详细报告	资料齐全	资料检查	□是　□否	
11	设备监造报告	资料齐全，数据合格	资料检查	□是　□否	
12	备品备件、专用工器具、仪器清单	项目齐全，数据合格	资料检查	□是　□否	
13	气室分割图、吸附剂布置图	资料齐全，与现场实际核对一致	资料检查	□是　□否	

附录1-5-59：组合电器交接试验验收标准

组合电器交接试验验收标准

组合电器基础信息	工程名称		生产厂家		
	设备型号		出厂编号		
	验收单位		验收日期		
序号	验收项目	验收标准	检查方式	验收结论（是否合格）	验收问题说明
			验收人签字：		
1	主回路绝缘试验	老练试验，应在现场耐压试验前进行		试验电压___kV 试验时间___s □是　□否	
		在1.1Um/√3下进行局放检测，72.5～363kV组合电器的交流耐压试验应为出厂值的100%，550kV及以上电压等级组合电器的交流耐压试验值应不低于出厂值的90%		试验电压___kV 试验时间___s □是　□否	
		有条件时还应进行冲击耐压试验，雷电冲击试验和操作冲击试验电压值为型式试验施加电压值的80%，正负极性各3次	旁站见证/资料检查	试验电压___kV 试验时间___s □是　□否	
		应在完整间隔上进行		试验电压___kV 试验时间___s □是　□否	
		局部放电试验应随耐压试验一并进行		试验电压___kV 试验时间___s □是　□否	

序号	验收项目	验收标准	检查方式	验收结论（是否合格）	验收问题说明
2	气体密度继电器试验	进行各触点（如闭锁触点，报警触点）的动作值的校验	旁站见证/资料检查	□是 □否	
		随组合电器本体一起，进行密封性试验		□是 □否	
3	辅助和控制回路绝缘试验	采用1 000V绝缘电阻表且绝缘电阻大于10MΩ	旁站见证/资料检查	试验电压___kV 绝缘电阻___MΩ □是 □否	
4	主回路电阻试验	采用电流不小于100A的直流压降法		回路电阻___Ω □是 □否	
		现场测试值不得超过控制值Rn（Rn是产品技术条件规定值）	旁站见证/资料检查	回路电阻___Ω □是 □否	
		应注意与出厂值的比较，不得超过出厂实测值的120%		回路电阻___Ω □是 □否	
		注意三相测试值的平衡度，如三相测量值存在明显差异，须查明原因		回路电阻___Ω □是 □否	
5	气体密封性试验	测试应涵盖所有电气连接	旁站见证/资料检查	漏气率___% □是 □否	
6	SF₆气体试验	SF₆气体必须经SF₆气体质量监督管理中心抽检合格，并出具检测报告后方可使用	旁站见证/资料检查	湿度___μL/L □是 □否	
		SF₆气体注入设备前后必须进行湿度检测，且应对设备内气体进行SF₆纯度检测，必要时进行SF₆气体分解产物检测，结果须符合标准要求		湿度___μL/L □是 □否	

序号	验收项目	验收标准	检查方式	验收结论（是否合格）	验收问题说明
6	SF₆气体试验	组合电器静止24h后进行SF₆气体湿度（20℃的体积分数）试验，应符合下列规定。有灭弧分解物的气室，应不大于150 μL/L，无灭弧分解物的气室，应不大于250μL/L	旁站见证/资料检查	湿度___μL/L □是 □否	
7	机械特性试验	机械特性测试结果，符合其产品技术条件的规定，测量断路器的行程—时间特性曲线，在规定的范围内，应进行操动机构低电压试验，符合其产品技术条件的规定	旁站见证/资料检查	□是 □否	
二、试验对比分析			验收人签字：		
8	试验数据分析	试验数据应通过显著性差异分析法和纵横比分析法进行分析，并提出意见	旁站见证/资料检查	□是 □否	

附录1-5-60：开关柜资料及文件验收标准

开关柜资料及文件验收标准

开关柜基础信息	变电站名称		设备名称编号	
	生产厂家		出厂编号	
	验收单位		验收日期	

序号	验收项目	验收标准	检查方式	验收结论（是否合格）	验收问题说明
一、资料及文件验收					
1	订货合同、技术协议	资料齐全	资料检查	□是 □否	
2	安装使用说明书、图纸、维护手册等技术文件	资料齐全	资料检查	□是 □否	
3	重要材料和附件的工厂检验报告和出厂试验报告	资料齐全	资料检查	□是 □否	
4	内部燃弧试验报告	资料齐全，数据合格	资料检查	□是 □否	
5	整体出厂试验报告	资料齐全，数据合格	资料检查	□是 □否	
6	安装检查及安装过程记录	记录齐全，数据合格	资料检查	□是 □否	
7	安装过程中设备缺陷通知单、设备缺陷处理记录	记录齐全，数据合格	资料检查	□是 □否	
8	交接试验报告	项目齐全，数据合格	资料检查	□是 □否	
9	变电工程投运前电气安装调试质量监督检查报告	项目齐全，质量合格	资料检查	□是 □否	
10	变更设计的证明文件	资料齐全	资料检查	□是 □否	
11	备品、备件及专用工具清单	资料齐全	资料检查	□是 □否	
12	设备装箱清单、图纸	资料齐全	资料检查	□是 □否	

验收人签字：

附录1-5-61：开关柜交接试验验收标准

开关柜交接试验验收标准

开关柜基础信息	变电站名称		设备名称编号		
	生产厂家		出厂编号		
	验收单位		验收日期		
序号	验收项目	验收标准	检查方式	验收结论（是否合格）	验收问题说明
验收人签字：					
一、断路器试验验收					
1	绝缘电阻试验	绝缘电阻数值应满足产品技术条件规定	旁站见证/资料检查	绝缘电阻 ＿＿＿MΩ □是 □否	
2	每相导电回路电阻试验	采用电流不小于100A的直流压降法，测量值不大于厂家规定值，并与出厂值进行对比，不得超过120% 出厂值	旁站见证/资料检查	回路电阻 A＿＿＿μΩ，B＿＿＿μΩ，C＿＿＿μΩ □是 □否	
3	交流耐压试验	应在断路器合闸及分闸状态下进行交流耐压试验，试验中不应发生贯穿性放电	旁站见证/资料检查	整体耐压 ＿＿＿kV 断口耐压 ＿＿＿kV □是 □否	

序号	验收项目	验收标准	检查方式	验收结论（是否合格）	验收问题说明
3	交流耐压试验	真空断路器，当在合闸状态下进行时，试验电压应符合（《GB50150—2016电气装置安装工程电气设备交接试验标准》）的规定，当在分闸状态下进行时，断口间的试验电压应按产品技术条件的规定	旁站见证/资料检查	整体耐压 ___kV 断口耐压 ___kV ___kV □是 □否	
		SF_6断路器，在SF_6气压为额定值时进行，试验电压按出厂试验电压的100%		整体耐压 ___kV 断口耐压 ___kV ___kV □是 □否	
4	机械特性试验	测量分合闸速度、分合闸时间、分合闸的同期性，实测数值应符合产品技术条件的规定	旁站见证/资料检查	合闸时间 A___ms、 B___ms、 C___ms 分闸时间 A___ms、 B___ms、 C___ms 合闸不同期 ___ms 分闸不同期 ___ms 弹跳时间 ___ms □是 □否	

序号	验收项目	验收标准	检查方式	验收结论（是否合格）	验收问题说明
4	机械特性试验	现场无条件安装采样装置的断路器，可不进行分合闸速度试验	旁站见证/资料检查	合闸时间 A___ms， B___ms， C___ms 分闸时间 A___ms， B___ms， C___ms 合闸不同期___ms 分闸不同期___ms 弹跳时间___ms □是 □否	
		12kV真空断路器合闸弹跳时间不应大于2ms	旁站见证/资料检查	合闸时间 A___ms， B___ms， C___ms 分闸时间 A___ms， B___ms， C___ms 合闸不同期___ms	

序号	验收项目	验收标准	检查方式	验收结论（是否合格）	验收问题说明
4	机械特性试验	12kV真空断路器合闸弹跳时间不应大于2ms	旁站见证/资料检查	分闸不同期____ms 弹跳时间____ms □是　□否	
		24kV真空断路器合闸弹跳时间不应大于2ms		合闸时间 A____ms、 B____ms、 C____ms 分闸时间 A____ms、 B____ms、 C____ms 合闸不同期____ms 分闸不同期____ms 弹跳时间____ms □是　□否	
		40.5kV真空断路器合闸弹跳时间不应大于3ms		合闸时间 A____ms、 B____ms、 C____ms	

序号	验收项目	验收标准	检查方式	验收结论（是否合格）	验收问题说明
		40.5kV真空断路器合闸弹跳时间不应大于3ms		分闸时间 A＿＿ms, B＿＿ms, C＿＿ms 合闸不同期＿＿ms 分闸不同期＿＿ms 弹跳时间＿＿ms □是　□否	
4	机械特性试验	在机械特性试验中同步记录触头行程曲线，并确保在规定的范围内	旁站见证/资料检查	合闸时间 A＿＿ms, B＿＿ms, C＿＿ms 分闸时间 A＿＿ms, B＿＿ms, C＿＿ms 合闸不同期＿＿ms 分闸不同期＿＿ms 弹跳时间＿＿ms □是　□否	

序号	验收项目	验收标准	检查方式	验收结论（是否合格）	验收问题说明
4	机械特性试验	分闸反弹幅值应小于断口间距的20%	旁站见证/资料检查	合闸时间 A____ms, B____ms, C____ms 分闸时间 A____ms, B____ms, C____ms 合闸不同期____ms 分闸不同期____ms 弹跳时间____ms ____ms □是 □否	
5	分、合闸线圈及合闸接触器线圈的绝缘电阻和直流电阻	绝缘电阻值不应小于10MΩ	旁站见证/资料检查	绝缘电阻____MΩ 直流电阻____Ω □是 □否	

序号	验收项目	验收标准	检查方式	验收结论（是否合格）	验收问题说明
5	分、合闸线圈及合闸接触器线圈的绝缘电阻和直流电阻	直流电阻值与产品出厂试验值相比应无明显差别	旁站见证/资料检查	绝缘电阻 ___ MΩ 直流电阻 ___ Ω □是　□否	
6	操动机构的试验	合闸装置在额定电源电压的85%～110%范围内，应可靠动作	旁站见证/资料检查	□是　□否	
6	操动机构的试验	分闸装置在额定电源电压的65%～110%（直流）或85%～110%（交流）范围内，应可靠动作 当电源电压低于额定电压的30%时，分闸装置不应脱扣	旁站见证/资料检查	□是　□否 □是　□否	
二、开关柜整体试验验收			验收人签字：		
7	交流耐压试验	交流耐压试验过程中不应发生贯穿性放电	旁站见证/资料检查	□是　□否	
8	开关柜主回路电阻试验	宜带母线主回路测试，满足制造厂技术规范要求	旁站见证/资料检查	回路电阻 ___ μΩ □是　□否	
三、SF₆充气柜特殊验收			验收人签字：		
9	SF₆气体试验	SF₆气体必须经SF₆气体质量监督管理中心抽检合格，并出具检测报告后方可使用，抽检比例依据GB/T12022最新版本进行	旁站见证/资料检查	微量水 ___ μL/L □是　□否	

序号	验收项目	验收标准	检查方式	验收结论（是否合格）	验收问题说明
9	SF₆气体试验	SF₆气体注入设备前后必须进行湿度试验，且应对设备内气体进行SF₆纯度检测，必要时进行气体成分分析，结果符合标准要求	旁站见证/资料检查	微量水 ___μL/L □是　□否	
10	密封性试验	采用检漏仪对气室密封部位、管道接头等处进行检测时，检漏仪不应报警，每一个气室年漏气率不应大于0.5%	旁站见证/资料检查	漏气率 ___% □是　□否	
四、试验对比分析				验收人签字：	
11	试验数据分析	试验数据应通过显著性差异分析法和纵横比分析法进行分析，并提出意见	现场见证	□是　□否	

附录1-5-62：电流互感器资料及文件验收标准

电流互感器资料及文件验收标准

电流互感器基础信息	变电所名称		设备名称编号		
	制造厂家		出厂编号		
	验收单位		验收日期		

序号	验收项目	验收标准	检查方式	验收结论（是否合格）	验收问题说明
			验收人签字：		
一、资料及文件验收					
1	订货合同、技术协议	资料齐全	资料检查	□是　□否	
2	安装使用说明书、图纸、维护手册等技术文件	资料齐全	资料检查	□是　□否	
3	重要附件的工厂检验报告和出厂试验报告	资料齐全，数据合格	资料检查	□是　□否	
4	出厂试验报告	资料齐全，数据合格	资料检查	□是　□否	
5	工厂监造报告（若有）	资料齐全	资料检查	□是　□否	
6	三维冲撞记录仪记录纸和押运记录（如有）	记录齐全，数据合格	资料检查	□是　□否	
7	安装检查及安装过程记录	记录齐全，符合安装工艺要求	资料检查	□是　□否	
8	安装过程中设备缺陷通知单、设备缺陷处理记录	记录齐全	资料检查	□是　□否	
9	交接试验报告	项目齐全，数据合格	资料检查	□是　□否	
10	变电工程投运前电气安装调试质量监督检查报告	资料齐全	资料检查	□是　□否	

附录1-5-63：电流互感器竣工（预）验收标准

电流互感器竣工（预）验收标准

电流互感器基础信息	变电所名称		设备名称编号	
	制造厂家		出厂编号	
	验收单位		验收日期	

序号	验收项目	验收标准	检查方式	验收结论（是否合格）	验收问题说明
验收人签字：					
一、本体外观验收					
1	渗漏油（油浸式）	瓷套、底座、阀门和法兰等部位应无渗漏油现象	现场检查	□是　□否	
2	油位（油浸式）	金属膨胀器视窗位置指示清晰，无渗漏，油位在规定的范围内，不宜过高或过低，绝缘油无变色	现场检查	□是　□否	
3	密度继电器（气体绝缘）	压力正常，标志明显、清晰	现场检查	□是　□否	
		校验合格，报警值（接点）正常		□是　□否	
		密度继电器应设有防雨罩		□是　□否	
		密度继电器满足不拆卸校验要求，表计朝向巡视通道，并达到		□是　□否	
4	外观检查	无明显污渍、无锈迹、油漆无剥落、无褪色、无裂纹、油漆应完整	现场检查	□是　□否	
		复合绝缘干式电流互感器表面无损伤，无裂纹，油漆应完整		□是　□否	
		电流互感器膨胀器保护罩顶部应为防积水的凸面设计，能够有效防止雨水聚集	现场检查	□是　□否	

序号	验收项目	验收标准	检查方式	验收结论（是否合格）	验收问题说明
5	瓷套或硅橡胶套管	瓷套不存在缺损、脱釉、落砂，法兰装装部位涂有合格的防水胶	现场检查	□是 □否	
		硅橡胶套管不存在龟裂、起泡和脱落		□是 □否	
6	相色标志	相色标志正确，零电位进行标志	现场检查	□是 □否	
7	均压环	均压环安装水平、牢固，且方向正确，安装在环境温度零度及以下地区的均压环，宜在均压环最低处打排水孔	现场检查	□是 □否	
8	金属膨胀器固定装置（油浸式）	金属膨胀器固定装置已拆除	现场检查	□是 □否	
9	SF$_6$逆止阀（气体绝缘）	无泄漏，本体额定气压值（20℃）指示无异常	现场检查	□是 □否	
10	防爆膜（气体绝缘）	防爆膜完好，防雨罩无破损	现场检查	□是 □否	
11	接地	应保证有两根与主接地网不同地点连接的接地引下线	现场检查	□是 □否	
		电容型绝缘的电流互感器，其一次绕组末屏的引出端子、铁芯引出接地端子应接地牢固可靠		□是 □否	
		互感器的外壳接地牢固可靠，二次线穿管端部应封堵良好，上端与设备的底座和金属外壳良好焊接，下端就近与主接地网良好焊接		□是 □否	
12	整体安装	三相并列安装的互感器中芯线应在同一直线上，同一组互感器的极性方向应与设计图纸相符，基础螺栓应紧固	现场检查	□是 □否	

序号	验收项目	验收标准	检查方式	验收结论（是否合格）	验收问题说明
二、互感器各侧出线			验收人签字：		
13	出线端及各附件连接部位	连接牢固可靠，并有螺栓防松措施	现场检查	□是　□否	
14	设备线夹及一次引线	线夹不应采用铜铝对接过渡线夹		□是　□否	
		在可能出现冰冻的地区，线径为400mm²及以上的、压接孔向上30°～90°的压接线夹，应打排水孔	现场检查	□是　□否	
		引线无散股、扭曲、断股现象，引线对地和相间符合电气安全距离要求，引线松紧适当，无明显过松过紧现象，导线的弧垂须满足设计规范		□是　□否	
15	螺栓、螺母检查	设备固定和导电部位使用8.8级及以上热镀锌螺栓	现场检查	□是　□否	
三、互感器二次系统			验收人签字：		
16	二次端子接线	二次端子的接线牢固，并有防松功能，装蝶形垫片及防松螺母	现场检查	□是　□否	
		二次端子不应开路，单点接地		□是　□否	
		暂时不用的二次端子应短路接地		□是　□否	
17	二次端子标志	二次端子标志明晰	现场检查	□是　□否	
18	电缆的防水性能	电缆未加装固定头，应由内向外电缆孔洞封堵	现场检查	□是　□否	
19	二次接线盒	符合防尘、防水要求，内部整洁	现场检查	□是　□否	
		接地、封堵良好		□是　□否	
		备用的二次绕组应短接并接地		□是　□否	
		二次电缆备用芯应该使用绝缘帽，并用绝缘材料进行绑扎		□是　□否	

序号	验收项目	验收标准	检查方式	验收结论（是否合格）	验收问题说明
20	变比	一次绕组串并联端子与二次绕组抽头应符合运行要求	现场检查	□是　□否	
四、其他验收				验收人签字：	
21	专用工器具、备品备件	按清单进行清点验收	现场检查	□是　□否	
22	设备名称标示牌	设备标示牌齐全，正确	现场检查	□是　□否	

附录1-5-64：电流互感器交接试验验收标准

电流互感器交接试验验收标准

电流互感器基础信息	工程名称		制造厂家		
	设备型号		出厂编号		
	验收单位		验收日期		
序号	验收项目	验收标准	检查方式	验收结论（是否合格）	验收问题说明
验收人签字：					
一、电流互感器外观验收					
1	铭牌标志	内容完整，标识清晰，无锈蚀	现场检查	□是 □否	
2	密封性能	无渗漏油（气），密封良好	现场检查	□是 □否	
3	油位指示	指示符合要求	现场检查	□是 □否	
4	SF$_6$气体压力指示	指示符合要求	现场检查	□是 □否	
5	瓷套或硅橡胶套管	瓷套或硅橡胶套管完好，达到防污要求		□是 □否	
		瓷套不存在缺损、脱釉、落砂，硅橡胶不存在龟裂、起泡和脱落	现场检查	□是 □否	
		复合绝缘干式电流互感器（含复合硅橡胶绝缘电流互感器）表面无损伤、无裂纹		□是 □否	
6	出线端子标志检验	出线端子应符合设计要求	现场检查	□是 □否	

序号	验收项目	验收标准	检查方式	验收结论（是否合格）	验收问题说明
二、绝缘油验收			验收人签字：		
7	击穿电压（kV）	1 000kV（750kV）≥70kV，500kV≥60kV，330kV≥50kV，110～220kV≥40kV，35kV≥35kV	旁站见证/资料检查	□是　□否	
8	水分（mg/L）	1 000kV≤8，330～750kV≤10，220kV≤15，110kV及以下≤20	旁站见证/资料检查	□是　□否	
9	介质损耗因数 $\tan\delta$（90℃）%	500kV及以上应≤0.5%，66kV～330kV应≤1.0%	旁站见证/资料检查	□是　□否	
10	色谱	330kV及以上，总烃<10μL/L，H_2<50μL/L，C_2H_2=0.1；220kV及以下，总烃<10μL/L，H_2<100μL/L，C_2H_2=0.1	旁站见证/资料检查	□是　□否	
三、SF_6气体验收			验收人签字：		
11	SF_6气体纯度（质量分数）	≥99.9%	旁站见证/资料检查	□是　□否	
12	空气含量（质量分数）	≤0.03%	旁站见证/资料检查	□是　□否	
13	四氟化碳（CF4）含量（质量分数）	≤0.01%	旁站见证/资料检查	□是　□否	
14	水含量（质量分数）	≤0.000 5%	旁站见证/资料检查	□是　□否	
15	酸度（以HF计算）	≤0.2μg/g	旁站见证/资料检查	□是　□否	

序号	验收项目	验收标准	检查方式	验收结论 （是否合格）	验收问题说明
16	可水解氟化物（以HF计算）含量	≤1μg/g	旁站见证/资料检查	□是　□否	
17	矿物油含量	≤4μg/g	旁站见证/资料检查	□是　□否	
18	生物毒性试验	无毒	旁站见证/资料检查	□是　□否	
四、电流互感器出厂试验及验收				验收人签字：	
19	绝缘电阻	绕组，初值差不超过−50%，且大于3 000MΩ 末屏对地（电容型）>1 000MΩ	旁站见证/资料检查	□是　□否 □是　□否	
20	一次绕组工频耐压试验	持续时间60s，试验结果合格（系统标称电压为1 000kV的电流互感器，试验时间为5min）	旁站见证/资料检查	□是　□否	
21	一次绕组段间工频耐压试验	持续时间60s，试验结果合格	旁站见证/资料检查	□是　□否	
22	二次绕组工频耐压试验	持续时间60s，试验结果合格	旁站见证/资料检查	□是　□否	
23	二次绕组匝间过电压试验	持续时间60s，试验结果合格	旁站见证/资料检查	□是　□否	
24	局部放电试验	110（66）～500kV互感器出厂试验局放时间延长至5min	旁站见证/资料检查	□是　□否	

序号	验收项目	验收标准	检查方式	验收结论（是否合格）	验收问题说明
24	局部放电试验	中性点接地系统：液体浸渍或气体10pC（Um）、5pC（1.2Um/√3）；固体50pC（Um）、20pC（1.2Um/√3） 中性点绝缘或非有效接地系统：液体浸渍或气体10pC（1.2Um）、5pC（1.2Um/√3）；固体50pC（1.2Um）、20pC（1.2Um/√3）	旁站见证/资料检查	□是　□否 □是　□否	
25	误差测定	在额定功率因数及额定负荷范围内，测量二次绕组精确度误差满足精确度技术规范书的要求，电流互感器变比应与铭牌一致	旁站见证/资料检查	□是　□否	
26	电容量和介质损耗因数ta.nδ测量	对于油浸式电流互感器，参照（《GB 20840.2-2014互感器第二部分：电流互感器的补充技术要求》）中表209的要求，分电容型和非电容型进行考核 对于35kV以上电压等级的合成薄膜式的电流互感器，10kV～Um√3电压下介质损耗因数tanδ≤0.25% 对于Um≥252kV的油浸式电流互感器，在0.5Um/√3的测量电压下，介质损耗因数（tanδ）测量值的增量不应大于0.001 对于正立式电容型绝缘结构油浸式电流互感器的地屏（末屏），在测量电压为3kV下的介质损耗因数（tanδ）允许值不应大于0.02	旁站见证/资料检查	□是　□否 □是　□否 □是　□否 □是　□否	

序号	验收项目	验收标准	检查方式	验收结论（是否合格）	验收问题说明
27	密封性能试验	不带膨胀器产品，施加压力至少0.05MPa，维持6h无渗漏 带膨胀器产品（不带膨胀器试验），施加压力至少0.1MPa，维持6h无渗漏	旁站见证/资料检查	□是　□否 □是　□否	
28	保护绕组伏安特性测试	检查试验程序、测量数据	旁站见证/资料检查	□是　□否	
29	绕组直流电阻测量	同型号、同规格、同批次电流互感器一次和二次绕组直流电阻和平均值的差异不宜大于10%	旁站见证/资料检查	□是　□否	
30	极性检测	减极性	旁站见证/资料检查	□是　□否	

附录1-5-65：电压互感器资料及文件验收标准

电压互感器资料及文件验收标准

电压互感器基础信息	变电站名称		设备名称编号		
	制造厂家		出厂编号		
	验收单位		验收日期		
序号	验收项目	验收标准	检查方式	验收结论（是否合格）	验收问题说明
一、资料及文件验收			验收人签字：		
1	订货合同、技术协议	资料齐全	资料检查	□是　□否	
2	安装使用说明书、图纸、维护手册等技术文件	资料齐全	资料检查	□是　□否	
3	重要附件的工厂检验报告和出厂试验报告	资料齐全，数据合格	资料检查	□是　□否	
4	出厂试验报告	资料齐全，数据合格	资料检查	□是　□否	
5	安装检查及安装过程记录	记录齐全，符合安装工艺要求	资料检查	□是　□否	
6	交接试验报告	项目齐全，数据合格	资料检查	□是　□否	
7	变电工程投运前电气安装调试质量监督检查报告	资料齐全	资料检查	□是　□否	

附录1-5-66：电压互感器竣工（预）验收标准

电压互感器竣工（预）验收标准

电压互感器基础信息	变电站名称		设备名称编号		
	制造厂家		出厂编号		
	验收单位		验收日期		
序号	验收项目	验收标准	检查方式	验收结论（是否合格）	验收问题说明
			验收人签字：		
一、互感器本体外观验收					
1	铭牌标志	完整清晰，无锈蚀	现场检查	□是　□否	
2	渗漏油检查	瓷套、底座、阀门和法兰等部位应无渗漏油现象	现场检查	□是　□否	
3	油位指示	油位正常	现场检查	□是　□否	
4	外观油漆检查	油漆无剥落，无褪色	现场检查	□是　□否	
5	外观防腐检查	无明显的锈迹，无明显污渍	现场检查	□是　□否	
6	外套检查	瓷套不存在缺损、脱釉、落砂，铁瓷结合部涂有合格的防水胶，瓷套达到防污等级要求 复合绝缘干式电压互感器表面无损伤，无裂纹	现场检查	□是　□否	
7	相色标志检查	相色标志正确	现场检查	□是　□否	
8	中间变压器（电容式）	电容式电压互感器中间变压器高压侧应不装设氧化锌避雷器	现场检查	□是　□否	
9	均压环检查	均压环安装水平、牢固，且方向正确，安装在环境温度零度及以下地区的均压环，宜在均压环最低处打排水孔	现场检查	□是　□否	

序号	验收项目	验收标准	检查方式	验收结论（是否合格）	验收问题说明
10	SF₆密度继电器或压力表	压力正常，无泄漏，标志明显、清晰	现场检查	□是 □否	
		校验合格，报警值（接点）正常		□是 □否	
		应设有防雨罩		□是 □否	
二、安装工艺验收				验收人签字：	
11	互感器安装	安装牢固，垂直度应符合要求，本体各连接部应牢固可靠	现场检查	□是 □否	
		同一组互感器三相间应排列整齐，极性方向一致		□是 □否	
		铭牌应位于易于观察的同一侧		□是 □否	
12	中间变压器接地（电容式）	电容式电压互感器中间变压器接地端应可靠接地	现场检查	□是 □否	
13	电容分压器安装顺序	对于220kV及以上电压等级电容式电压互感器，电容器单元安装时必须按照出厂时的编号以及上下顺序进行安装，严禁互换	现场检查	□是 □否	
14	阻尼器检查（电容式）	检查阻尼器是否接入的二次剩余绕组端子	现场检查/资料检查	□是 □否	
15	接地	110（66）kV及以上电压互感器支架应有两点与主地网不同点连接，接地引下线及下线规格满足设计要求，导通良好	现场检查	□是 □否	
三、互感器各侧出线				验收人签字：	
16	出线端连接	螺母应有双螺栓连接等防松措施	现场检查	□是 □否	

序号	验收项目	验收标准	检查方式	验收结论（是否合格）	验收问题说明
17	设备线夹	线夹不应采用铜铝对接过渡线夹	现场检查	□是 □否	
		在可能出现冰冻的地区，线径为400mm²及以上的，压接孔向上30°~90°的压接线夹，应打排水孔		□是 □否	
		引线无散股、扭曲、断股现象，引线对地和相间符合电气安全距离要求，引线松紧适当，无明显过松过紧现象，导线的弧垂应满足设计规范		□是 □否	
四、互感器二次系统验收 验收人签字：					
18	二次端子接线	二次端子的接线牢固，整齐并有防松功能，装蝶形垫片和防松螺母，二次端子不应短路，控制电缆备用芯应加装保护帽	现场检查	□是 □否	
19	二次电缆穿线管端部	二次电缆穿线管端应封堵良好，并将上端与设备的底座和金属外壳良好焊接，下端就近与主接地网良好焊接	现场检查	□是 □否	
20	二次端子标志	二次端子标志明晰	现场检查	□是 □否	
21	电缆的防水性能	电缆如未加装固定头，应由内向外电缆孔洞封堵	现场检查	□是 □否	
22	二次接线盒	符合防尘、防水要求，内部整洁 接地、封堵良好	现场检查	□是 □否	
五、其他验收 验收人签字：					
23	专用工器具清单、备品备件	按清单进行清点验收	现场检查	□是 □否	
24	设备名称标示牌	设备名称标示牌齐全、正确	现场检查	□是 □否	
25	外装式消谐装置	外观良好，安装牢固，应有检验报告	现场检查	□是 □否	

附录1-5-67：电压互感器交接试验验收标准

电压互感器交接试验验收标准

电压互感器基础信息	变电站名称		设备名称编号		
	制造厂家		出厂编号		
	验收单位		验收日期		
序号	验收项目	验收标准	检查方式	验收结论（是否合格）	验收问题说明
一、绝缘油试验验收				验收人签字：	
1	绝缘油试验（电磁式）	色谱试验，按照《变压器油中溶解气体分析和判断导则》进行，电压等级在66kV以上的油浸式互感器，应在耐压和局部放电试验前后各进行一次油色谱试验，满足总烃＜10μL/L，H₂＜50μL/L，C₂H₂=0	资料检查	□是　　□否	
		注入设备的新油击穿电压应满足750kV及以上≥70kV，500kV≥60kV，330kV≥50kV，66～220kV≥40kV，35kV及以下≥35kV		□是　　□否	
		水分（mL/L）含量满足330kV及以上≤10，220kV≤15，110kV及以下电压等级≤20		□是　　□否	
		介质损耗因数tanδ，（90℃）%时，注入电气设备前≤0.005，注入电气设备后≤0.007		□是　　□否	
二、电气试验验收				验收人签字：	
2	绕组的绝缘电阻	一次绕组对二次绕组及外壳，各二次绕组间及其对外壳的绝缘电阻不低于1 000MΩ	现场见证/资料检查	□是　　□否	

389

续表

序号	验收项目	验收标准	检查方式	验收结论（是否合格）	验收问题说明
3	35kV及以上电压等级的介质损耗角正切值tanδ和电容量	电容式电压互感器应满足，电容量初值差不超过±2%	现场见证/资料检查	电容值___ tanδ___ □是 □否	
		电磁式电压互感器介质损耗因数≤0.005（油纸绝缘）、电容式电压互感器≤0.0015（膜纸复合）		电容值___ tanδ___ □是 □否	
		110（66）kV及以上电磁式应满足，串级式介损因数≤0.02，非串级式介损因数≤0.005		电容值___ tanδ___ □是 □否	
4	交流耐压试验	试验时间60s无击穿现象	现场见证/资料检查	□是 □否	
		油浸式设备在交流耐压试验前要保证静置时间，110（66）kV设备静置时间不小于24h，220kV设备静置时间不小于48h，330kV和500kV设备静置时间不小于72h		□是 □否	
		二次绕组之间及对外壳进行2kV，1min耐压，N点耐压电压≥3kV		□是 □否	
5	绕组直流电阻（电磁式）	与换算到同一温度下出厂值比较，一次绕组相差不大于10%，二次绕组不大于15%	现场见证/资料检查	□是 □否	
		同一批次的同型号、同规格电压互感器一次绕组、二次绕组的直流电阻相互间的差异不大于5%		□是 □否	
6	误差测量	用于关口计量的应进行误差测量	现场见证/资料检查	误差___% □是 □否	

序号	验收项目	验收标准	检查方式	验收结论（是否合格）	验收问题说明
6	误差测量	用于非关口计量的，35kV及以上的电压互感器，宜进行误差测量	现场见证/资料检查	误差_____% □是 □否	
7	电磁式电压互感器励磁曲线	测量点电压为20%、50%、80%、100%、120%			□是 □否
		对于中性点非有效接地系统的互感器最高测量点位190%			□是 □否
		100%电压测量点，励磁电流不大于出厂试验报告和型式试验报告测量值30%	现场见证/资料检查	□是 □否	
		同批次、同型号、同规格电压互感器此点的励磁电流不宜相差30%		□是 □否	
		当测量点电压为110%、120%时，其励磁电流增值小于1.5		□是 □否	
8	密封性能检查	油浸式电压互感器外表应无可见油渍现象	现场见证/资料检查	□是 □否	
9	极性检测	减极性	现场见证/资料检查	□是 □否	
三、SF₆气体验收			验收人签字：		
10	SF₆气体的含水量和SF₆气体成分测量	SF₆气体含水量≤250uL/L，SF₆纯度≥99.8%	现场见证/资料检查	含水量_____uL/L 纯度_____% □是 □否	
11	SF₆气体压力表和密度继电器检验	表计校验合格，SF₆压力值满足产品技术要求	现场见证/资料检查	□是 □否	

序号	验收项目	验收标准	检查方式	验收结论（是否合格）	验收问题说明
12	密封性能检查	SF$_6$互感器年泄漏率小于0.5%	现场见证/资料检查	□是　□否	
四、试验数据分析验收			验收人签字:		
13	试验数据的分析	试验数据应通过显著性差异分析法和横比分析法进行分析，并提出意见	现场见证/资料检查	□是　□否	

工程遗留问题记录（模板）

工程项目名称			
建设管理单位（部门）	（盖章）	运维管理单位	（盖章）
建设管理单位（部门）联系人		运维管理单位联系人	
投运日期			
遗留问题记录清单			
序号	问题描述（可附图或照片）	整改责任单位	限期完成日期

备注：一式二份，建设管理单位（部门）、运维单位（部门）各留存一份

变压器启动投运验收标准

变压器基础信息	变电站名称		设备名称编号		
	生产厂家		出厂编号		
	验收单位		验收日期		
序号	验收项目	验收标准	检查方式	验收结论（是否合格）	验收问题说明
一、无励磁开关验收				验收人签字：	
1	直流电阻	投运前根据调度要求调整分接档位后，应测量对应档位绕组直流电阻与交接试验数值无明显变化	资料检查	□是　□否	
二、外观验收				验收人签字：	
2	本体	各部分无渗漏，无放电现象	现场检查	□是　□否	
3	油位	本体、有载开关及套管油位无异常变化	现场检查	□是　□否	
4	压力释放阀	无压力释放信号，无异常	现场检查	□是　□否	
5	瓦斯继电器	无轻重瓦斯信号，瓦斯内无集气现象	现场检查	□是　□否	
6	温度计	现场温度指示和监控系统温度显示应保持一致，最大误差不超过5K；单相变压器的不同相别变压器温度差不超过10K	现场检查	□是　□否	
7	吸湿器	呼吸正常	现场检查	□是　□否	
8	铁芯接地电流	750kV及以下主变应小于100mA，1000kV主变应小于300mA	现场检查	□是　□否	
9	声音	无异常	现场检查	□是　□否	
10	红外测温	红外测温无异常发热点	现场检查	□是　□否	

序号	验收项目	验收标准	检查方式	验收结论（是否合格）	验收问题说明
三、	变压器油验收		验收人签字：		
11	油色谱	冲击合闸及额定电压运行24h后油色谱无异常变化	资料检查	□是　□否	
四、	过电压监测验收		验收人签字：		
12	套管末屏电压	必要时开展500kV及以上套管末屏电压波形测试分析，过电压水平正常	资料检查	□是　□否	
五、	励磁涌流验收		验收人签字：		
13	励磁涌流	波形分析，励磁涌流正常	资料检查	□是　□否	
六、	有载开关操作验收		验收人签字：		
14	有载开关操作试验	变压器完成冲击合闸试验后，在空载情况下，远方控制操作一个循环，各项指示正确，极限位置电气闭锁可靠，三相电压变化符合变压器变比	现场检查	□是　□否	

断路器设备启动投运验收标准

断路器基础信息	变电站名称			设备名称编号	
	制造厂家			出厂编号	
	验收单位			验收日期	

序号	验收项目	验收标准	检查方式	验收结论（是否合格）	验收问题说明
一、外观验收			验收人签字：		
1	瓷套管、复合套管	运行正常，无电晕和放电声	现场检查	□是 □否	
2	密度继电器	密度继电器按厂家规定值，指示在正常范围	现场检查	压力值___MPa 环境温度___℃ □是 □否	
3	储能机构	液压机构、弹簧机构储能正常	现场检查	□是 □否	
4	位置指示	断路器运行位置指示正常	现场检查	□是 □否	
5	本体	各部分无放电现象	现场检查	□是 □否	
6	声音	无异常	现场检查	□是 □否	
二、设备红外测温			验收人签字：		
7	设备本体及接头	设备本体及接头无过热现象	现场检查	□是 □否	

附录1-5-71：隔离开关设备启动投运验收标准

隔离开关设备启动投运验收标准

隔离开关基础信息	变电站名称		设备名称编号		
	生产厂家		出厂编号		
	验收单位		验收日期		
序号	验收项目	验收标准	检查方式	验收结论（是否合格）	验收问题说明
一、外观验收				验收人签字：	
1	瓷件及法兰	隔离开关瓷件及法兰无裂纹，瓷件无异常电晕现象	现场检查	□是 □否	
2	传动部分	在隔离开关操作过程中各部动作无卡滞	现场检查	□是 □否	
3	接点及导电部分	隔离开关设备的接头、导电部分温升满足要求	现场检查	□是 □否	
4	本体	各部分无放电、电晕现象	现场检查	□是 □否	
5	声音	各部分无异音	现场检查	□是 □否	
二、设备红外测温				验收人签字：	
6	设备本体及接头	设备本体及接头无明显过热现象	现场检查	□是 □否	

397

附录1-5-72：组合电器启动投运验收标准

组合电器启动投运验收标准

组合电器基础信息	工程名称		生产厂家		
	设备型号		出厂编号		
	验收单位		验收日期		
序号	验收项目	验收标准	检查方式	验收结论（是否合格）	验收问题说明
一、母线			验收人签字：		
1	母线电压	母线带电后电压显示正常	现场检查	□是　□否	
二、外观验收			验收人签字：		
2	筒体外壳	无异常放电、震动，运行正常，观察孔无遮挡，筒体支架无断裂、位移	现场检查	□是　□否	
3	气室压力	各气室压力正常，密度继电器连接三通阀在开启状态	现场检查	□是　□否	
4	断路器	分合指示正确，机构储能良好，液压机构无渗漏	现场检查	□是　□否	
5	隔离开关	操作灵活，无卡涩，分合指示正确	现场检查	□是　□否	
6	汇控柜	指示正确，无异常	现场检查	□是　□否	
7	电压互感器	无放电现象，二次电压正常	现场检查	□是　□否	
8	出线	出线套管无闪络，放电现象，红外测温无异常	现场检查	□是　□否	
9	均压环	均压环排水孔正常，无异物	现场检查	□是　□否	
三、避雷器在线监测验收			验收人签字：		
10	避雷器	在线监测泄漏电流正常，三相无明显差异	现场检查	□是　□否	

序号	验收项目	验收标准	检查方式	验收结论 （是否合格）	验收问题说明
四、	带电显示装置验收		验收人签字：		
11	带电显示装置	指示正确，无异常	现场检查	□是　□否	
五、	带电检测验收		验收人签字：		
12	带电检测	局部放电、红外测温、紫外测试、气体分解物无异常	现场检查	□是　□否	

附录1-5-73：开关柜启动投运验收标准

开关柜启动投运验收标准

开关柜基础信息			
变电站名称		设备名称编号	
生产厂家		出厂编号	
验收单位		验收日期	

序号	验收项目	验收标准	检查方式	验收结论（是否合格）	验收问题说明
一、断路器验收					
1	断路器分合	断路器分合遥控，就地分合正常，设备充电，分合电路器，储能指示正确，检查运行时无异常声响，遥信、遥测及监控信号，电气及机械指示正确变位	现场检查	□是　□否	
验收人签字：					
二、外观验收					
2	柜体	带电后检查柜体无异常放电等声响，形变，压力合格（充气柜）	现场检查	□是　□否	
3	分合指示	检查断路器分合闸机械指示，电气指示对应正确，指示灯与实际位置一致	现场检查	□是　□否	
4	强制通风装置	强制通风装置启动正常，运转无异响	现场检查	□是　□否	
验收人签字：					
三、电流互感器验收					
5	电流	电流互感器无异常声响，电流指示正常	现场检查	□是　□否	
验收人签字：					
四、电压互感器验收					
6	电压	电压表显示电压正常，互感器无异响	现场检查	□是　□否	
验收人签字：					
五、带电显示装置验收					
7	带电显示装置	检查设备带电后带电显示装置指示正确	现场检查	□是　□否	

附录1-5-74：电流互感器启动投运验收标准

电流互感器启动投运验收标准

电流互感器基础信息	变电所名称		设备名称编号		
	制造厂家		出厂编号		
	验收单位		验收日期		
序号	验收项目	验收标准	检查方式	验收结论（是否合格）	验收问题说明
1	密封检查	整体无渗漏油，密封性良好	现场检查	□是　□否	
2	油位、气压、密度指示	油位、气压、密度指示符合产品技术要求	现场检查	□是　□否	
3	本体	各部分无放电现象	现场检查	□是　□否	
4	声音	无异常	现场检查	□是　□否	
5	红外测温	无异常	现场检查	□是　□否	
验收人签字：					

附录1-5-75：电压互感器启动投运验收标准

电压互感器启动投运验收标准

电压互感器基础信息	变电站名称		设备名称编号		
	制造厂家		出厂编号		
	验收单位		验收日期		
序号	验收项目	验收标准	检查方式	验收结论（是否合格）	验收问题说明
1	密封性检查	整体无渗漏油	现场检查	□是 □否	
2	油位指示	油位指示符合产品技术要求，不应满油位或看不见油位	现场检查	□是 □否	
3	气体压力指示	SF₆气体压力指示符合产品技术要求	现场检查	□是 □否	
4	本体	各部分无放电现象	现场检查	□是 □否	
5	声音	无异常	现场检查	□是 □否	
6	红外测温	无异常	现场检查	□是 □否	

验收人签字：

第二章　带电检测（状态评价）部分

一、设备红外热成像检测及分析

（一）检测条件

1.环境要求

（1）一般检测要求

①环境温度不宜低于5℃，一般按照红外热像检测仪器的最低温度掌握。

②环境相对湿度不宜大于85%。

③风速：一般不大于5m/s，若检测中风速发生明显变化，应记录风速，必要时可参照附录2-1-6。

④天气以阴天、多云为宜，夜间图像质量为佳。

⑤不应在有雷、雨、雾、雪等气象条件下进行。

⑥户外晴天要避开阳光直接照射或反射进入仪器镜头，在室内或晚上检测应避开灯光的直射，宜闭灯检测。

（2）精确检测要求

①电流致热检测的外部条件。

电流致热检测应满足以下条件：

第一，无雷、雨、雾、雪的气象条件，风力一般不大于1.5级。

第二，被检设备应为带有负荷的运行设备，宜在设备最大负荷状态下进行，低负荷检测数据分析时应进行最大持续负荷折算。

第三，被检设备应为带有负荷的运行设备，宜在设备最大负荷状态下进行，低负荷检测数据分析时应进行最大持续负荷折算。

②电压致热检测的外部条件。

电压致热检测应满足以下条件：

第一，无雷、雨、雾、雪的气象条件，环境温度一般不低于5℃，空气相对湿度不大于80%，风速一般不大于1.5级。

第二，变电室外设备红外检测的时间应为日落后2h、日出前或无日照辐射的阴天。室内设备红外检测应避开灯光的直射或折射，必要时关闭照明光源。

第三，输电电缆线路电缆终端杆上电气设备应为日落后2h、日出前或无日照辐射的阴天。

第四，配电杆上设备应尽可能日落后避开日光辐射进行红外检测。

第五，被检测设备红外热像图的背景应避开高于设备运行温度的热辐射体。

第六，被检测设备在额定电压下连续运行时间宜在24h以上，设备最短连续运行时间不宜少于6h。

2. 待测设备要求

①待测设备处于运行状态。

②精确测温时，待测设备连续通电时间不小于6h，最好在24h以上。

③待测设备上无其他外部作业。

④电流致热型设备最好在高峰负荷下进行检测。否则，一般应在不低于30%的额定负荷下进行，同时应充分考虑小负荷电流对测试结果的影响。

3. 人员要求

进行电力设备红外热像检测的人员应具备如下条件：

①熟悉红外诊断技术的基本原理和诊断程序。

②了解红外热像仪的工作原理、技术参数和性能。

③掌握热像仪的操作程序和使用方法。

④了解被测设备的结构特点、工作原理、运行状况和导致设备故障的基本因素。

⑤具有一定的现场工作经验，熟悉并能严格遵守电力生产和工作现场的相关安全管理规定。

⑥应经过上岗培训并考试合格。

4.安全要求

①应严格执行国家电网公司《电力安全工作规程（变电部分）》《电力安全工作规程（配电部分）》《电力安全工作规程（线路部分）》的相关要求。

②应在良好的天气下进行，如遇雷、雨、雪、雾不得进行该项工作，风力大于5m/s时不宜进行该项工作。

③检测时应与设备带电部位保持相应的安全距离。

④进行检测时，要防止误碰误动设备。

⑤行走中注意脚下，防止踩踏设备管道。

⑥应有专人监护，监护人在检测期间应始终行使监护职责，不得擅离岗位或兼任其他工作。

5.仪器要求

红外热像仪一般由光学系统、光电探测器、信号放大及处理系统、显示和输出、存储单元等组成。红外热像仪应经具有资质的相关部门校验合格，并按规定粘贴合格标志，红外热像仪如图2-1-1所示。

a.手持式　　　b.便携式

图2-1-1　红外热像仪

（1）主要技术指标

①便携式红外热像仪的基本要求：

第一，空间分辨率：不大于1.5毫弧度（标准镜头配置）。

第二，温度分辨率：不大于0.1℃。

第三，帧频：不低于25Hz。

第四，像素：一般检测不低于160×120，精确检测不低于320×240。

第五，测温准确度应不大于±2℃或±2%（取绝对值大者）。

第六，测温一致性应满足测温准确度的要求。

②手持（枪）式红外热像仪主要指标：

第一，空间分辨率：不大于1.9毫弧度（标准镜头配置）。

第二，温度分辨率：不大于0.15℃。

第三，帧频：高于25Hz。

第四，像素：不低于160×120。

（2）功能要求

①满足有最高点温度自动跟踪。

②采用优质显示屏，操作简单，仪器轻便，图像比较清晰、稳定。

③可采用目镜取景器，分析软件功能丰富。

④温度单位设置可℃和℉相互转换。

⑤可以大气透过率修正、光学透过率修正、温度非均匀性校正。

⑥有测量点温、温差功能、温度曲线，显示区域的最高温度。

⑦可以修正红外热像图及各种参数，各参数应包括：时间日期、物体的发射率、环境温度湿度、目标距离、所使用的镜头、所设定的温度范围。

⑧电源必须采用可充电锂电池，一组电池连续工作时间不小于2h，电池组应不少于两组。

⑨能够对不同的被测试设备外壳材料进行相关参数的调整。

6.检测周期要求

①220kV及以上变电站变电一次设备3个月1次，二次回路、站用电系统6个月1次。

②66kV变电站变电一次设备6个月1次，二次回路、站用电系统每年1次。

（二）检测准备

①检测前，应了解相关设备数量、型号、制造厂家、安装日期等信息以及运行情况，制定相应的技术措施。

②配备与检测工作相符的图纸、上次检测的记录、标准化作业指导卡（标准化作业指导卡见附录2-1-9）。

③检查环境、人员、仪器、设备满足检测条件。

④了解现场设备运行方式，并记录待测设备的负荷电流。

⑤准备工具、仪器等，并运至检测现场，工器具准备见表2-1-1。

表2-1-1　工器具准备

序号	名　称	规格	单位	数量	备　注
1	红外测温仪	E30	台	1	
2	温湿度计	—	个	1	
3	测距仪	—	个	1	
4	风速仪	—	个	1	

（三）检测方法

1.检测流程

红外检测流程如图2-1-2所示：

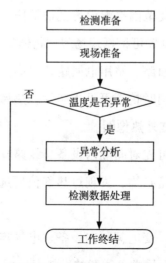

图2-1-2　红外检测流程

2.检测原理

红外检测原理如图2-1-3所示：

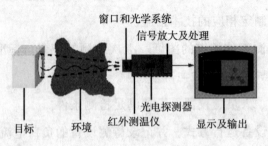

窗口和光学系统
信号放大及处理
光电探测器
目标　环境　红外测温仪　显示及输出

图2-1-3　红外检测原理

3.检测注意事项

红外精确检测现场操作应注意以下方面：

①检测前应了解被检测设备的运行方式和负荷情况。

②红外热像仪开机后核对仪器发射率（辐射系数）、距离、日期、时间、环境温度、伪彩、检测物体温度范围等参数设置。电流致热检测和电压致热检测的参数设置均为：发射率（辐射系数）参数设置0.90，距离参数设置12m，检测全过程和分析时不需要调整。热像仪的日期、时间设置按实际进行修正。环境温度按检测实际环境温度、湿度进行修正。伪彩设置为铁红。检测物体温度范围高温设置至最低段。输电线路超远距离红外检测，热像仪距离参数设置可根据现场测试物体的实际距离调整。

③红外检测除二次回路、站用电回路外，应关闭可见光融合功能。一次设备红外检测不要求同时拍摄可见光照片。热像仪开启可见光融合功能显示屏应调整至仅显示红外热像图。

④电流致热检测时可先对间隔内设备、线路杆塔上电器元件各电气连接点、设备本体进行粗略扫描，发现过热部位后选择合适角度对过热点进行准确定位精确拍摄。

⑤电流致热检测时，变电间隔内设备、电气连接点，线路杆塔导线连接点进行粗略扫描，如无异常可注意的发热点，可不拍摄热像图。

410

⑥电压致热检测无论仪器屏幕目视是否存在异常，均应拍摄热像图。

⑦10kV（20kV）配电装置列入红外检测范围。

⑧拍摄的热像图应去掉对红外图像分析无意义的物体和设备本体部分，获取设备最大的整体红外热像图。

⑨应尽可能使三相设备拍摄于同一张红外热像图，如受热像仪镜头、现场条件限制，三相设备拍摄于同一张热像图有困难，应分别将两相设备拍摄于同一张热像图，对应设备发热点或的其他相设备的同位置应无遮挡。

⑩电流致热检测设备发热点应选择合适角度加拍近距离热像图，并以近距离拍摄的热像图数据作为缺陷的判据。

⑪电流致热检测拍摄热像图过程中应注意仪器屏幕上热点温度的变化，应从多个角度多拍摄热像图，为准确分析和判断发热原因和缺陷性质做准备。

⑫电流致热检测热像图拍摄过程中，红外图像不能准确判定设备发热原因和热点位置时，应加拍可见光照片。

⑬电流致热检测到的设备热点温度超出热像仪设置的检测物体温度范围时，应将热像仪检测物体温度范围调高档位重新拍摄。完成拍摄后将热像仪检测物体温度范围调回原设置。

⑭设备过热点温度达到危急缺陷时，应将设备发热点的准确位置及实测温度告知值班员，填入缺陷记录簿并询问本间隔设备经常出现的最大负荷及时间。

⑮新投运的变电设备应于投运的第一天、第三天、第七天连续进行精确检测，无异常后转入正常的电力设备红外检测。初始红外检测热像图应作为基础技术资料保存。

⑯新投运的变电设备红外检测发现设备本体温场分布异常时，应进行红外连续跟踪检测，根据红外诊断结果及时采取其他带电或停电检测

措施。

4.影响红外检测的主要因素

（1）大气影响（大气吸收的影响）

红外辐射在传输过程中，受大气中的H_2O、CO_2、O_3、NO、C_2H_2等的吸收作用，要受到一定的能量衰减。检测应尽可能选择在无雨无雾、空气湿度低于85%的环境条件下进行。

（2）颗粒影响（大气尘埃及悬浮粒子的影响）

大气中的尘埃及悬浮粒子的存在是红外辐射在传输过程中能量衰减的另一个原因。这主要是由于大气尘埃其他悬浮粒子的散射作用的影响，使红外线辐射偏离了原来的传播方向而引起的。悬浮粒子的大小与红外辐射的波长$0.76\sim17\mu m$相近，当这种粒子的半径为$0.5\sim880\mu m$时，如果相近波长区域红外线在这样的空间传输，就会严重影响红外接收系统的正常工作。红外检测应在少尘或空气清新的环境条件下进行。

（3）风力影响

当被测的电气设备处于室外露天运行时，在风力较大的环境下，由于受到风速的影响，存在发热缺陷的设备热量会被风力加速散发，使裸露导体及接触件的散热条件得到改善，散热系数增大，而使热缺陷设备的温度下降。

（4）辐射率影响

一切物体的辐射率都在大于零和小于1的范围内，其值的大小与物体的材料、表面光洁度、氧化程度、颜色、厚度等有关。

（5）测量角影响

辐射率与测试方向有关，最好保持测试角在30°之内，不宜超过45°。当不得不超过45°时，应对辐射率做进一步修正。

（6）邻近物体热辐射的影响

当环境温度比被测物体的表面温度高很多或低很多时，或被测物体本身的辐射率很低时，邻近物体的热辐射的反射将对被测物体的测量造成影响。

（7）太阳光辐射的影响

当被测的电气设备处于太阳光辐射下时，由于太阳光的反射和漫反射在$3\sim14\mu m$波长区域内，且它们的分布比例并不固定，因这一波长区域与红外诊断仪器设定的波长区域相同而极大地影响红外成像仪器的正常工作和准确判断。同时，由于太阳光的照射造成被测物体的温升将叠加在被测设备的稳定温升上。所以，红外测温时最好选择在天黑或没有阳光的阴天进行，这样红外检测的效果相对要好得多。

5.检测步骤

（1）一般检测

①仪器开机，进行内部温度校准，待图像稳定后对仪器的参数进行设置。

②根据被测设备的材料设置辐射率，作为一般检测，被测设备的辐射率一般取0.9左右。

③设置仪器的色标温度量程，一般宜设置在环境温度加$10\sim20K$的温升范围。

④开始测温，远距离对所有被测设备进行全面扫描，宜选择彩色显示方式，调节图像使其具有清晰的温度层次显示，并结合数值测温手段，如热点跟踪、区域温度跟踪等手段进行检测。应充分利用仪器的有关功能，如图像平均、自动跟踪等，以达到最佳检测效果。

⑤环境温度发生较大变化时，应对仪器重新进行内部温度校准。

⑥发现有异常后，再有针对性地近距离对异常部位和重点被测设备进行精确检测。

⑦测温时，应确保现场实际测量距离满足设备最小安全距离及仪器有效测量距离的要求。

（2）精确检测

①为了准确测温或方便跟踪，应事先设置几个不同的方向和角度，确定最佳检测位置，并可做上标记，以供今后的复测用，提高互比性和工作效率。

②将大气温度、相对湿度、测量距离等补偿参数输入，进行必要修正，并选择适当的测温范围。

③正确选择被测设备的辐射率，特别要考虑金属材料表面氧化对选取辐射率的影响，辐射率选取具体可参见附录2-1-7。

④检测温升所用的环境温度参照物体应尽可能选择与被测试设备类似的物体，且最好能在同一方向或同一视场中选择。

⑤测量设备发热点、正常相的对应点及环境温度参照体的温度值时，应使用同一仪器相继测量。

⑥在安全距离允许的条件下，红外仪器宜尽量靠近被测设备，使被测设备（或目标）尽量充满整个仪器的视场，以提高仪器对被测设备表面细节的分辨能力及测温准确度，必要时可使用中、长焦距镜头。

⑦记录被检设备的实际负荷电流、额定电流、运行电压，被检物体温度及环境参照体的温度值。

（四）检测验收

①检查检测数据是否准确、完整。

②恢复设备到检测前状态。

③发现检测数据异常及时上报相关运维管理单位。

（五）检测数据分析与处理

对不同类型的设备采用相应的判断方法和判断依据，并由热像特点进一步分析设备的缺陷特征，判断出设备的缺陷类型。

1.判断方法

（1）表面温度判断法

主要适用于电流致热型和电磁效应引起发热的设备。根据测得的设备表面温度值，对照《GB/T11022—2011高压开关设备和控制设备标准的共同技术》中高压开关设备和控制设备各种部件、材料及绝缘介质的温度和温升极限的有关规定（见附录2-1-3），结合环境气候条件、负荷大小进行分析判断。

（2）同类比较判断法

根据同组三相设备、同相设备之间及同类设备之间对应部位的温差进行比较分析。

（3）图像特征判断法

主要适用于电压致热型设备。根据同类设备的正常状态和异常状态的热像图，判断设备是否正常。注意尽量排除各种干扰因素对图像的影响，必要时结合电气试验或化学分析的结果，进行综合判断。

（4）相对温差判断法

主要适用于电流致热型设备。特别是对小负荷电流致热型设备，采用相对温差判断法可降低小负荷缺陷的漏判率。对电流致热型设备，发热点温升值小于15K时，不宜采用相对温差判断法。相对温差（通常用δ_t表示）是两个对应测点之间的温差与其中较热点的温升之比的百分数。可用下式求出：

$$\delta_t = (\tau_1 - \tau_2) / \tau_1 \times 100\% = (T_1 - T_2) / (T_1 - T_0) \times 100\%$$

式中：

τ_1和T_1—发热点的温升和温度。

τ_2和T_2—正常相对应点的温升和温度。

T_0—被测设备区域的环境温度—气温。

（5）档案分析判断法

分析同一设备不同时期的温度场分布，找出设备致热参数的变化，判断设备是否正常。

（6）实时分析判断法

在一段时间内使用红外热像仪连续检测某被测设备，观察设备温度随负载、时间等因素变化的方法。

2.判断依据

①电流致热型设备的判断依据，详细见附录2-1-4。

②电压致热型设备的判断依据，详细见附录2-1-5。

③当缺陷是由两种或两种以上因素引起的，应综合判断缺陷性质。对于磁场和漏磁引起的过热可依据电流致热型设备的判据进行处理。

3.缺陷类型的确定及处理方法

根据过热缺陷对电气设备运行的影响程度将缺陷分为以下三类：

（1）一般缺陷

①指设备存在过热，有一定温差，温度场有一定梯度，但不会引起事故的缺陷。这类缺陷一般要求记录在案，注意观察其缺陷的发展，利用停电机会检修，有计划地安排试验检修消除缺陷。

②当发热点温升值小于15K时，不宜采用附录2-1-4的规定确定设备缺陷的性质。对于负荷率小、温升小但相对温差大的设备，如果负荷有条件或机会改变时，可在增大负荷电流后进行复测，以确定设备缺陷的性质；当无法改变时，可暂定为一般缺陷，加强监视。

（2）严重缺陷

①指设备存在过热，程度较重，温度场分布梯度较大，温差较大的缺陷。这类缺陷应尽快安排处理。

②对电流致热型设备，应采取必要的措施，如加强检测等，必要时降低负荷电流。

③对电压致热型设备，应加强监测并安排其他测试手段，缺陷性质确认后，立即采取措施消缺。

④电压致热型设备的缺陷一般定为严重及以上的缺陷。

（3）危急缺陷

①指设备最高温度超过GB/T11022规定的最高允许温度的缺陷。这类缺陷应立即安排处理。

②对电流致热型设备，应立即降低负荷电流或立即消缺。

③对电压致热型设备，当缺陷明显时，应立即消缺或退出运行，如有必要，可安排其他试验手段，进一步确定缺陷性质。

（六）检测原始数据和报告

①在检测过程中，应随时保存有缺陷的红外热像检测原始数据，存放方式如下：

第一，建立文件夹名称：变电站名+检测日期，如城西变20220101。

第二，文件名：按仪器自动生成编号进行命名，依次顺序定为20220101001、20220101002、20220101003……，并通过附录2-1-1与相应间隔的具体设备对应。

②现场检测结束后，应在15个工作日内将检测数据整理完毕并录入系统。

③红外热成像检测报告格式见附录2-1-1。

④红外检测异常报告格式见附录2-1-2。

⑤高压开关设备和控制设备各部件、材料和绝缘介质的温度和温升极限表见附录2-1-3。

附录2-1-1：红外热像检测报告

×××变电站红外热像检测报告

一、基本信息									
变电站		委托单位		试验单位					
试验性质		试验日期		试验人员			试验地点		
报告日期		编制人		审核人			批准人		
试验天气		温度（℃）		湿度（%）					

序号	间隔名称	设备名称	缺陷部位	表面温度（℃）	正常温度（℃）	环境温度（℃）	负荷电流（A）	图谱编号	备注（辐射系数/风速/距离等）
1									
2									
3									
4									
5									
6									
7									
8									
9									
10									
…									
检测仪器									
结论									
备注									

×××变电站红外检测异常报告

天气___ 温度___℃ 湿度___%　　　　　　检测日期：____ 年__ 月__日

发热设备名称			检测性质：	
具体发热部位				
三相温度（℃）	A:	B:		C:
环境参照体温度（℃）		风速（m/s）		
温差（K）		相对温差（%）		
负荷电流（A）		额定电流（A）/电压（kV）		
测试仪器（厂家/型号）				
红外图像：（图像应有必要信息的描述，如测试距离、反射率、测试具体时间等）				
可见光图：（必要时）				
备注：				

审核人：_____　　　　　　编制人：_____

附录2-1-3：高压开关设备和控制设备各部件、材料和绝缘介质的温度和温升极限

高压开关设备和控制设备各种部件、材料和绝缘介质的温度和温升极限

部件、材料和绝缘介质的类别 （见说明1、说明2和说明3）	最大值	
	温度（℃）	周围空气温度不超过40℃时的温升K
触头（见说明4） （1）裸铜或裸铜合金		
①在空气中	75	35
②在SF₆中（见说明5）	105	65
③在油中	80	40
（2）镀银或镀镍（见说明6）		
①在空气中	105	65
②在SF₆中（见说明5）	105	65
③在油中	90	50
（3）镀锡（见说明6）		
①在空气中	90	50
②在SF₆中（见说明5）	90	50
③在油中	90	50
用螺栓或与其等效的联结（见说明4） （1）裸铜、裸铜合金或裸铝合金		
①在空气中	90	50
②在SF₆中（见说明5）	115	75
③在油中	100	60
（2）镀银或镀镍		
①在空气中	115	75
②在SF₆中（见说明5）	115	75
③在油中	100	60
（3）镀锡		
①在空气中	105	65
②在SF₆中（见说明5）	105	65
③在油中	100	60
其他裸金属制成的或其他镀层的触头、联结	见说明7	见说明7

部件、材料和绝缘介质的类别 （见说明1、说明2和说明3）	最大值	
	温度（℃）	周围空气温度不超过40℃时的温升K
用螺钉或螺栓与外部导体连接的端子（见说明8）		
（1）裸的	90	50
（2）镀银、镀镍或镀锡	105	65
（3）其他镀层	见说明7	见说明7
油断路器装置用油（见说明9和说明10）	90	50
用作弹簧的金属零件	见说明11	见说明11
绝缘材料以及与下列等级的绝缘材料接触的金属材料（见说明12）：		
（1）Y	90	60
（2）A	105	65
（3）E	120	80
（4）B	130	90
（5）F	155	115
（6）瓷漆：油基	100	60
合成	120	80
（7）H	180	140
（8）C其他绝缘材料	见说明13	见说明13
除触头外，与油接触的任何金属或绝缘件	100	60
可触及的部件		
（1）在正常操作中可触及的	70	30
（2）在正常操作中不须触及的	80	40

说明1：按其功能，同一部件可以属于本表列出的几种类别。在这种情况下，允许的最高温度和温升值是相关类别中的最低值

说明2：对真空断路器装置，温度和温升的极限值不适用于处在真空中的部件。其余部件不应该超过本表给出的温度和温升值

说明3：应注意保证周围的绝缘材料不遭到损坏

说明4：当接合的零件具有不同的镀层或一个零件是裸露的材料制成的，允许的温度和温升应该是：

（1）对触头，项1中有最低允许值的表面材料的值

（2）对联结，项2中的最高允许值的表面材料的值

部件、材料和绝缘介质的类别 （见说明1、说明2和说明3）	最大值	
	温度（℃）	周围空气温度不超 过40℃时的温升K

说明5：SF_6是指纯SF_6或SF_6与其他无氧气体的混合物

注1：由于不存在氧气，把SF_6断路器设备中各种触头和连接的温度极限加以协调看来是合适的。在SF_6环境下，裸铜和裸铜合金零件的允许温度极限可以等于镀银或镀镍零件的值。在镀锡零件的特殊情况下，由于摩擦腐蚀效应，即使在SF_6无氧的条件下，提高其允许温度也是不合适的，因此镀锡零件仍取原来的值

注2：裸铜和镀银触头在SF_6中的温升正在考虑中

说明6：按照设备有关的技术条件，即在关合和开断试验（如果有的话）后、在短时耐受电流试验后或在机械耐受试验后，有镀层的触头在接触区应该有连续的镀层，不然触头应该被看作"裸露"的

说明7：当使用附录2-1-3中没有给出的材料时，应该研究它们的性能，以便确定最高的允许温升

说明8：即使和端子连接的是裸导体，这些温度和温升值仍是有效的

说明9：在油的上层

说明10：当采用低闪点的油时，应当特别注意油的汽化和氧化

说明11：温度不应该达到使材料弹性受损的数值

说明12：绝缘材料的分级在GB/T11021中给出

说明13：仅以不损害周围的零部件为限

附录2-1-4：电流致热型设备缺陷诊断判据

电流致热型设备缺陷诊断判据

序号	设备类别	检测部位	热像特征	故障原因	缺陷性质			说明
					一般缺陷	严重缺陷	危急缺陷	
1	电气设备连接处的金属部件	以螺栓连接的金属部件	以连接处为中心的热像	连接处金属导体接触不良	与参考体温差≥10K	实测温度≥125℃或折算温度≥175℃	实测温度≥175℃	
2	线夹、导线	线夹、压接管、导线	以线夹本体为中心的热像	导线与线夹、压接管接触不良	与参考体温差≥5K	与参考体温差≥20K	与参考体温差≥40K	
			线夹附近处导线温度高于线夹本体温度					
			导线螺旋状发热					
3	导线、地线	连接金具	以金具连接处为最高发热点	金具流过较大不平衡或接地电流	与参考体温差≥5K	与参考体温差≥20K	与参考体温差≥40K	
4	隔离开关	动、静触头或导电杆等的接触点	以过热点为中心的热像	接触不良	与参考体温差≥10K	实测温度≥125℃或折算温度≥175℃	实测温度≥175℃	
5	大电流接地系统中性点回路设备	各电气连接部位	载流电气连接处发热	载流电气连接处接触不良	与参考体温差≥5K	与参考体温差≥20K	与参考体温差≥40K	

序号	设备类别	检测部位	热像特征	故障原因	缺陷性质			说明
					一般缺陷	严重缺陷	危急缺陷	
6	断路器	断路器本体	断路器本体上部发热,以顶部温度最高	内部载流连接接触不良	与参考体温差≥5K	与参考体温差≥10K	与参考体温差≥20K	
			断路器中部设备线夹以上本体发热	内部载流连接接触不良	与参考体温差≥5K	与参考体温差≥10K	与参考体温差≥20K	
	跌落式熔断器	上闸口、下闸口	以闸口接触点为中心的热像	闸口接头接触不良	与参考体温差≥5K	实测温度≥90℃或折算温度≥125℃	实测温度≥125℃	
7	跌落式熔断器	熔丝管本体	管体局部温度最高	熔丝管受潮衬纸脱落、异物堵塞、熔丝接触不良	同位置最大相间温差≥5K	同位置最大相间温差≥10K	同位置最大相间温差≥20K	
		正立式电流互感器内连接箱体	以导电杆出线根部高温热像	导电杆与内部引线连接不良	同位置最大相间温差≥5K	同位置最大相间温差≥10K	同位置最大相间温差≥20K	
			箱体均匀发热,以顶部温度最高的热像图	内部载流连接接触不良	同位置最大相间温差≥5K	同位置最大相间温差≥10K	同位置最大相间温差≥20K	
8	互感器	倒置式电流互感器箱体导线连接	并联绕组连接线夹高温热像	线夹接触不良	同位置最大相间温差≥10K	实测温度≥125℃或折算温度≥175℃	实测温度≥175℃	

序号	设备类别	检测部位	故障原因	缺陷性质			说明
				一般缺陷	严重缺陷	危急缺陷	
9	变压器套管	柱头	套管内部载流连接或接触接触不良	同位置最大相间温差≥5K	同位置最大相间温差≥20K	同位置最大相间温差≥40K	
10	变压器、套管、升高座、高座	套管、升高座	变压器绕组引出线进入套管的开焊或断股；变压器绕组引出线端子与压油式套管导电杆连接不良	套管上部、升高座上部温度最高的热像,对应发热升高、高座,变压器油箱上部温度升高 同位置最大相间温差≥3K	同位置最大相间温差≥5K	同位置最大相间温差≥10K	
11	10kV及以上电缆终端子	导线线夹、接线端子	线夹与端子、线夹与接线不良	导线与端子、接线端子为中心的热像 同位置最大相间温差≥10K	实测温度≥90℃或折算温度≥125℃	实测温度≥125℃	
12	66kV及以上电缆终端头、中间头接地引出线	金属护套、铜屏蔽接地内部端子；金属护套、铜屏蔽接地引出线外部连接处	制作工艺不良,连接处氧化接触不良；连接处氧化接触不良	内部接地引出端内部中心的发热；外部接地引出线与地线连接处发热 与参考体温差≥5K；与参考体温差≥5K	与参考体温差≥10K；实测温度≥80℃	与参考体温差≥20K；实测温度≥110℃	

序号	设备类别	检测部位	热像特征	故障原因	缺陷性质			说明
					一般缺陷	严重缺陷	危急缺陷	
13	变电站二次接线	电流二次线接线端子	接线端子过热	接触不良	与参考体温差≥2K	与参考体温差≥5K	与参考体温差≥10K	
	箱、屏柜二次配线	电压二次线接线端子	接线端子过热	接触不良	与参考体温差≥2K	与参考体温差≥3K	与参考体温差≥4K	
14	变电站所用电系统	开关等元件、导线连接端子	元件、端子过热	接触不良	与参考体温差≥10 K	实测温度≥90℃	实测温度≥125℃	

附录2-1-5：电压致热型设备缺陷诊断判据

电压致热型设备缺陷诊断判据

序号	设备类别		热像特征	故障原因	允许温升K	最大相间同位置温差K	说明
1	电流互感器	10kV浇注式	本体发热	铁芯故障、绝缘介质受潮、杂质等原因导致的电场分布不均		≥4.0	
		66kV油浸	套管中上部温升增大、上部温度最高	受潮、介损偏大、电容层屏蔽层局部放电、二次开路	4.0	≥2.0	二次开路互感器本体温差≥6.0K
		220kV及以上油浸			4.5	≥1.5	
	倒置式电流互感器	66kV	绕组箱体温度最高	电容层屏蔽层局部放电		≥3.0	
		220kV及以上	绕组箱体温度最高	电容层屏蔽层局部放电		≥2.0	
	干式电流互感器	66kV及以上	绕组箱体温度最高	受潮、介损偏大、电容层屏蔽层局部放电、二次开路		≥2.0	二次开路互感器本体温差≥10K
2	电磁式电压互感器	10kV浇注	本体发热、局部发热	铁芯故障、绝缘介质中有杂质或气泡、电场分布不均		≥4.0	
		66kV油浸	整体温升偏高，且中上部温度高	受潮、介损增大	5.0	≥2.0	
		220kV及以上油浸			6.0	≥1.5	

427

序号	设备类别	热像特征	故障原因	允许温升K	最大相间同位置温差K	说明
3	电容式电压互感器 66kV及以上	中间变压器箱体整体或局部温度高	中间变压器内部二次线异常接地或内部电器元件绝缘劣化击穿	3.0	≥2.0 中间变压器油上部或局部与下节电容器中部温差 ≥5.0	单支使用的电容式电压互感器
4	耦合电容器（含电容式电压互感器分压电容器） 66～500kV 油浸式	整体温升偏高，符合自上而下逐步递减的规律	介损偏大	1.5～3.0		
		局部区域温度升高	电容极板击穿、缺油		≥2.0	
5	无油电容型高压套管	套管整体发热	介损偏大		≥2.0	内渗油位应不低于油枕油位
		局部发热	内部存在局部放电故障			应排除油循环差异导致的套管温度异常
	充油电容型变压器高压套管	套管上部有明显分界线，缺油部分温度低	套管缺油		≥3.0	根据缺油量确定缺陷性质

序号	设备类别		热像特征	故障原因	允许温升K	最大相间同位置温差K	说明
6	压油式套管	套管本体	套管上部有明显的液面温度分界线，缺油部分低温	套管内气体积聚导致油位下降		≥3.0	根据缺油量确定缺陷性质
7	干式套管	66kV及以上	套管本体的高温区域	固体绝缘裂纹、进水受潮或局部绝缘材料劣化		≥3.0	
8	变压器油路	主油管路	气体继电器本体及蝶形阀以上主油管路呈低温区	主油管路阀门未开启		与变压器油箱上层温差≥8.0	为危急缺陷
9	变压器散热系统	散热器	各散热器及管路温度存在较大差异，阀门两侧温差明显	散热器油管路阀门未开启		散热器间本体间温差≥5.0	为一般缺陷
		电机	电机本体有明显温差	电机轴承磨损		本体温差≥5.0	为一般缺陷
10	变压器油箱	以螺栓连接的上下油箱连接处	连接变压器上下油箱螺栓发热	变压器漏磁通涡流影响		50%负荷实测温度≥125℃	为一般缺陷
11	金属氧化物避雷器	10~35kV	整体发热，局部异常发热	阀片受潮或老化、超压运行	1.0		
		复合绝缘66kV及以上	整体温度降低，常温度降低或发热运行	阀片受潮或老化，沿面或局部放电运行	1.0~2.0	≥2.0	
		瓷绝缘66kV及以上	局部异常发热	阀片受潮或老化，超压运行		≥1.0	

序号	设备类别		热像特征	故障原因	允许温升K	最大相间同位置温差K	说明
12	并联电容器	10～35kV	整体发热或局部发热	缺油、电容板击穿		≥4.0	
		66～220kV				≥3.0	
13	串联干式电抗器	66kV及以上	绕组部位局部发热	绕组绝缘劣化、局部放电、股（匝）间短路		≥4.0	
14	组合电器	母线气室	气室上部温度最高	母线连接接头接触不良、设备接触不良		≥3.0	
		断路器、隔离开关、电流互感器气室	气室上部温度最高	母线连接接头、设备接触头接触不良		≥4.0	
		电压互感器气室	气室中上部温度最高	电流互感器局部放电、电流互感器二次开路			
				电压互感器受潮、绝缘老化介损增大、二次回路绝缘损坏		≥2.0	
14	组合电器	电缆进出线、避雷器气室	气室上部温度最高	设备连接接头接触不良		≥2.0	
				电缆终端头制作工艺不良接头部放电、电缆终端头内部接地引出线接触不良			
				避雷器阀片劣化			
				设备连接接头接触不良			

序号	设备类别		热像特征	故障原因	允许温升K	最大相间同位置温差K	说明
15	瓷、玻璃绝缘子	输电线路	绝缘子金具发热	绝缘子绝缘劣化低值		≥3.0	低零值绝缘子超过整串数量的25%时诊断为危急缺陷
		变电站内66kV及以上	绝缘子金具呈低温状态	绝缘子绝缘零值		≥2.0	
16	瓷支持绝缘子	10～35kV	局部柱体发热	绝缘子绝缘劣化下降、裂纹		≥4.0	应注意与污秽沿面放电发热的区别
		66kV及以上	局部柱体发热	绝缘子瓷柱横、裂纹		≥3.0	
17	合成绝缘子 66kV及以上		绝缘子金具与芯棒压接处局部温度升高	压接密封不良进水，芯棒受潮	1.0	≥3.0	
			绝缘子芯棒整体或局部温度升高	硅胶开裂，芯棒受潮	1.0	≥3.0	
18	橡塑绝缘电缆	10～35kV三芯电缆	电缆头根部分岔处温度升高	电缆头制作工艺不良、电缆头受潮、电场分布不均		≥4.0	
			应力锥处电缆头套管局部温度升高			≥3.0	
18	橡塑绝缘电缆	66kV及以上单芯电缆应力锥处套管	应力锥处电缆头套管局部温度升高	电缆头制作工艺不良、电缆头受潮、电场分布不均		≥2.0	
18	橡塑绝缘电缆	电缆终端头下部与杆塔架构固定处	电缆固定金属夹板发热	电缆绝缘护层磨损，电场分布不均匀发热		≥4.0	

序号	设备类别		热像特征	故障原因	允许温升K	最大相间同位置温差K	说明
19	高压开关柜	10kV~35kV	同层、同结构开关柜负荷相同情况下上部有较大温差	开关柜内导电回路接触不良		≥2.0	
				柜内电器元件绝缘劣化			

附录2-1-6：风速、风级的关系

风速、风级的关系

风力等级	风速m/s	地面特征
0	0～0.2	静烟直上
1	0.3～1.5	烟能表示方向，树枝略有摆动，但风向标不能转动
2	1.6～3.3	人脸感觉有风，树枝有微响，旗帜开始飘动，风向标能转动
3	3.4～5.4	树叶和微枝摆动不息，旌旗展开
4	5.5～7.9	能吹起地面灰尘和纸张，小树枝摆动
5	8.0～10.7	有叶的小树摇摆，内陆水面有水波
6	10.8～13.8	大树枝摆动，电线呼呼有声，举伞困难
7	13.9～17.1	全树摆动，迎风行走不便

附录2-1-7：常用材料发射率

常用材料发射率

材料	温度℃	发射率近似值	材料	温度℃	发射率近似值
抛光铝或铝箔	100	0.09	棉纺织品（全颜色）	—	0.95
轻度氧化铝	25～600	0.10～0.20	丝绸	—	0.78
强氧化铝	25～600	0.30～0.40	羊毛	—	0.78
黄铜镜面	28	0.03	皮肤	—	0.98
氧化黄铜	200～600	0.59～0.61	木材	—	0.78
抛光铸铁	200	0.21	树皮	—	0.98
加工铸铁	20	0.44	石头	—	0.92
完全生锈轧铁板	20	0.69	混凝土	—	0.94
完全生锈氧化钢	22	0.66	石子	—	0.28～0.44
完全生锈铁板	25	0.80	墙粉	—	0.92
完全生锈铸铁	40～250	0.95	石棉板	25	0.96
镀锌亮铁板	28	0.23	大理石	23	0.93
黑亮漆（喷在粗糙铁上）	26	0.88	红砖	20	0.95
黑或白漆	38～90	0.80～0.95	白砖	100	0.90
平滑黑漆	38～90	0.96～0.98	白砖	1 000	0.70
亮漆	—	0.90	沥青	0～200	0.85
非亮漆	—	0.95	玻璃（面）	23	0.94
纸	0～100	0.80～0.95	碳片	—	0.85
不透明塑料	—	0.95	绝缘片	—	0.91～0.94
瓷器（亮）	23	0.92	金属片	—	0.88～0.90
电瓷	—	0.90～0.92	环氧玻璃板	—	0.80
屋顶材料	20	0.91	镀金铜片	—	0.30
水	0～100	0.95～0.96	涂焊料的铜	—	0.35
冰	—	0.98	铜丝	—	0.87～0.88

附录2-1-8：术语和定义

1.热点温度

①仪器拍摄的热像图上，使用分析软件圈定的分析区域内标识的最高温度。

②除特殊说明外，热点温度指红外热像图所选定分析区域内单一像素点记录的最高温度。

2.温升

仪器拍摄的同一张热像图上，被测物体上圈定的分析区域内最高热点温度和环境温度参照体圈定的分析区域内最高热点温度之差。

3.最大相间同位置温差

最大相间同位置温差是指同一张热像图上被测电力设备两相或三相同位置分析区域内最高热点温度间最大差值的绝对值。

4.环境温度参照体

环境温度参照体是指用来采集环境温度的物体。它可能不具有当时的真实环境温度，但它具有与被测物相似的物理属性，并与被测物处在相似的环境之中。

5.最大持续负荷热点温度

最大持续负荷热点温度是指当散热条件不变，实测负荷下设备热点温度折算至最大持续负荷状态下的热点将达到的温度。

6.环境温度影响

①环境温度影响是指较低环境温度下进行设备红外检测，散热条件不同对设备本体、连接点温度的影响。

②当红外检测时，当环境温度低于20℃时，在分析时应对实测热点温度进行修正。

7.温差折算系数

温差折算系数是指在较低环境温度下进行设备电压致热红外检测分析

时，获取的相间同位置最大温差，归算至标准环境温度（20℃）下温差值的修正系数。

8.风速影响

①风速影响是指环境不同风速条件下对设备本体、连接点温度的影响。

②风速3级及以上时，应对实测热点温度进行必要的修正。

9.精确检测

①对电力设备电流致热的发热部位、电压致热的设备本体拍摄热像图，依据热像仪分析软件分析数据确定电气连接点发热的准确热点位置、发热原因和温度或温差确定设备缺陷性质所做的红外检测为精确检测。

②不易发现和判断的设备本体温度异常，如套管缺油、油循环回路故障等，列入精确检测。

10.电流致热缺陷

电气设备内部或外部运行时承载电流的金属部件与金属部件的连接接头或导线与线夹、压接管连接等接触不良，电流流过时引起的设备异常发热所判定的缺陷。

11.电压致热缺陷

①电力设备内部及表面绝缘性缺陷，正常运行电压作用下引起的设备发热所判定的缺陷。

②电压致热检测主要是指对电压致热型设备内部电器元件进水受潮、绝缘劣化、电场分布不均、电化学活动异常等导致发热的热量传导到设备本体表面形成的温场分布异常的检测，用于诊断运用中设备内部缺陷。

变电设备主人综合业务
设备红外热成像检测标准化作业指导卡

变电站名称：＿＿＿＿ 电压等级：＿＿＿＿ 被试设备名称及编号：＿＿＿＿

检测仪器型号：＿＿＿＿＿＿＿＿ 检测仪器生产厂家：＿＿＿＿＿＿＿

检测现场环境温度：＿＿＿ 检测现场环境湿度：＿＿＿ 指导卡编号：＿＿＿

一、准备阶段

序号	准备工作	内容	√
1	召开班前会	分工明确，任务落实到人，安全措施到位。明确危险点及控制措施	
2	劳动组织及人员要求	作业人员着装符合要求，有批准权限	
3	作业人员明确作业标准	作业人员熟悉作业内容、作业标准	
4	危险点分析、预控	工作票安全措施及危险点预控到位	
5	工器具检查、准备	红外测温仪，测距仪，风速仪，温湿度计等检查完好、齐全	

二、实施阶段

序号	内容	注意事项	√
1	进入检测场地	核对设备名称，明确工作范围	
		记录设备信息、检测时间、环境温湿度等信息	
		与设备带电部分保持足够的安全距离，仪器接地应良好	
		仪器、工器具摆放整齐	
2	记录设备运行情况	了解现场设备运行方式，并记录待测设备的运行电压（查看现场铭牌）	
3	测温仪器开启	开启测温仪器电源开关，预热设备至图像稳定，检查电池、存储卡容量充足	
4	目标参数设置	测量环境风速并记录	
		选择合适检测点，测量与被测设备之间距离并记录	
		测量环境温湿度并记录	

序号	内容	注意事项	√
4	目标参数设置	打开仪器菜单依次键入并确认被测设备的辐射率、目标距离、大气温度、相对湿度、反射温度（如被测设备周围无明显热源，将反射温度设为大气温度）	
5	设备检测	调整焦距，使被测设备图像清晰、边缘清晰，选择铁红调色板	
		手动调节温宽，温宽设置宜不超过6K，正常部位颜色显示为紫红色	
		对被测设备外部引线接头、瓷柱、底座等进行检测，从设备不同方向和角度进行检测	
		对异常发热部位进行重点检测，结合数值测温手段，如热点跟踪、区域温度跟踪等手段进行检测，以达到最佳检测效果	
6	保存图谱	保存图谱，每相要站在同一距离拍摄，遇遮挡时尽量选择遮挡少的角度拍摄，尽量让三相避雷器在同一张图像中完整体现，应能看到避雷器外部引线接头、瓷柱、底座	
7	报告编写	导出图像、采用分析软件进行分析处理，编写检测报告	

三、结束阶段

序号	内容	注意事项	√
1	完工场地清洁	清理工作现场，将工器具全部收拢并清点，废弃物按相关规定处理，材料回收清点	
2	召开班后会	对本次作业进行总结	
3	填写相关记录	规范填写	

作业时间：　年　月　日　时　分至　年　月　日　时　分

工作人员：＿＿＿＿＿＿＿＿＿＿　工作负责人：＿＿＿＿＿＿

二、开关柜局部放电检测

（一）检测条件

1.环境要求

①环境温度宜在–10C～40ºC。

②环境相对湿度不高于80%。

③禁止在雷电天气进行检测。

④室内检测应尽量避免气体放电灯、排风系统电机、手机、相机闪光灯等干扰源对检测的影响。

2.待测设备要求

①开关柜处于带电状态。

②开关柜投入运行超过30min。

③开关柜金属外壳清洁并可靠接地。

④开关柜上无其他外部作业。

⑤退出电容器、电抗器开关柜的自动电压控制系统（AVC）。

3.人员要求

进行开关柜暂态地电压局部放电带电检测的人员应具备如下条件：

①接受过暂态地电压局部放电带电检测培训，熟悉暂态地电压局部放电检测技术的基本原理、诊断分析方法，了解暂态地电压局部放电检测仪器的工作原理、技术参数和性能，掌握暂态地电压局部放电检测仪器的操作方法，具备现场检测能力。

②了解被测开关柜的结构特点、工作原理、运行状况和导致设备故障的基本因素。

③具有一定的现场工作经验，熟悉并能严格遵守电力生产和工作现场的相关安全管理规定。

④检测当日身体状况和精神状况良好。

4.安全要求

①应严格执行《国家电网公司电力安全工作规程（变电部分）》的相关要求。

②暂态地电压局部放电带电检测工作不得少于两人。工作负责人应由有检测经验的人员担任，开始检测前，工作负责人应向全体工作人员详细布置检测工作的各项安全注意事项应有专人监护，监护人在检测期间应始终履行监护职责。

③雷雨天气禁止进行检测工作，在进行检测时，要防止误碰误动设备。

④检测时检测人员和检测仪器应与设备带电部位保持足够的安全距离。

⑤测试时人体不能接触暂态地电压传感器，以免改变其对地电容。

⑥检测中应保持仪器使用的信号线（若有）完全展开，避免与电源线（若有）缠绕一起，收放信号线时禁止随意舞动，并避免信号线外皮受到剐蹭。

⑦在使用传感器进行检测时，避免手部直接接触传感器金属部件。

⑧检测现场出现异常情况（如异音、电压波动、系统接地等），应立即停止检测工作并撤离现场。

5.仪器要求

暂态地电压局部放电检测仪器一般由传感器、数据采集单元、数据处理单元、显示单元、控制单元和电源管理单元等组成，如图2-1-4所示。暂态地电压局部放电检测仪，如图2-1-5、图2-1-6所示。

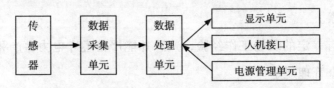

图2-1-4　暂态地电压局部放电检测仪器组成

图2-1-5　暂态地电压局部
　　　　放电检测仪

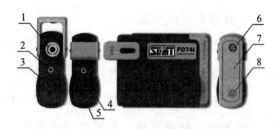

图2-1-6　检测仪外部接口及按键说明

1.特高频接口，接口类型N型接口；2.设备机械固定接口，固定在如绝缘杆上；

3.USB通信接口、电源充电口，USB接口类型Micro-B 5 Pin；4.电源、通信指示

灯；5.电源开关；6.外接传感器接口，自动识别传感器类型，支持高频、超声外接

传感器；7.内置式TEV传感器；8.内置空气式超声波传感器

（1）主要技术指标

①检测频率范围：3～100MHz。

②检测灵敏度：1dBmV。

③检测量程：0～60dBmV。

④检测误差：不超过±2dBmV。

⑤工作电源：直流电源5～24V，纹波电压不大于1%。交流电源220（1±10%）V，频率50（1±10%）Hz。

（2）功能要求

①可显示暂态地电压信号幅值大小。

②具备报警阈值设置及告警功能。

③若使用充电电池供电，充电电压为220V、频率为50Hz，充满电后单次连续使用时间不少于4h。

④应具有仪器自检功能。

⑤应具有数据存储和检测信息管理功能。

⑥应具有脉冲计数功能。

⑦宜具有增益调节功能，并在仪器上直观显示增益大小。

⑧宜具有定位功能。

⑨宜具有图谱显示功能，显示脉冲信号在工频0°～360°相位的分布情况，具有参考相位测量功能。

⑩宜具备状态评价功能，提供局部放电信号的幅值、相位、放电频次等信息中的一种或几种，并可采用波形图、趋势图等谱图中的一种或几种进行展示。

⑪宜具备放电类型识别功能，判断绝缘沿面放电、绝缘内部气隙放电、金属尖端放电等放电类型，或给出各类局部放电发生的可能性，诊断结果应当简单明确。

（二）检测准备

①检测前，应了解被测设备数量、型号、制造厂家、安装日期等信息以及运行情况。

②配备与检测工作相符的图纸、上次的检测记录、标准化作业指导卡（见附录2-1-11）。

③现场具备安全可靠的检修电源。

④检查环境、人员、仪器、设备、工作区域满足检测条件。

⑤按国家电网公司安全生产管理规定办理工作许可手续。

⑥检查仪器完整性和各通道完好性，确认仪器能正常工作，保证仪器电量充足或者现场交流电源满足仪器使用要求。

⑦准备工具、仪器等，并运至检测现场，工器具准备见表2-1-2。

表2-1-2　工器具准备

序号	名　称	规格	单位	数量	备注
1	暂态地电压局部放电检测仪	—	套	1	
2	温湿度计	—	块	1	
3	金属板	20cm×20cm	块	1	
4	绝缘梯	—	个	1	

（三）检测方法

1.检测流程

暂态地电压局部放电检测流程如图2-1-7所示：

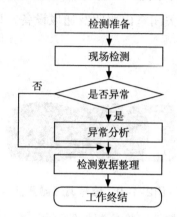

图2-1-7　暂态地电压局部放电检测流程

2.检测原理图

开关柜暂态地电压局部放电检测原理如图2-1-8所示。

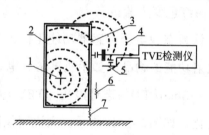

图2-1-8　开关柜暂态地电压局部放电检测原理图

1.放电源；2.开关柜体；3.开关柜缝隙；4.电磁波；5.电容分压式TEV传感器；

6.屏蔽柜外表阻抗；7.开关柜接地线阻抗

开关柜局部放电会产生电磁波，电磁波在金属壁形成趋肤效应，并沿着金属表面进行传播，同时在金属表面产生暂态地电压，暂态地电压信号的大小与局部放电的严重程度及放电点的位置相关。利用专用的传感器对暂态地电压信号进行检测，从而判断开关柜内部的局部放电故障，也可根据暂态地电压信号到达不同传感器的时间差或幅值对比进行局部放电源定位。

3.检测步骤

①有条件情况下，关闭室内照明及通风设备，以避免对检测工作造成干扰。

②检测仪启动。

图2-1-9　信号调理器开机

第一，检查仪器完整性，将检测仪器开机。

第二，长按信号调理器"开关"键，等待3～5s，电源指示灯由熄灭状态变为红色，如图2-1-9所示（红圈内为电源开关），此时设备处于开机状态。开机后指示灯由红色变为蓝色。

③仪器自检：确认暂态地电压传感器功能工作正常，将设备TEV传感器紧贴具有电磁波放射功能的物品，如手机屏幕、电脑屏幕等，如图2-1-10、图2-1-12所示，在Smart PD暂态地电压（TEV）检测模式下，可以看到TEV幅值有明显变化，如图2-1-13所示，则说明仪器自检通过。反之若TEV幅值信号无明显变化，则说明设备存在异常，需要进行重新校验，如图2-1-11、图2-1-12、图2-1-13所示。

图2-1-10　TEV传感器紧贴具有电磁
　　　　　波放射功能的物品

图2-1-11　TEV自检空气中背景幅值
　　　　　界面

图2-1-12　TEV自检传感器靠近屏幕
　　　　　背景幅值界面

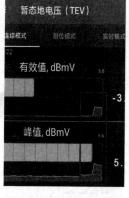

图2-1-13　自检TEV幅值有明显变化
　　　　　界面

④连接检测仪器各部件。

第一，信号调理器与检测主机通过蓝牙进行连接，连接之前需确保检测主机蓝牙功能为开启状态，如图2-1-14所示。

图2-1-14　主机蓝牙显示界面

第二，运行检测主机中Smart PD程序，程序启动会自动寻找周围可供连接的信号调理器，当搜索到可用设备时会自动加载可用设备列表。列表中显示设备名称、序列号、电量、信号连接强度、固件版本号等信息，如图2-1-15所示。

第三，点击可用设备列表中要连接的信号调理器，即可进入该调理器的检测主界面，如图2-1-16所示。暂态地电压检测：采用暂态地电压法进行检测，使用内置TEV传感器。

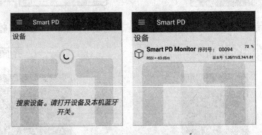

图2-1-15　搜索可用设备界面

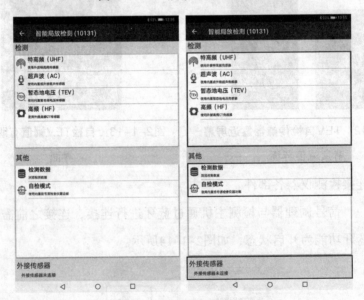

图2-1-16　调理器的检测主界面

⑤参数设置。

第一，点击设备列表进入检测界面，选择暂态地电压（TEV）检测模式，并进行参数设置，如图2-1-17所示。

图2-1-17　暂态地电压（TEV）检测模式选择界面

　　第二，进入暂态地电压检测模式后，按住屏幕左边缘向右侧滑动，进入暂态地电压参数设置，包括相位同步类型、同步方式、相位偏移、图谱累计时间、幅值范围调整等。其中，相位同步类型、同步方式、相位偏移、图谱累计时间为选择类参数，内同步频率、幅值范围为数值类型参数，如图2-1-18所示。

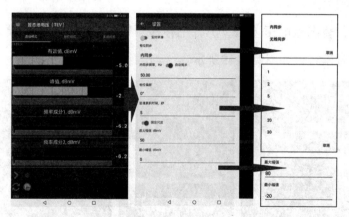

图2-1-18　暂态地电压（TEV）参数设置界面

　　第三，暂态地电压参数设置界面各参数代表意义：

　　A.相位同步：可选内同步和无线同步。其中，内同步默认50Hz正弦波，可手动调节，20～500Hz可调，精度0.01Hz。无线同步，同步无线同步器（ACC-104）所在的电源频率。

　　B.内同步频率：当相位同步选择内同步，20～500Hz可调，精度0.01Hz。

C.自动同步：内同步自动同步功能开关，自动同步功能开启时，被测设备电压频率与内同步频率有细微偏差时，仪器可以自动纠正频率以获得稳定的图谱。

D.相位偏移：用于调整图谱相位，参数从–180°～180°范围内可选。

E.图谱累计时间：PRPD图谱累加时间，单位为秒，可选时间1s、2s、5s、10s、20s、30s。

F.噪声滤除：噪声滤除开启/关闭，默认为开启状态。

G.固定尺度：用于固定TEV检测幅值范围，关闭时系统自动调整为自适应幅值范围，开启后需要进行幅值范围设定。

H.固定尺度幅值范围设定：开启固定尺度后，可以设置固定幅值的上下限，上限为80，下限为–20，单位为dBmV。

⑥检测模式。

第一，暂态地电压（TEV）有三种检测模式，分别为连续模式、相位模式、实时模式，如图2-1-19所示。

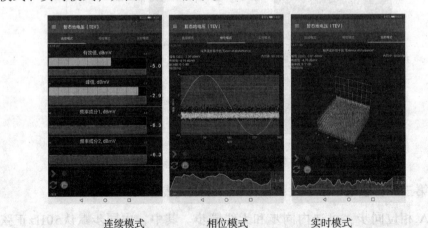

连续模式　　　　　相位模式　　　　　实时模式

图2-1-19　暂态地电压（TEV）的三种检测模式界面

第二，检测界面一般显示有当前检测模式下的具体信号，包含检测同步方式、检测数值、频率成分、幅值范围等信息，视不同的检测界面显示信息有所不同。相位模式和实时模式基本参数一致，这里仅对相位模式下

448

的界面进行说明，实时模式参考。

⑦测试环境（空气和金属）中的背景值。一般情况下，测试金属背景值时可选择室内远离开关柜的金属门窗。测试空气背景时，可在室内远离开关柜的位置，放置一块20cm×20cm的金属板，将传感器贴紧金属板进行测试。

⑧开关柜暂态地电压（TEV）测试：

第一，进行暂态地电压测试时，应使PD74i设备暂态地电压传感器紧贴在被测开关柜表面，不能与开关柜表面存在角度，避开观察窗、柜体表面粘贴物等非金属或不能完全贴合的地方进行检测。

第二，暂态地电压背景测试分为空气背景和金属背景检测：空气背景检测以不带电不接地金属为测点，金属背景检测以不带电接地金属为测点。空气背景检测可选测试闲置的断路器手车、消防箱等设备，金属背景值以高压室门窗、接地排等为测点，测量时需要记录暂态地电压背景测试值。

第三，进入开关柜暂态地电压测试任务后，需要对高压室内的所有开关柜进行暂态地电压检测。开关柜测点一般选择：前面板中部、下部，后部的上部、中部、下部五个测试点，对于最外侧布置的开关柜，还需测量侧上、侧中、侧下的暂态地电压数值。对于特殊的不具备测试条件的测点，可不进行测试，在测试数据备注信息栏中说明。测试过程中应实时保存暂态地电压的数据，检测位置可参考图2-1-20。

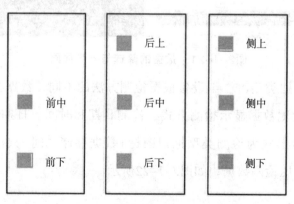

图2-1-20　暂态地电压局部放电检测推荐检测位置

⑨确认洁净后，将暂态地电压传感器紧贴于金属壳体外表面，检测时传感器应与开关柜壳体保持相对静止，人体不能接触暂态地电压传感器，应尽可能保持每次检测点的位置一致，以便于进行比较分析。

⑩在显示界面观察检测到的信号，待读数稳定后，如果发现信号无异常，幅值较低，则记录数据，继续下一点检测。

⑪测数据存储与查看：

第一，数据的筛选与排序可对数据文件夹内的数据进行排序，点击下方排序图标可对显示数据/文件夹进行以时间递增/递减进行排序。点击下方"所有类型"，可根据数据类型进行筛选，如图2-1-21所示。

图2-1-21　数据的筛选与排序界面

第二，数据类型PD74i设备根据检测方法的不同，数据存储的图标也不同。每条检测数据显示检测方式、检测日期和时间。日期格式：年/月/日。数据显示形式为检测类型标识图标+数据存储时间+数据类型文字说明，暂态地电压检测数据，如图2-1-22所示。

450

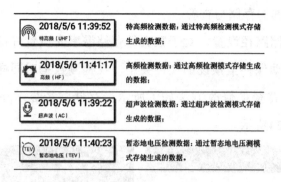

2018/5/6 11:39:52 特高频（UHF）	特高频检测数据：通过特高频检测模式存储生成的数据；	
2018/5/6 11:41:17 高频（HF）	高频检测数据：通过高频检测模式存储生成的数据；	
2018/5/6 11:39:22 超声波（AC）	超声波检测数据：通过超声波检测模式存储生成的数据；	
2018/5/6 11:40:23 暂态地电压（TEV）	暂态地电压检测数据：通过暂态地电压测模式存储生成的数据。	

图2-1-22　数据生成类型界面

第三，数据文件夹创建与修改数据文件夹结构根目录为"/"，作为PD74i数据存放的基本目录。根目录下可创建文件夹，同时用户也可在任意位置新建文件夹。为实现测试数据的有序存储，测试前应根据被测设备的信息建立相应的文件夹。合理规划文件夹结构，将方便测试数据的归档，利于后续分析，存储数据可存储在任何一个文件内。文件夹的修改与删除，选择对应选项即可。删除按键不仅可以对文件进行删除也可对保存的数据文件进行删除（删除操作不可逆），如图2-1-23所示。

图2-1-23　文件夹的修改与删除界面

第四，数据的存储与查看。

A.数据存储路径设置。对于数据的存储需事先设置好指定的目录，存储的数据将自动保存至预设的文件夹中。在检测数据时同样可以修改存储的路径。存储路径的修改方法如下所示。存储路径显示在检测页面的下方，如图2-1-24所示。

图2-1-24　数据的存储路径设置界面

B.数据的存储。在任意检测模式中，可持续存储任意时间段的数据。点击测试界面左下角"红圈"开启数据存储，再次点击"红圈"完成数据的录制，如图2-1-25所示。并提示数据已保存及数据存储位置。根据常规设置中"保存时自动弹出备注框"功能的开关，存储的过程略有不同。取消勾选自动弹出备注框时数据自动存储且无任何提示。勾选自动弹出备注框时数据自动存储的同时弹出数据备注框。特别说明：备注框弹出时数据已经完成了存储，只是增加了一次备注的过程。数据存储方式：第一步，建立一级文件夹，文件夹名称（变电站名+检测日期）；第二步，建立二级文件夹，文件夹名称（设备名称+调度号）；第三步，文件名（被测部位+测试点）。当检测到异常时，需对该设备相邻的同型设备的相同位置进行检测并分别建立文件进行信号幅值和放电波形的记录。每个记录部位应记录不少于5个信号幅值数据和3张放电波形图谱，且应尽量在减少外界干扰的情况下进行，以便于信号诊断分析。

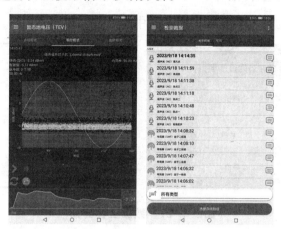

图2-1-25　数据的存储界面

　　C.存储数据的查看。选择需要打开的检测数据，点击"回放"即可查看保存的数据，如图2-1-26所示。测试主机保存的数据为测试的原始数据，回放期间可切换查看模式，在对应模式下查看数据。检测模式根据不同的检测方法而不同。

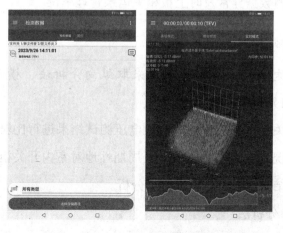

图2-1-26　存储数据的查看界面

4.检测步骤数据上传

可通过USB线将主机与电脑相连，并将数据上传到电脑中，如图2-1-27所示。

点击软件中上传图标，在弹出的对话框中选择要上传至电脑中的数据。上传成功的数据会在数据档案栏中显示。

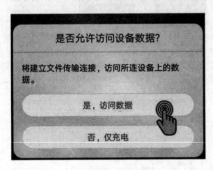

图2-1-27 数据上传界面

（四）检测验收

①检查检测数据是否准确、完整。

②对有疑问的数据进行复测，确认数据正确。

③整理仪器、仪表，检查并清扫作业现场。

④发现检测数据异常及时上报相关运维管理单位。

（五）检测数据分析与处理

1.暂态地电压结果分析方法可采取纵向分析法、横向分析法

（1）纵向分析法

对同一开关柜不同时间的暂态地电压测试结果进行比较，从而判断开关柜的运行状况。需要电力工作人员周期性地对室内开关柜进行检测，并将每次检测的结果存档备份，以便于分析。

（2）横向分析法

对同一个室内同类开关柜的暂态地电压测试结果进行比较，从而判断

开关柜的运行状况。当某一开关柜个体测试结果大于其他同类开关柜的测试结果和环境背景值时，推断该设备有存在缺陷的可能。

2.判断指导原则

①若开关柜检测结果与环境背景值的差值大于20dBmV，须查明原因。

②若开关柜检测结果与历史数据的差值大于20dBmV，须查明原因。

③若本开关柜检测结果与邻近开关柜检测结果的差值大于20dBmV，须查明原因。

④必要时，进行局放定位。

（六）检测原始数据和报告

1.原始数据

在检测过程中，应随时保存或记录暂态地电压检测原始数据。

2.检测报告

①现场检测结束后，应在15个工作日内将检测数据整理完毕并录入系统。

②出具检测报告，对于存在异常的开关柜隔室，应附检测图片和缺陷分析。

③暂态地电压局部放电检测报告格式见附录2-1-10。

附录2-1-10：暂态地电压局部放电检测报告

暂态地电压局部放电检测报告

一、基本信息

变电站		委托单位		试验单位		
试验性质		试验日期		试验人员		试验地点
报告日期		编制人		审核人		批准人
试验天气		温湿度		背景噪声		设备负荷

二、设备铭牌

运行编号		生产厂家		额定电压	
投运日期		出厂日期		出厂编号	
设备型号					

三、检测数据

序号	开关柜编号		前中	前下	后上	后中	后下	侧上	侧中	侧下	负荷A	备注（可见光照片）	结论
1		前次											
		本次											
2		前次											
		本次											
3		前次											
		本次											
4		前次											
		本次											
5		前次											
		本次											
6		前次											
		本次											
特征分析													
背景值													
仪器厂家													
仪器型号													
仪器编号													
备注													

变电设备主人综合业务
开关柜局部放电检测标准化作业指导卡

变电站名称：＿＿＿＿ 电压等级：＿＿＿＿ 被试设备名称及编号：＿＿＿＿

检测仪器型号：＿＿＿＿＿＿＿ 检测仪器生产厂家：＿＿＿＿＿＿

检测现场环境温度：＿＿＿ 检测现场环境湿度：＿＿＿ 指导卡编号：＿＿＿

一、准备阶段

序号	准备工作	内容	√
1	召开班前会	分工明确，任务落实到人，安全措施到位；明确危险点及控制措施	
2	劳动组织及人员要求	作业人员着装符合要求，有批准权限	
3	作业人员明确作业标准	作业人员熟悉作业内容、作业标准	
4	危险点分析、预控	安全措施及危险点预控到位	
5	工器具检查、准备	暂态地电压局部放电检测仪，测试线等检查完好、齐全	

二、实施阶段

序号	内容	注意事项	√
1	进入检测场地	核对设备名称，明确工作范围	
		记录设备信息、检测时间、环境温湿度等信息	
		仪器、工器具摆放整齐	
2	仪器设置	正确连接仪器（传感器、检测主机）	
		设定仪器参数：测试模式（连续模式、相位模式、实时模式）、同步方式等参数设置正确	
		设置图谱保存路径	
		检查确认仪器通信连接、同步等状态	
		仪器自检，确保仪器检测功能正常	
3	背景检测	测试金属背景值时，可选择室内远离开关柜的金属门窗	
		测试空气背景时，可在室内远离开关柜的位置，放置一块20cm×20cm的金属板，将传感器贴紧金属板进行测试	

序号	内容	注意事项	√
4	开关柜暂态地电压（TEV）测试	将传感器紧贴在被测开关柜表面，不能与开关柜表面存在角度，避开观察窗、柜体表面粘贴物等非金属或不能完全贴合的地方进行检测	
		开关柜测点一般选择：前面板中部、下部，后部的上部、中部、下部五个测试点，对于最外侧布置的开关柜，还需测量侧上、侧中、侧下的暂态地电压数值	
		对于特殊的不具备测试条件的测点，可不进行测试，在测试数据备注信息栏中说明	
		测试过程中应实时保存暂态地电压的数据	
		若开关柜检测结果与环境背景值的差值大于20dBmV，须查明原因	
		若开关柜检测结果与历史数据的差值大于20dBmV，须查明原因	
		若本开关柜检测结果与邻近开关柜检测结果的差值大于20dBmV，须查明原因	
5	数据存储及上传	将数据存储在文件夹内中	
		将主机与电脑相连，上传数据	

三、结束阶段

序号	内容	注意事项	√
1	完工场地清洁	清理工作现场，将工器具全部收拢并清点，废弃物按相关规定处理，材料回收清点	
2	召开班后会	对本次作业进行总结	
3	填写相关记录	规范填写	

作业时间： 年 月 日 时 分至 年 月 日 时 分

工作人员：_____ 工作负责人：_____

三、开关柜放电地电波（超声波）检测

（一）检测条件

1.环境要求

①环境温度宜在−10～40℃。

②环境相对湿度不高于80%。

③室内检测应尽量避免气体放电灯、排风系统电机、手机、雷达、电动马达、相机闪光灯、电子捕等干扰源对检测的影响。

④通过地电波（超声波）局部放电检测仪器检测到的背景噪声幅值较小，无50Hz或100Hz频率相关性，不会掩盖可能存在的局部放电信号，不会对检测造成干扰。其中50Hz频率相关性为1个工频周期出现1次放电信号，100Hz频率相关性为1个工频周期出现2次放电信号。

2.待测设备要求

①开关柜处于带电状态。

②开关柜投入运行超过30min。

③开关柜金属外壳清洁并可靠接地。

④开关柜上无其他外部作业。

⑤退出电容器、电抗器开关柜的自动电压控制系统（AVC）。

3.人员要求

进行地电波（超声波）局部放电带电检测的人员经过上岗培训并考试合格后，应具备如下条件：

①接受过地电波（超声波）局部放电带电检测培训，熟悉地电波（超声波）局部放电检测技术的基本原理、诊断分析方法，了解地电波（超声波）局部放电检测仪器的工作原理、技术参数和性能，掌握地电波（超声波）局部放电检测仪器的操作方法，具备现场检测能力。

②了解被测开关柜的结构特点、工作原理、运行状况和导致设备故障

的基本因素。

③具有一定的现场工作经验，熟悉并能严格遵守电力生产和工作现场的相关安全管理规定。

④检测当日身体状况和精神状况良好。

4.安全要求

①应严格执行《国家电网公司电力安全工作规程（变电部分）》的相关要求。

②地电波（超声波）局部放电带电检测工作不得少于两人。工作负责人应由有检测经验的人员担任，开始检测前，工作负责人应向全体工作人员详细布置检测工作的各安全注意事项，应有专人监护，监护人在检测期间应始终履行监护职责。

③在进行检测时，要防止误碰、误动设备。

④检测时检测人员和检测仪器应与设备带电部位保持足够的安全距离。

⑤检测中应保持仪器使用的信号线完全展开，避免与电源线（若有）缠绕，收放信号线时禁止随意舞动，并避免信号线外皮受到刮蹭。

⑥在使用传感器进行检测时，避免手部直接接触传感器金属部件。

⑦检测现场出现异常情况（如异音、电压波动、系统接地等），应立即停止检测工作并撤离现场。

⑧在使用地电波（超声波）传感器进行检测时，如果有明显的感应电压，应戴绝缘手套，避免手部直接接触传感器金属部件。

5.仪器要求

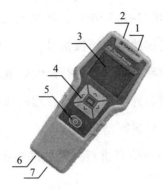

图2-1-28　地电波（超声波）检测仪

1.超声波传感器；2.TEV传感器；3.液晶屏；4.按键；5.电源开关；6.耳机接口；

7.充电器接口

（1）地电波（TEV）检测的单元功能

地电波（TEV）检测原理图如图2-1-29所示，各单元功能如下：

①传感器：检测局部放电信号。

②数据采集及输入单元：采集传感器所检测到的放电信号，并将该信号输入至数据处理单元。

③数据处理单元：分析采集到的局部放电信号，并将数据转换成以dB为单位的电平值。

④显示单元：显示所测得的数据。

⑤控制单元：控制仪器的开关及测试。

⑥充电单元及电池：给仪器供电。

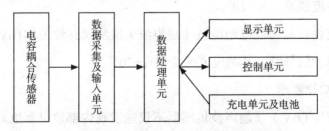

图2-1-29　地电波（TEV）检测原理图

（2）超声波检测单元功能

超声波检测原理图如图2-1-30所示，各单元功能如下：

①声传感器：检测局部放电超声波信号。

②前置放大器：对检测到的信号进行放大处理。

③滤波器：对检测到的外界信号进行合理的滤波处理。

④增益：对有效的信号进行增益处理。

⑤外差电路：将超声波信号进行外差处理转换为人耳可以听到的声音信号。

⑥显示：显示与局部放电相关的数据。

⑦耳机：对转换后的可闻声音信号进行听取从而进行判断。

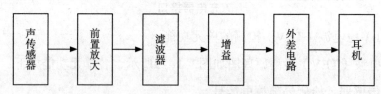

图2-1-30　超声波检测原理图

（3）主要技术指标

①峰值检测频率在20～80kHz。

②灵敏度：峰值灵敏度一般不小于60dB[V/（m/s）]，均值灵敏度一般不小于40dB［V/（m/s）]。

③对于非接触方式的地电波（超声波）检测仪，主谐振频率一般在40kHz左右。

④线性度误差：≤±20%。

⑤稳定性：局部放电地电波（超声波）检测仪连续工作1h后，注入恒定幅值的脉冲信号时，其响应值的变化≤±20%。

（4）功能要求

地电波（TEV）及超声波传感器不仅能发现内部放电和电晕，还可以发现表面放电，而且能提供可读出的局部放电幅度（dB）和单位时间内的放电脉冲数和放电剧烈程度，并可以通过耳机听到表面放电的声音，是一种适合分析所获得数据的仪器，可以较好地评估电气设备局部放电情况。其功能特点如下：

①使用TEV法检测设备的内部放电活动。

A.幅值检测界面能显示幅值，并用蓝、橙、红三色来指示放电的严重程度。

B.脉冲检测界面下可以显示幅值、脉冲数（两秒钟内）以及剧烈程度。

②使用超声波法检测开关设备的表面放电活动，显示出所测得的幅值，并有蓝、橙、红三种颜色来指示放电的严重程度，主机可以连接耳机，可从耳机中听到放电声音。

③现场使用简单，操作方便。

④可以快速地对室内的所有开关柜进行测试，了解设备的运行状况。

⑤特殊防撞设计，适合现场使用。

⑥由可充电的内部电池供电。

（二）检测准备

①了解被测设备的型号、制造厂家、安装日期等信息。

②了解被测设备的检修情况、运行状况。

③检查保证安全的组织措施和技术措施已做好。

④按相关安全生产管理规定办理工作许可手续。

⑤配备与检测工作相符的数据记录表格，上次检测的记录、标准化作业指导卡（见附录2-1-13）。

⑥检查仪器电量充足，存储卡容量充足。

⑦检查现场具备工频同步电源，禁止从运行设备上接取检测用电源。

⑧检查仪器仪表、工器具齐备完好，并运至检测现场，仪器、工器具

准备见表2-1-3。

表2-1-3 工器具准备

序号	名　称	规格	单位	数量	备注
1	开关柜局部放电检测仪	PEV-100	套	1	
2	温湿度计	—	块	1	
3	金属板	20cm×20cm	块	1	
4	绝缘梯	—	个	1	

（三）检测方法

1.检测流程

地电波（超声波）局部放电检测流程如图2-1-31所示。

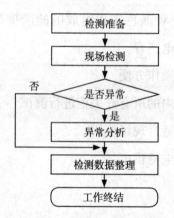

图2-1-31　地电波（超声波）局部放电检测流程

2.检测步骤

（1）检测仪开机

长按开机键4s后检测仪开机并进入模式选择界面，如图2-1-32所示。

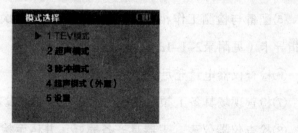

图2-1-32　模式选择界面

通过导航键上、下、左、右及OK键选择设备工作模式。

（2）TEV功能

在默认的连续模式下，通过导航键及OK键选择TEV模式，即进入TEV检测模式。设备器前端紧贴在开关柜表面2s后，界面显示测得的TEV强度，如图2-1-33所示。

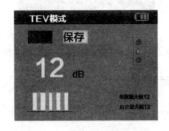

图2-1-33　TEV测量模式界面

①历史最大值为本次开机所有测量组别中的最大值。

②当前最大值表示选择当前TEV功能后的测的最大值。

③左下方为最近5秒钟内的TEV强度柱状图，其颜色随着TEV值的变化而变化。

④右侧为报警灯设置，由弱到强依次为蓝色预警、橙色预警、红色预警。

⑤左上方的返回和保存按键，通过左右按键来回切换，被选中的按键会显示深蓝色，可以触发这个按键的功能。采集的时候，会连续存储5个数据到SD卡里，并且会弹出对话框，要求输入存储的编号，如图2-1-34所示。

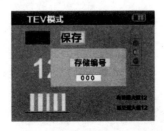

图2-1-34　TEV测量存储的编号界面

当存储完成时，会弹出对话框，提示存储完成，按OK键确认即可，如图2-1-35所示。

图2-1-35　TEV测量存储完成界面

在单次模式下的界面如下图，图中出现采集按键，每选中采集按键，屏幕就会显示一次采集的数据，其余的存储和返回操作与连续模式相同，如图2-1-36所示。

图2-1-36　TEV测量单次模式下界面

（3）超声功能

设备开机后，通过导航键及OK键选择超声模式，即进入超声检测功能。将设备超声传感器对准所测部位（非接触）2s后，界面显示测得的超声强度。同时可将耳机插入主机耳机插孔，监听开关柜内超声信号，如图2-1-37所示。

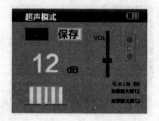

图2-1-37　超声检测功能界面

①GAIN为增益值，如当选择GAIN为60时，超声测量范围为0～68dB。

②左下方为最近5s内的超声强度柱状图，其颜色随着超声值的变化而变化。

③右侧为报警灯设置，由弱到强依次为蓝色预警、橙色预警、红色预警。

④中间的蓝色柱状即为耳机音量的大小显示，可以通过上下按键来调节声音大小。

⑤左上方的返回和保存按键，通过左右按键来回切换，被选中的按键会显示深蓝色，OK键可以触发这个按键的功能。采集的时候，会连续存储5个数据到SD卡里，并且会弹出对话框，要求输入存储的编号，如图2-1-38所示。

图2-1-38　超声检测存储的编号界面

当存储完成时，会弹出对话框，提示存储完成，按OK键确认即可，如图2-1-39所示。

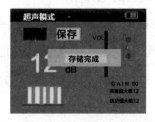

图2-1-39　超声检测存储完成界面

（4）超量程测量

①当选择GAIN设定为100时，超声测量范围为-7～25dB。

②当界面显示GAIN100时，当测量值超过25dB时，界面显示OR，此时需减小放大倍数才可准确测量，如图2-1-40所示。

图2-1-40　超量程测量界面

（5）脉冲测试功能

通过导航键及OK键选择脉冲模式，即进入脉冲计数功能，如图2-1-41所示。

图2-1-41　脉冲计数功能界面

①测量方法同TEV检测法，界面显示测得的2秒钟内脉冲个数及单周期内脉冲个数以及此时所设置的电源频率。

②左上方的返回和保存按键，通过左右按键来回切换，被选中的按键会显示深蓝色，按OK键可以触发这个按键的功能，采集的时候，会连续存储5个数据到SD卡里，并且会弹出对话框，要求输入存储的编号，如图2-1-42所示。

图2-1-42 脉冲测试存储编号界面

当存储完成时，会弹出对话框，提示存储完成，按下按OK键确认即可，如图2-1-43所示。

图2-1-43 脉冲测试存储完成界面

（6）超声外置功能

通过导航键及OK键进入超声模式，如图2-1-44所示。

图2-1-44 超声外置功能界面

①将设备超声外接的传感器对准所测部位（非接触）2s后，界面显示测得的超声强度。

②左下方为最近5秒钟内的超声强度柱状图，其颜色随着超声值的变化而变化。

③右侧为报警灯设置，由弱到强依次为蓝色预警，橙色预警，红色预警。

④中间的蓝色柱状即为耳机音量的大小显示，可以通过上、下按键来调节声音大小。

⑤左上方的返回和保存按键，通过左右按键来回切换，被选中的按键会显示深蓝色，按OK键可以触发这个按键的功能。采集的时候，会连续存储5个数据到SD卡里，并且会弹出对话框，要求输入存储的编号，如图2-1-45所示。

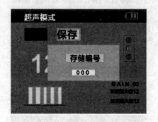

图2-1-45　超声外置功能存储编号界面

⑥当存储完成时，会弹出对话框，提示存储完成，按OK键确认即可，如图2-1-46所示。

图2-1-46　超声外置功能存储完成界面

（7）设置功能

通过导航键及OK键选择设置，即进入设置界面，如图2-1-47所示。

图2-1-47　设置功能界面

在此功能菜单下，可对超声波测量功能的报警阈值及放大倍数进行自定义设置，可对TEV测量功能的报警阈值进行自定义设置。

①超声设置。

A.红色预警值设置：设置红色预警值时，通过方向键及将光标移动至红色选项，然后按下按键，此时数值显示为蓝色，通过方向键即可以改变设置预警数值，如图2-1-48所示。

图2-1-48　超声红色预警值设置界面

B.橙色预警值设置：通过方向键及将光标移动至橙色选项，然后按下按键，此时数值显示为蓝色，通过方向键可以改变设置预警数值。橙色预警设置值不得高于红色预警值，如图2-1-49所示。

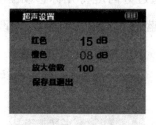

图2-1-49　超声橙色预警值设置界面

②TEV设置。

A.红色预警值设置：通过方向键将光标移动至红色选项，然后按下按键，此时数值显示为蓝色，通过方向键可以改变设置预警数值，如图2-1-50所示。

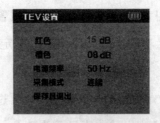

图2-1-50　TEV红色预警值设置界面

B.橙色预警值设置：通过方向键及将光标移动至橙色选项，然后按下按键，此时数值显示为蓝色，通过方向键可以改变设置预警数值。橙色预警设置值不得高于红色预警值，如图2-1-51所示。

图2-1-51　TEV橙色预警值设置界面

C.电源频率设置：通过方向键将光标移动至电源频率选项，然后按下按键，此时数值显示为蓝色，通过方向键可以改变设置电源频率，如图2-1-52所示。

图2-1-52　TEV电源频率设置界面

D.采集模式设置：通过方向键及将光标移动至采集模式选项，然后按下按键，此时数值显示为蓝色，通过方向键可以改变设置采集模式，如图2-1-53所示。设置完成后，选择"保存且退出"，按OK键完成设置。

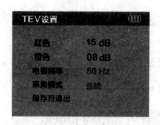

图2-1-53　TEV采集模式设置界面

（8）背景噪声检测及干扰源排除

开关柜设备通常置于变电站中的开关室内，将TEV传感器紧贴在开关室的铁门等不和电气设备连接的金属表面，观察主机读数，应<15dB。再将TEV传感器置于开关室内的空中（尽量远离电气设备），此时读数应为0dB。如背景噪声值较大，应查找并排除干扰源，再进行背景噪声复测。影响测量的干扰源主要有以下几点：无线基站、轨道交通、飞机噪音、照明灯具、氖泡闪烁器、开关电源或电池充电器。

（9）测量位置TEV

测量时，每一个柜子都要进行检测，分上、中、下三点测量，并记录数据，再换到旁边的位置继续测量。

（10）对于缝隙的扫描超声波测量

在测量过程中，应将超声波传感器沿着开关柜上的缝隙扫描检测。一般为前柜面板与柜体间的缝隙，后柜面板与柜体间的缝隙，检测中保证传感器与信号源之间具有空气传播通道。在显示界面观察检测到的信号，并注意耳机声音有无明显异常。对无异常的测试点，至少保存一组检测数据，如发现异常应进行多次检测。

（四）检测验收

①检查检测数据是否准确、完整。

②对有疑问的数据进行复测，确认数据正确。

③整理仪器、仪表，检查并清扫作业现场。

④发现检测数据异常及时上报相关运维管理单位。

（五）检测数据分析与处理

①检测过程中如发现异常，则在异常点附近区域进行多点检测。

②必要时，可结合设备内部结构和放电类型，观察柜内设备是否有放电痕迹，若发现痕迹，可记录影像资料。

③测量后可观察所有开关柜测得的数值是否一致，如果所有或大多数开关柜测得的数值差别不大，那么这个数值可视为开关柜的背景数值。遇到个别大的数值时再具体分析。

④根据经验，开关柜内部设备为电缆接头或开关柜上部距离母线排、电缆铜排时测得的背景数值会偏高，这是正常的。

⑤开关室内的墙壁上照明灯打开时，在测量靠近照明灯的开关柜所得的数值有可能会偏高。

⑥测量时，在开关室内接打电话可能会使测得的数值偏高。

⑦地电波（TEV）检测分析见表2-1-4。

表2-1-4　地电波（TEV）检测分析

序号	TEV读数	结论
1	高背景读数，即大于20dB	高水平噪声可能会掩盖开关柜内的放电
		可能是由于外部的影响，应该消除外部干扰源再重新测试，或使用局部放电监测仪以识别开关柜中的任何放电
2	如果开关柜和背景基准的所有读数都小于20dB	无重大放电，每年一次重新检查
3	开关柜读数比背景水平高10dB，且读数大于20dB（绝对值，亦即不是比背景高20dB），以及计数值高于50	很有可能在开关柜内有内部放电活动
		建议用局部放电定位器或局部放电监测仪做进一步的检查
4	计数的计数率大于1000	在该区域中可能有背景电磁干扰。如果读数大于20dB，则建议安装一个局部放电监测仪来识别外部电磁活动

序号	TEV读数	结论
4	计数的计数率大于1000	表面放电可能会产生高的计数率。如果是这样，则会存在超声波信号并可用PEV-100来检测到（如果存在空气传播路径的话）

⑧超声波检测分析，见表2-1-5。

表2-1-5　超声波检测分析

序号	声音	定值大小	危险等级	危险说明	策略
1	耳机中无局部放电声音	不考虑数值大小	正常	可以运行	按正常检测周期进行下一次检测
2	耳机中存在明显的局部放电声音	P≤8dB	正常	可以运行	按正常检测周期进行下一次检测
		8dB<P≤20dB	异常	关注	将异常（关注）的开关柜的检测周期缩短为1个月
		20dB<P≤30dB	危险	预警	定位局部放电源所在开关柜，将异常（预警）开关柜的检测周期缩短为1周
		P>30dB		需要停电	定位局部放电源所在开关柜，立即进行检修

⑨结果分析。坚持开展巡检工作，不断累积检测数据，有利于统计分析技术和趋势分析技术。通过对累积数据的循环利用，获得更为准确的分析结果。

（六）检测原始数据和报告

1.原始数据

在检测过程中，应随时保存或记录地电波（超声波）检测原始数据。

2.检测报告

①现场检测结束后，应在15个工作日内将检测数据整理完毕并录入系统。

②出具检测报告，对于存在异常的开关柜隔室，应附检测图片和缺陷分析。

③地电波（超声波）局部放电检测报告格式见附录2-1-12。

地电波（超声波）局部放电检测报告

一、基本信息

变电站		委托单位		试验单位		运行编号	
试验性质		试验日期		试验人员		试验地点	
报告日期		编写人		审核人		批准人	
试验天气		环境温度（℃）		环境相对湿度（%）			

二、设备铭牌

生产厂家		出厂日期		出厂编号		
设备型号		投运日期		额定电压（kV）		

三、检测数据

背景噪声						

序号	检测位置	检测数值（dB）	图谱文件	负荷电流（A）	结论	备注（可见光照片）
1						
2						
3						
4						
5						
6						
7						
8						
9						
10						
11						
12						
13						

序号	检测位置	检测数值（dB）	图谱文件	负荷电流（A）	结论	备注（可见光照片）
14						
15						
16						
17						
18						
19						
20						
特征分析						
背景值						
仪器厂家						
仪器型号						
仪器编号						
备注						

注：异常时记录负荷和图谱，正常时记录数值

变电设备主人综合业务
开关柜放电地电波（超声波）检测标准化作业指导卡

变电站名称：_____ 电压等级：_____ 被试设备名称及编号：_____

检测仪器型号：_____ 检测仪器生产厂家：_____

检测现场环境温度：____ 检测现场环境湿度：____ 指导卡编号：_____

一、准备阶段

序号	准备工作	内容	√
1	召开班前会	分工明确，任务落实到人，安全措施到位，明确危险点及控制措施	
2	劳动组织及人员要求	作业人员着装符合要求，有批准权限	
3	作业人员明确作业标准	作业人员熟悉作业内容、作业标准	
4	危险点分析、预控	安全措施及危险点预控到位	
5	工器具检查、准备	开关柜局部放电检测仪，金属板等检查完好、齐全	

二、实施阶段

序号	内容	注意事项	√
1	进入检测场地	核对设备名称，明确工作范围	
		记录设备信息、检测时间、环境温湿度等信息	
		仪器、工器具摆放整齐	
2	仪器设置	检测仪开机	
		选择设备工作模式–TEV模式	
3	背景检测	检测前应进行背景局放测试。在10kV高压室不带电物体上（门）进行背景检测，并记录检测数据	
4	现场测试	开关柜地电波检测应对开关柜前、后、左、右；上、中、下各部位进行测量	
		测量时应使探头轻触开关柜柜体	
		检测过程中如发现异常，则在异常点附近区域进行多点检测	

序号	内容	注意事项	√
4	现场测试	必要时，可结合设备内部结构和放电类型，观察柜内设备是否有放电痕迹，若发现痕迹，可记录影像资料 测量后可观察所有开关柜测得的数值是否一致，如果所有或大多数开关柜测得的数值差别不大，那么这个数值可视为开关柜的背景数值	
5	判断依据	依据国家电网公司《电力设备带电检测技术规范》： ①正常：无典型放电波形或音响，且数值≤8dB ②异常：数值>8dB且≤15dB ③缺陷：数值>15dB 判断方法：实际值=实测值−背景测试值	

三、结束阶段

序号	内容	注意事项	√
1	完工场地清洁	清理工作现场，将工器具全部收拢并清点，废弃物按相关规定处理，材料回收清点	
2	召开班后会	对本次作业进行总结	
3	填写相关记录	规范填写	

作业时间： 年 月 日 时 分至 年 月 日 时 分

工作人员：_____ 工作负责人：_____

四、组合电器特高频局放检测

（一）检测条件

1.环境要求

①环境温度不宜低于5℃。

②环境相对湿度不宜大于80%。

③应在良好的天气下进行，若在室外不应在有雷、雨、雪、雾等恶劣环境进行检测。

④检测时，应避免手机、雷达、电动马达、照相机闪光灯等无线信号的干扰。

⑤检测时，应避免大型设备振动源等带来的影响。

⑥在室内检测时，应避免气体放电灯、电子驱鼠器等对检测数据的影响。

2.待测设备要求

①设备处于运行状态或加压到额定运行电压。

②设备外壳清洁、无覆冰。

③设备上无其他外部作业。

④新安装及检修设备投入时，运行时间应在30min以上。

⑤气体绝缘设备应处于额定气体压力状态。

⑥盆式绝缘子为非金属封闭或有金属屏蔽，但有浇注口或内置有特高频传感器，并具备检测条件。

3.人员要求

进行特高频局部放电带电检测的人员经过上岗培训并考试合格后，应具备如下条件：

①熟悉特高频局部放电检测技术的基本原理和诊断分析方法。

②了解特高频局部放电检测仪的工作原理、技术参数和性能。

③掌握特高频局部放电检测仪的操作方法。

④了解被测电力设备的结构、工作原理、运行状况和导致设备故障的基本因素。

⑤具有一定的现场工作经验，熟悉并能严格遵守电力生产和工作现场的相关安全管理规定。

4.安全要求

①应严格执行国家电网公司《电力安全工作规程（变电部分）》的相关要求。

②特高频局部放电检测工作不得少于2人。检测负责人应由有经验的人员担任，开始检测前，检测负责人应向全体检测人员详细交代检测中的安全注意事项。

③应在良好的天气下进行，户外作业如遇雷、雨、雪、雾时，不得进行该项工作；当风力大于5级时，不宜进行该项工作。

④检测时，检测人员及检测仪器应与设备带电部位保持足够的安全距离，并避开设备防爆口或压力释放口。

⑤检测时，要防止误碰、误动设备。

⑥行走中注意脚下状况，防止踩踏设备管道。

⑦检测时，防止特高频传感器坠落而误碰运行设备和试验设备。

⑧保证被测设备绝缘良好，防止低压触电。

⑨在使用特高频传感器进行检测时，应戴绝缘手套，避免手部直接接触传感器金属部件。

⑩测试现场出现明显异常情况时，如异音、电压波动、系统接地等，应立即停止测试工作并撤离现场。

⑪使用同轴电缆的检测仪器在检测中应保持同轴电缆完全展开，并避免同轴电缆外皮受到剐蹭。

5.仪器要求

特高频局部放电检测一般由特高频传感器、信号放大器、滤波器、检测主机等组成。特高频传感器分为安装在设备内部的内置传感器和安装在设备外部的外置传感器两种。

（1）主要技术指标

①检测频率范围：通常选用300～3000MHz的某个子频段，典型的如300～1500MHz。

②传感器在300～1500MHz频带内平均有效高度不小于8mm。

③灵敏度：≤7V/m。

④动态范围：≥40dB。

（2）功能要求

①可显示信号幅值大小。

②报警阈值可设定。

③检测仪器具备抗外部干扰的功能。

④测试数据可存储于本机并可导出。

⑤可用外施高压电源进行同步，并可通过移相的方式，对测量信号进行观察和分析。

⑥可连接GIS内置式特高频传感器。

⑦按预设程序定时采集和存储数据的功能。

⑧具备检测图谱显示，提供局部放电信号的幅值、相位、放电频次等信息中的一种或几种，并可采用波形图、趋势图等谱图中的一种或几种进行展示。

⑨具备放电类型识别功能。能判断GIS中的典型局部放电类型，如自由金属颗粒放电、悬浮电位体放电、沿面放电、绝缘件内部气隙放电、金属尖端放电等，或给出各类局部放电发生的可能性，诊断结果应当简单明确。

（二）检测准备

①了解被测设备的型号、制造厂家、安装日期等信息。

②了解被测设备的检修情况、运行状况及设备压力。

③掌握被测设备特高频局部放电检测的历史数据。

④检查保证安全的组织措施和技术措施已做好。

⑤按相关安全生产管理规定办理工作许可手续。

⑥配备与检测工作相符的数据记录表格、上次检测的记录、标准化作业指导卡（见附录2-1-15）。

⑦检查仪器电量充足，存储卡容量充足。

⑧检查现场具备工频同步电源，禁止从运行设备上接取检测用电源。

⑨检查现场SF$_6$设备防爆膜和压力释放阀位置，检测时应避开。

⑩检查仪器仪表、工器具齐备完好，并运至检测现场，仪器、工器具准备见表2-1-6。

表2-1-6　仪器、工器具准备

序号	名称	规格	单位	数量	备注
1	多功能局部放电巡检仪（上海格鲁布）	PD74I	套	1	
2	特高频局放测试仪（上海格鲁布）	PD71	套	1	
3	脉冲信号发生器	—	—	1	
4	干扰信号发生器	JS-CL20	个	1	
5	屏蔽袋		个	2	
6	绝缘尺	—	个	1	
7	十字螺丝刀	200mm	把	2	
8	一字螺丝刀	100mm	把	2	
9	温湿度计		块	1	
10	线手套		双	4	

（三）检测方法

1.检测接线

在采用特高频法检测局部放电的过程中，应按照所使用的特高频局放检测仪操作说明，连接好传感器、信号放大器、检测仪器主机等各部件，通过绑带（或人工）将特高频传感器固定在盆式绝缘子上，必要的情况下可以接入信号放大器。具体连接示意图如图2-1-54所示。

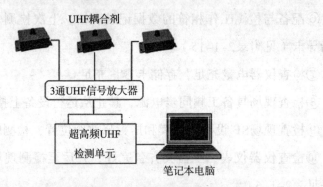

图2-1-54 特高频局部放电检测仪连接示意图

2.检测步骤

在采用特高频法检测局部放电时，操作流程如下：

（1）设备连接

按照设备接线图连接测试仪各部件，将特高频传感器固定在盆式绝缘子上，将检测仪主机及传感器正确、可靠接地，电脑、检测仪主机连接电源，开机。

（2）工况检查

开机后，运行检测软件，检查主机与电脑通信状况、同步状态、相位偏移等参数。进行系统自检，确认各检测通道均工作正常。

（3）设置检测参数

设置变电站名称、检测位置并做好标注。将特高频传感器放置空气中，测量背景噪声并记录，根据现场噪声水平设定各通道信号检测阈值。

（4）信号检测

打开连接传感器的检测通道，观察检测到的信号。如果发现信号无异常，保存一组数据，退出并改变检测位置继续下一点进行检测。如果发现信号异常，则延长检测时间并记录至少三组数据，进入异常诊断流程。必要的情况下，可以接入信号放大器。

3.异常诊断流程

（1）排除干扰

测试中的干扰可能来自各个方位，干扰源可能存在于电气设备内部或外部空间。在开始测试前，尽可能排除干扰源的存在，如关闭荧光灯和关闭手机。

（2）记录数据并给出初步结论

采取降噪措施后，如果异常信号仍然存在，需要记录当前测点的数据，给出一个初步结论，再检测相邻的位置。

（3）定位

如临近位置没有发现该异常信号，就可以确定该信号来自GIS内部，可以直接对该信号进行判定。如附近都能发现该信号，需要对该信号尽可能地定位。放电定位是重要的抗干扰环节，可以通过强度定位法或者借助其他仪器，大概定出信号的来源。如果在GIS外部，可以确定是来自其他电气部分的干扰；如果是GIS内部，就可以作出异常诊断。

（4）对比谱图给出判定

一般的特高频局放检测仪可以对采集到的信号自动给出判定结果，参考系统的自动判定结果，同时把所测谱图与典型放电谱图进行比较，确定局部放电的类型。

（5）保存数据

局部放电类型识别的准确程度取决于经验和数据的不断积累，检测结果和检修结果确定以后，应保留波形和图谱数据，作为今后局部放电类型识别的依据。

4.检测验收

①检查检测数据是否准确、完整。

②对有疑问的数据进行复测，确认数据正确。

③整理仪器、仪表和工器具，检查并清扫作业现场。

（四）检测数据分析与处理

1.干扰分析方法

（1）识别排除干扰

测试前，尽可能排除干扰源的存在，如关闭荧光灯和手机，并检查周围有无悬浮放电的金属部件。

（2）屏蔽带法抗干扰

通过对非金属绝缘法兰或者带浇筑孔的金属法兰装金属，屏蔽带排除干扰。

（3）信号识别抗干扰

通常在进行GIS特高频局放测量时，现场可能存在荧光噪声、移动电话噪声、马达噪声和雷达噪声等几种常见的干扰信号。上述几种信号的典型谱图及特征见表2-1-7，包括PRPS图谱、PRPD图谱和峰值检测图谱。

表2-1-7　特高频典型干扰图谱及特征

类型	PRPS谱图	PRPD谱图	峰值检测谱图
荧光干扰			
	幅值较分散，一般情况下工频相关性弱		

类型	PRPS谱图	PRPD谱图	峰值检测谱图
移动电话干扰			
	工频相关性弱，有特定的重复频率，幅值有规律变化		
马达干扰			
	无工频相关性，幅值分布较为分散，重复率低		
雷达干扰			
	有规律重复产生但无工频相关性，幅值有规律变化		

2.对典型放电类型的识别与判定

通常在进行GIS特高频局放测量时，可能存在电晕放电、悬浮电位放电、自由金属颗粒放电和空穴放电等几种典型的缺陷局放信号。上述几种信号的典型图谱及特征见表2-1-8，包括PRPS图谱、PRPD图谱和峰值检测图谱。

表2-1-8　特高频典型局部放电图谱及特征

类型	PRPS谱图	PRPD谱图	峰值检测谱图
电晕放电			
	放电的极性效应非常明显，通常在工频相位的负半周或正半周出现，放电信号强度较弱且相位分布较宽，放电次数较多。但较高电压等级下另一个半周也可能出现放电信号，幅值更高且相位分布较窄，放电次数较少		
悬浮电位放电			
	放电信号通常在工频相位的正、负半周均会出现，且具有一定对称性，放电信号幅值很大且相邻放电信号时间间隔基本一致，放电次数少，放电重复率较低。PRPS谱图具有"内八字"或"外八字"分布特征		
自由金属颗粒放电			
	局放信号极性效应不明显，任意相位上均有分布，放电次数少，放电幅值无明显规律，放电信号时间间隔不稳定。提高电压等级放电幅值增大但放电间隔降低		
空穴放电			
	放电信号通常在工频相位的正、负半周均会出现，且具有一定对称性，放电幅值较分散，且放电次数较少		

3.对放电源进行定位

（1）幅值定位

依靠各个检测部位检测信号大小定位是最常用的定位方法，但只能大概确定某一气室或区域，且有时几个检测部位信号幅值差别很小无法判断。

（2）时差定位

采用高速数字示波器的带电测量装置进行定位。

（3）声—电联合定位

该定位法利用特高频传感器和超声波传感器同时取得局部放电信号。以特高频信号和各个超声波信号之间的时间差作为故障点到各超声波传感器的时间，以等值声速乘以传播时间就得到故障点到达超声波检测点的距离。

4.缺陷分析原则及处理检修策略

（1）缺陷分析原则

①若未检测到特高频信号，或仅有较小的杂乱无规律背景信号，则判断为正常，继续下一检测点检测。如检测较大或有一定相位特征的异常信号，首先进行干扰信号识别和排除。

②若确定信号为非干扰的放电信号，应进行放电类型识别和放电源定位。

（2）处理检修策略

①当前无相关的标准依据，特高频无法简单通过信号大小来判断危害性。根据信号幅值、放电源位置、放电类型初步评估危害性，观察信号变化趋势，并可采取其他手段辅助分析。

②如果检测到放电信号，同时定位结果位于重要设备如断路器、电压互感器、隔离开关、接地开关或盆式绝缘子处，则应尽快安排停电检修。如果放电源位于非关键部位，则应缩短检测周期，关注放电信号的强度和

放电模式的变化。

③检测到信号为绝缘内部放电或绝缘表面放电，则应尽快安排停电检修，隔离开关屏蔽罩悬浮放电可通过操作后观察信号趋势来决定是否检修。细小的尖刺放电可通过跟踪检测，关注信号强度变化来决定是否检修。

（五）检测报告填写

①现场检测结束后，应在15个工作日内完成检测记录整理。

②特高频局部放电检测报告格式见附录2-1-14。

特高频局部放电检测报告

一、基本信息							
变电站		委托单位		试验单位		运行编号	
试验性质		试验日期		试验人员		试验地点	
报告日期		编写人		审核人		批准人	
试验天气		环境温度（℃）		环境相对湿度（%）			
二、设备铭牌							
生产厂家		出厂日期		出厂编号			
设备型号		投运日期		额定电压（kV）			
三、检测数据							
序号	检测位置		负荷电流（A）		图谱文件		
1					图谱		
2					图谱		
3					图谱		
4					图谱		
5					图谱		
6					图谱		
7					图谱		
8					图谱		
9					图谱		
10					图谱		
11					图谱		
12					图谱		
13					图谱		
14					图谱		
15					图谱		
16					图谱		
17					图谱		
18					图谱		
19					图谱		
20					图谱		
21					图谱		
…					图谱		
特征分析							
仪器型号							
结论							
备注							

变电设备主人综合业务
组合电器特高频局放检测标准化作业指导卡

变电站名称：_____ 电压等级：_____ 被试设备名称及编号：_____

检测仪器型号：_____ 检测仪器生产厂家：_____

检测现场环境温度：____ 检测现场环境湿度：____ 指导卡编号：____

一、准备阶段

序号	准备工作	内容	√
1	召开班前会	分工明确，任务落实到人，安全措施到位，明确危险点及控制措施	
2	劳动组织及人员要求	作业人员着装符合要求，有批准权限	
3	作业人员明确作业标准	作业人员熟悉作业内容、作业标准	
4	危险点分析、预控	安全措施及危险点预控到位	
5	工器具检查、准备	多功能局部放电巡视仪，脉冲信号发生器等检查完好、齐全	
6	材料准备	准备齐全、完好	

二、实施阶段

序号	内容	注意事项	√
1	进入检测场地	核对设备名称，明确工作范围	
		记录设备信息、检测时间、环境温湿度等信息	
		仪器、工器具摆放整齐	
2	仪器设置	正确连接仪器（传感器、检测主机）	
		设定仪器参数：测试模式、同步方式等参数设置正确	
		设置图谱保存路径	
		检查确认仪器通信连接、同步等状态	
		仪器自检，确保仪器特高频检测功能正常	
3	背景检测	将传感器采集面背对被测设备，在附近空气中小范围转动，观察背景信号，持续观察一段时间，记录背景信号幅值，保存图谱	

续表

序号	内容	注意事项	√
4	信号检测	测点选择： ①选择外露的盆式绝缘子进行检测 ②对于有金属屏蔽的盆式绝缘子，将浇注口处盖板拆除 ③尽量将传感器放在绝缘子两个紧固螺栓之间	
		信号检测： ①平稳地将传感器放在盆式绝缘子处 ②待信号稳定后，观察、记录信号特征 ③如存在异常信号，应与背景比较初步判断信号可能来源，并充分利用仪器的带宽调整等自带功能进行信号分析	
5	数据记录	应记录特高频测点位置、信号幅值，保存1组PRPD/PRPS图谱	
		正常信号检测记录时间不低于15s，异常信号检测记录时间不低于30s	

三、结束阶段

序号	内容	注意事项	√
1	完工场地清洁	清理工作现场，将工器具全部收拢并清点，废弃物按相关规定处理，材料回收清点	
2	召开班后会	对本次作业进行总结	
3	填写相关记录	规范填写	

作业时间： 年 月 日 时 分至 年 月 日 时 分

工作人员：_____ 工作负责人：_____

493

五、组合电器超声波局放检测

（一）检测条件

1.环境要求

①环境温度宜在-10℃~40℃。

②环境相对湿度不宜大于85%。

③应在良好的天气下进行，若在室外不应在有大风、雷、雨、雪、雾等恶劣环境进行检测。

④在检测时，应避免大型设备振动、人员频繁走动等干扰源带来的影响。

⑤通过超声波局部放电检测仪器检测到的背景噪声幅值较小，无50Hz或100Hz频率相关性，不会掩盖可能存在的局部放电信号，不会对检测造成干扰。其中，50Hz频率相关性为1个工频周期出现1次放电信号，100Hz频率相关性为1个工频周期出现2次放电信号。

2.待测设备要求

①设备处于带电状态且为额定气体压力。

②设备外壳清洁、无覆冰。

③设备上无其他外部作业。

④设备的测试点宜在出厂及第1次测试时进行标注，以便今后的测试及比较。

3.人员要求

进行超声波局部放电带电检测的人员经过上岗培训并考试合格后，应具备如下条件：

①熟悉超声波局部放电检测技术的基本原理、诊断分析方法。

②了解超声波局部放电检测仪的工作原理、技术参数和性能。

③掌握超声波局部放电检测仪的操作方法，具备现场检测能力。

④了解被测电力设备的结构特点、工作原理、运行状况和导致设备故障的基本因素。

⑤具有一定的现场工作经验，熟悉并能严格遵守电力生产和工作现场的相关安全管理规定。

⑥检测当天身体状况和精神状况良好。

4.安全要求

①应严格执行国家电网公司《电力安全工作规程（变电部分）》的相关要求。

②超声波局部放电检测工作不得少于两人。检测负责人应由有经验的人员担任，开始检测前，检测负责人应向全体检测人员详细交代检测中的安全注意事项。

③对复杂的带电检测或在相距较远的几个位置进行工作时，应在工作负责人指挥下，在每一个工作位置分别设专人监护，带电检测人员在工作中应精神集中，服从指挥。

④检测时，要防止误碰、误动设备。

⑤检测时，检测人员及检测仪器应与设备带电部位保持足够的安全距离，并避开设备防爆口或压力释放口。

⑥防止超声波传感器坠落。

⑦检测中应保持仪器使用的信号线完全展开，避免与电源线（若有）缠绕，收放信号线时禁止随意舞动，并避免信号线外皮受到剐蹭。

⑧保证检测仪器接地良好，避免人员触电。

⑨在使用超声波传感器进行检测时，如果有明显的感应电压，应戴绝缘手套，避免手部直接接触传感器金属部件。

⑩检测现场出现异常情况时，应立即停止检测工作并撤离现场。

5.仪器要求

（1）主要技术指标

①灵敏度：峰值灵敏度一般不小于60dB[V/（m/s）]，均值灵敏度一般不小于40dB［V/（m/s）］。

②检测频带：用于SF$_6$气体绝缘电力设备的超声波检测仪，检测频带一般在20～80kHz范围内。对于非接触式的超声波检测仪，检测频带一般在20～60kHz范围内。

③线性度误差：≤±20%。

④稳定性：局部放电超声波检测仪连续工作1h后，注入恒定幅值的脉冲信号时，其响应值的变化≤±20%。

（2）功能要求

①具有"连续模式""时域模式""相位模式""飞行模式"，应可进行时域与频域的转换。其中，"连续模式"能够显示信号幅值大小、50Hz相关信息、100Hz相关信息；"时域模式"能够显示信号幅值大小及信号波形；"相位模式"能够反映超声波信号相位分布情况；"飞行模式"能够反映自由微粒运动轨迹。

②记录背景噪声，与检测信号实时比较。

③可设定报警阈值。

④应具有放大倍数调节功能，并在仪器上直观显示放大倍数大小。

⑤应具备抗外部干扰的功能。

⑥应可将测试数据存储于本机并导出至电脑。

⑦若采用可充电电池供电，充电电压220V、频率50Hz，充满电单次连续使用时间≥4h。

⑧宜具备内、外同步功能，从而在"相位模式"下对检测信号进行观察和分析。

⑨宜具备检测图谱显示功能：提供局部放电信号的幅值、相位、放电

频次等信息中的一种或几种，并可采用波形图、趋势图等谱图中的一种或几种进行展示。

⑩宜具备放电类型识别功能：具备模式识别功能的仪器应能判断设备中的典型局部放电类型，如尖端放电、悬浮电位放电、自由金属微粒放电、沿面放电、绝缘内部气隙放电等，或给出各类局部放电发生的可能性，诊断结果应当简单明确。

（二）检测准备

①了解被测设备的型号、制造厂家、安装日期等信息。

②了解被测设备的检修情况、运行状况及设备压力。

③检查保证安全的组织措施和技术措施已做好。

④按相关安全生产管理规定办理工作许可手续。

⑤配备与检测工作相符的数据记录表格，上次检测的记录、标准化作业指导卡（见附录2-1-17）。

⑥检查仪器电量充足，存储卡容量充足。

⑦检查现场具备工频同步电源，禁止从运行设备上接取检测用电源。

⑧检查现场SF$_6$设备防爆膜和压力释放阀位置，检测时应避开。

⑨检查仪器仪表、工器具齐备完好，并运至检测现场，仪器、工器具准备见表2-1-9。

表2-1-9　仪器、工器具准备

序号	名称	规格	单位	数量	备注
1	多功能局部放电巡检仪（上海格鲁布）	PD74I	套	1	
2	超声波局放测试仪（上海格鲁布）	PD71	套	1	
3	接地线	—	根	1	
4	磁力吸座	—	个	若干	
5	绝缘棒	—	根	1	
6	耳机	—	只	1	
7	脉冲信号发生器	—	—	1	

序号	名称	规格	单位	数量	备注
8	干扰信号发生器	JS-CL20	个	1	
9	屏蔽袋	—	个	2	
10	绝缘尺	—	个	1	
11	超声波耦合剂	7501	盒	3	
12	十字螺丝刀	200mm	把	2	
13	一字螺丝刀	100mm	把	2	
14	温湿度计	—	块	1	
15	线手套	—	双	4	
16	抹布	—	块	3	

（三）检测方法

1.检测接线

局部放电超声波检测仪主要包括声发射传感器和局部放电检测仪主机，如图2-1-55所示。其中声发射传感器用于将采集到的超声波信号转换成电信号，主机用于局部放电电信号的采集、分析、诊断及显示。此外，根据现场检测需要，不同厂商还供应有前置放大器、绝缘棒、耳机等配件。其中，当被测设备与检测仪之间距离＞3m时，为防止信号衰减，需在靠近传感器的位置安装前置放大器。检测部位比较危险时，如电缆终端可以使用特制绝缘棒作为声传导介质进行检测。部分超声波检测仪可将超声波信号转换成可听声信号，通过耳机可直观监测设备内部放电情况。

图2-1-55　发射传感器及局部放电检测仪主机图

局部放电超声波检测仪在开展局部放电超声波检测的过程中，应按照所使用的仪器操作说明，连接好仪器主机、超声波传感器等各部件，并通过耦合剂将传感器贴附在设备外壳上。具体试验过程中的接线如图2-1-56所示。

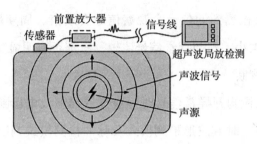

图2-1-56 超声波局部放电检测仪连接示意图

2.检测步骤

在采用超声波法检测局部放电时，操作流程如下：

（1）设备连接

按设备接线图连接测试仪各部件，电脑、检测仪主机连接电源并开机。

（2）工况检查

开机后，运行检测软件，检查主机与电脑通信状况、同步状态、相位偏移等参数。进行系统自检，确认各检测通道均工作正常。

（3）设置检测参数

设置变电站名称、检测位置并做好标注。设置仪器信号频率范围及放大倍数。在常规检测时无须设置，可采用内置参数。

（4）涂抹耦合剂

为了保证超声波传感器与壳体良好接触，避免在超声波传感器和壳体表面之间产生气泡，首先要在超声波传感器表面涂抹耦合剂，然后将超声波传感器固定在设备外壳上。

（5）背景检测

将超声波传感器经耦合剂贴附在设备构架上，当信号保持稳定时记录背景噪声。

（6）信号检测

将涂抹耦合剂的超声波传感器贴附在设备外壳上，打开连接传感器的检测通道，观察检测到的信号。观察信号有效值、周期峰值、频率成分1和频率成分2的大小，并与背景信号比较，看是否有明显变化。

（7）异常诊断

当连续模式检测到异常信号时，应开展局部放电诊断与分析。通过应用相位检测模式、时域波形检测模式及脉冲检测模式判断放电类型，挪动超声波传感器位置，寻找信号最大值。超声波测点选择时一般在GIS壳体轴线方向每间隔0.5m左右选取一处，测量点尽量选择在隔室侧下方。对于较长的母线气室，可适当放宽检测点的间距，一般不超过2～3m。在检测到异常信号后，在异常信号最强外壳圆周上选取至少5个点进行比较，最终找到新的最大点。测试点选择典型位置如图2-1-57所示。

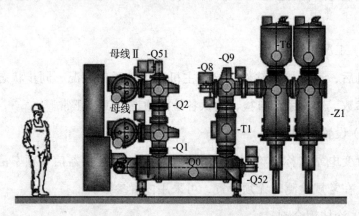

图2-1-57　超声波局放检测典型测点

（8）数据记录

通过仪器的谱图保存功能，保存检测谱图，包括连续模式谱图、相位模式谱图、时域波形谱图、脉冲模式谱图。

3.检测验收

①检查检测数据是否准确、完整。

②对有疑问的数据进行复测，确认数据正确。

③整理仪器、仪表和工器具，检查并清扫工作现场。

（四）检测数据分析与处理

1.异常判断依据

①与空间背景进行比对，明显异于空间背景。

②与同类设备或相邻设备之间的横向比较，比如A、B、C三相的比较，有明显差异。

③对比同一部位的历史数据，有明显增长。

④与典型放电图谱对比，具有明显的放电特征。

2.缺陷类型识别

局部放电超声波检测技术主要应用于组合电器、电缆终端、变压器等设备。根据设备缺陷的不同，局部放电超声波检测技术在进行缺陷分析与诊断时，适用于GIS内部电晕放电、悬浮放电、自由颗粒等缺陷，依据表2-1-10各缺陷类型的特征进行缺陷性质的判断。

表2-1-10　缺陷类型的判断方法

缺陷类型/参数	电晕缺陷	悬浮电位	自由颗粒缺陷
周期峰值/有效值	低	高	高
50Hz频率相关性	高	低	无
100Hz频率相关性	低	高	无
相位特征	有	有	无

3.典型放电图谱及特征

（1）背景噪声典型图谱及特征

背景噪声典型图谱及特征见表2-1-11。

表2-1-11 背景噪声典型图谱及特征

检测模式	连续检测模式	相位检测模式
典型谱图		
谱图特征	仅有幅值较小的有效值及周期峰值 频率成分1、频率成分2几乎无信号	无明显相位特征，脉冲相位分布均匀，无聚集效应
检测模式	时域波形检测模式	特征指数检测模式
典型谱图		
谱图特征	信号均匀，未见高幅值脉冲	无明显规律，峰值未聚集在整数特征值

（2）电晕放电典型图谱及特征

该类缺陷主要由设备内部导体尖端、外壳尖端等引起，主要表现为导体对周围介质（如SF_6）的一种单极放电现象，该类缺陷对设备的危害较小，但在过电压作用下仍旧会存在设备击穿隐患，应根据信号幅值大小予以关注。电晕放电典型图谱及特征见表2-1-12。

表2-1-12 电晕放电典型图谱及特征

检测模式	连续检测模式	相位检测模式
典型谱图		
谱图特征	有效值及周期峰值比背景值明显大 频率成分1、频率成分2特征明显，且频率成分1大于频率成分2	具有明显的相位聚集效应，但在一个工频周期内表现为一簇，即"单峰"

检测模式	时域波形检测模式	特征指数检测模式
典型谱图	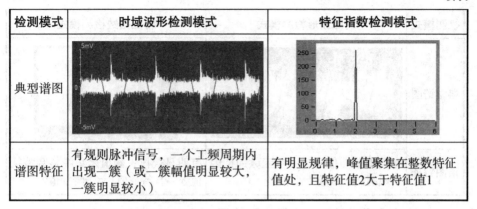	
谱图特征	有规则脉冲信号，一个工频周期内出现一簇（或一簇幅值明显较大，一簇明显较小）	有明显规律，峰值聚集在整数特征值处，且特征值2大于特征值1

（3）悬浮放电典型图谱及特征

该类缺陷主要由设备内部部件松动引起的悬浮电极（既不接地又不接高压的金属材料）、绝缘内部气隙、绝缘表面污秽等引起的设备内部非贯穿性放电现象，该类缺陷与工频电场具有明显的相关性，是引起设备绝缘击穿的主要威胁，应重点进行检测。悬浮放电典型图谱及特征见表2-1-13。

表2-1-13　悬浮放电典型图谱及特征

检测模式	连续检测模式	相位检测模式
典型谱图	有效值, mV　4.8 峰值, mV　7.8 频率成分1, mV　0.2 频率成分2, mV　0.4	
谱图特征	有效值及周期峰值比背景值明显大 频率成分1、频率成分2特征明显，且频率成分2大于频率成分1	具有明显的相位聚集效应，在一个工频周期内表现为两簇，即"双峰"

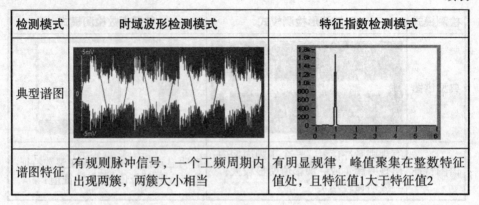

检测模式	时域波形检测模式	特征指数检测模式
典型谱图		
谱图特征	有规则脉冲信号，一个工频周期内出现两簇，两簇大小相当	有明显规律，峰值聚集在整数特征值处，且特征值1大于特征值2

（4）自由颗粒缺陷典型图谱及特征

该类缺陷主要存在于GIS中，主要由设备安装过程或断路器动作过程产生的金属碎屑而引起。随着设备内部电场的周期性变化，该类金属微粒表现为随机性移动或跳动现象，当微粒在高压导体和低压外壳之间跳动幅度加大时，则存在设备击穿危险，应予以重视。自由颗粒典型图谱及特征见表2-1-14。

表2-1-14　自由颗粒典型图谱及特征

检测模式	连续检测模式	相位检测模式
典型谱图		
谱图特征	有效值及周期峰值较背景值明显大，频率成分1、频率成分2特征不明显	无明显的相位聚集效应，但可发现脉冲幅值较大

检测模式	时域波形检测模式	特征指数检测模式
典型谱图		
谱图特征	有明显脉冲信号，但该脉冲信号与工频电压的关联性小，其出现具有一定随机性	无明显规律，峰值未聚集在整数特征值

4.对放电源进行定位

当在某一测点检测到异常信号后，应先确定异常信号是来自空气背景还是设备内部。首先应在异常测试点周围空间、附近构架和设备外壳多点测量，若所有测点的信号与异常信号大致相同，可以判定异常信号来自空气背景，并查找出异常信号源。若能采取屏蔽措施或其他方法消除空间异常信号源时，应重新检测。若异常信号来自设备内部时，需要对异常信号源进行精确定位。

（1）幅值定位

声波信号的高衰减性造成异常信号只能在很小的范围内被检测到。所以通过多点测量查找信号强度最大处，可以实现异常信号源的准确定位。超声波传感器越接近缺陷源，信号强度将越大、频率的相关性越明显。若通过测试图谱判断为尖端放电后，并且确定好信号源位于哪个气室后，还要辨别出尖端位于导体上还是壳体上。一般检测时，沿GIS壳体360°进行多点测量，若信号峰值相差不多，则认为信号源在GIS导体上，反之则位于壳体。可以将检测带宽上限从100kHz降低到50kHz，若信号变化幅度小，则尖端在导体上，反之则位于壳体上。还可以通过观察相位图谱来进行区分，若聚集点在负半轴出现则尖端在导体上，反之则位于壳体上。

（2）时差定位

采用高速数字示波器的带电测量装置进行定位，但在实际工作中实用性较差。

（3）声—电联合定位

该定位法利用特高频传感器和超声波传感器同时取得局部放电信号。以特高频信号和各个超声波信号之间的时间差作为故障点到各超声波传感器的时间，以等值声速乘以传播时间就得到故障点到达超声波检测点的距离。

5.缺陷分析原则及处理检修策略

（1）电晕放电

①对于110kV或220kV电压等级设备，如果尖端放电发生在母线壳体上，V峰值<2mV，认为设备可继续运行。如果尖端放电发生在导体上，V峰值>2mV，建议停电处理或密切监测。

②对于330kV及以上电压等级设备，由于母线筒直径大，信号有衰减，并且设备重要性提高，应更严格要求，建议提高标准。其他气室，如断路器气室，由于内部结构更复杂，绝缘间距相对短，应更严格要求，建议提高标准。

③在耐压过程中发现尖端放电现象，即使低于标准值，也应进行处理，使缺陷消灭在初始阶段。只要信号高于背景值，都是有害的，应根据工况酌情处理。

（2）悬浮电位放电

①对于110kV电压等级设备，如果100Hz相关性>50Hz相关性，且V峰值>10mV，应停电处理或密切监测。如果V峰值>20mV，就应停电处理。

②对于220kV及以上电压等级设备，应更严格执行。

③GIS内部只要形成了电位悬浮，就是危险的，应加强监测，有条件

就应及时处理。

（3）自由颗粒放电

①背景噪声＜V峰值＜1.78mV，可不进行处理。

②1.78mV＜V峰值＜3.16mV，应缩短检测周期，监测运行。

③V峰值＞3.16mV，应进行检查。

④只要GIS内部存在颗粒，就是有害的。因为它的随机运动，信号可能会增大，也有可能会消失，颗粒掉进壳体陷阱中不再运动，可等同于毛刺。在新GIS耐压试验过程中，建议发现有颗粒，即应进行擦拭。

（五）检测报告填写

①现场检测结束后，应在15个工作日内完成检测记录整理。

②超声波局部放电检测报告格式见附录2-1-16。

附录2-1-16：超声波局部放电检测报告

超声波局部放电检测报告

一、基本信息							
变电站		委托单位		试验单位		运行编号	
试验性质		试验日期		试验人员		试验地点	
报告日期		编写人		审核人		批准人	
试验天气		环境温度（℃）		环境相对湿度（%）			
二、设备铭牌							
生产厂家		出厂日期		出厂编号			
设备型号		投运日期		额定电压（kV）			
三、检测数据							

背景噪声

序号	检测位置	检测数值	图谱文件	负荷电流（A）	结论	备注（可见光照片）
1						
2						
3						
4						
5						
6						
7						
8						
9						
10						
11						
12						
13						
14						
15						
16						
17						
18						
19						
特征分析						
背景值						
仪器厂家						
仪器型号						
仪器编号						
备注						

附录2-1-17：标准化作业指导卡

变电设备主人综合业务
组合电器超声波局放检测标准化作业指导卡

变电站名称：＿＿＿＿ 电压等级：＿＿＿ 被试设备名称及编号：＿＿＿

检测仪器型号：＿＿＿＿＿＿＿ 检测仪器生产厂家：＿＿＿＿＿

检测现场环境温度：＿＿ 检测现场环境湿度：＿＿ 指导卡编号：＿＿

一、准备阶段

序号	准备工作	内容	√
1	召开班前会	分工明确，任务落实到人，安全措施到位，明确危险点及控制措施	
2	劳动组织及人员要求	作业人员着装符合要求，有批准权限	
3	作业人员明确作业标准	作业人员熟悉作业内容、作业标准	
4	危险点分析、预控	安全措施及危险点预控到位	
5	工器具检查、准备	多功能局部放电巡检仪，超声波局放测试仪等检查完好、齐全	
6	材料准备	准备齐全、完好	

二、实施阶段

序号	内容	注意事项	√
1	进入检测场地	核对设备名称，明确工作范围	
		记录设备信息、检测时间、环境温湿度等信息	
		仪器、工器具摆放整齐	
2	仪器设置	正确连接仪器（传感器，检测主机）	
		设定仪器参数：测试模式、同步方式等参数设置正确	
		检查确认仪器通信连接、同步等状态	
		仪器自检，确保仪器超声波检测功能正常	
3	背景检测	背景信号的检测：将传感器悬浮于空气中，记录空气背景信号幅值	

序号	内容	注意事项	√
4	普测巡检	测点选择： ①对GIS设备指定气室进行检测 ②在盆式绝缘子附近重点检测 ③两测点之间距离不超过1m ④测点选取气室侧下方	
		信号普测： ①在超声波传感器检测面均匀涂抹耦合剂，施加适当压力紧贴于壳体外表面 ②待信号稳定后，观察、记录信号幅值，检测时间不低于15s	
5	异常定位	检测到异常后，应先精确查找气室轴向的信号最大点	
		在轴向最大点的圆周上、中、下部分别检测	
6	数据记录	在信号最大点处，保存一组信号图谱	

三、结束阶段

序号	内容	注意事项	√
1	完工场地清洁	清理工作现场，将工器具全部收拢并清点，废弃物按相关规定处理，材料回收清点	
2	召开班后会	对本次作业进行总结	
3	填写相关记录	规范填写	

作业时间： 年 月 日 时 分至 年 月 日 时 分

工作人员：＿＿＿＿＿＿＿＿＿＿ 工作负责人：＿＿＿＿＿＿＿＿

六、地网接地导通检测

（一）检测条件

1.环境要求

①不应在雷、雨、雪中或雨、雪后立即进行。

②现场区域满足检测安全距离要求。

2.人员要求

检测人员需具备如下基本知识与能力：

①熟悉接地引下线导通测试技术的基本原理、分析方法。

②了解接地引下线导通测试仪的工作原理、技术参数和性能。

③掌握接地引下线导通测试仪的操作方法。

④能正确完成现场各种检测项目的接线、操作及测量。

⑤具有一定的现场工作经验，熟悉并能严格遵守电力生产和工作现场的相关安全管理规定。

⑥熟悉各种影响检测结论的因素及消除方法。

⑦经过上岗培训考试合格。

3.安全要求

①应严格执行国家电网公司《电力安全工作规程（变电部分）》的相关要求。

②检测工作不得少于两人。检测负责人应由有经验的人员担任，开始检测前，检测负责人应向全体检测人员详细布置检测中的安全注意事项，交代邻近间隔的带电部位，以及其他安全注意事项。

③应确保操作人员及检测仪器与电力设备的高压部分保持足够的安全距离。

④应在良好的天气下进行，如遇雷、雨、雪、雾不得进行该项工作。

⑤检测前必须认真检查检测接线，应确保正确无误。

⑥在进行检测时，要防止误碰误动设备。

⑦检测现场出现明显异常情况时，应立即停止检测工作，查明异常原因。

⑧检测作业人员在全部检测过程中，应精力集中，随时警惕异常现象发生。

⑨检测结束时，检测人员应拆除检测接线，并进行现场清理。

4.仪器要求

①测试宜选用专用仪器，仪器的分辨率不大于1mΩ。

②仪器的准确度不低于1.0级。

③测试电流不小于5A。

（二）检测准备

①现场检测前，应详细了解现场的运行情况，据此制定相应的技术措施。

②应配备与工作情况相符的上次检测记录、标准化作业指导卡（见附录2-1-19）、合格的仪器仪表、工具和连接导线等。

③现场具备安全可靠的独立检测电源，禁止从运行设备上接取检测电源。

④检查环境、人员、仪器满足检测条件。

⑤准备工具、仪器等，并运至检测现场。

1.仪器与仪表

检测所需的仪器、仪表见表2-1-15。

表2-1-15　仪器、仪表

序号	名　称	型　号	单　位	数　量
1	地引下线导通测试仪	HDDC-20	套	1
2	万用表	—	块	1
3	温湿度计	—	块	1

2.工具

检测所需的工具见表2-1-16。

表2-1-16　工具

序号	名称	型号	单位	数量
1	一字螺丝刀	5mm×75mm	把	1
2	十字螺丝刀	5mm×75mm	把	1
3	活扳手	250mm	把	1
4	标示牌	—	套	1
5	锉刀	—	把	1
6	测试导线	—	套	1
7	工具车	—	个	1

（三）检测方法

1.一般规定

（1）测试参考点选择

测试接地引下线导通首先选定一个与主地网连接良好的设备的接地引下线为参考点，再测试周围电气设备接地部分与参考点之间的直流电阻。如果开始即有很多设备测试结果不良，宜考虑更换参考点。

（2）测试的范围（DL/T 475-2006）

①各个电压等级的场区之间。

②各高压和低压设备，包括构架、分线箱、汇控箱、电源箱等。

③主控及内部各接地干线，场区内和附近的通信及内部各接地干线。

④独立避雷针及微波塔与主地网之间。

⑤其他必要部分与主地网之间。

（3）测试中注意的问题

①测试中应注意减小接触电阻的影响。

②当发现测试值在50mΩ以上时，应反复测检测证。

2.接线原理图

测量接地引下线导通与地网（或相邻设备）之间的直流电阻值来检查其连接情况，从而判断出引下线与地网的连接状况是否良好，地网接地导通检测接线原理图见图2-1-58。

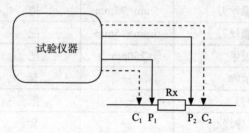

图2-1-58　地网接地导通检测接线原理

C1、C2—测试电流端；P1、P2—测试电压端

3.检测步骤

①在变电站内选定一个与主地网连接合格的设备接地引下线为基准参考点。

②对测量设备校零。

③在被测接地引下线与检测接线的连接处，使用锉刀锉掉防锈的油漆，露出有光泽的金属。

④用专用测试导线分别接好基准点和被测点（相邻设备接地引下线），接通仪器电源，测量接地引下线导通参数。

⑤记录检测数据。

⑥测试结束后，关掉电源并收好检测线。

（四）检测验收

①检查检测数据与检测记录是否完整、正确。

②整理仪器接线并清理现场。

（五）检测数据分析与处理

①状况良好的设备测试值应在50mΩ以下。

②50～200mΩ的设备状况尚可，宜在以后例行测试中重点关注其变化，重要的设备宜在适当时候检查处理。

③200mΩ～1Ω的设备状况不佳，对重要的设备应尽快检查处理，其他设备宜在适当时候检查处理。

④1Ω以上的设备与主地网未连接，应尽快检查处理。

⑤独立避雷针的测试值应在500mΩ以上。

⑥测试中相对值明显高于其他设备，而绝对值又不大的，按状况尚可对待。

（六）检测原始数据和报告

①现场检测结束后，应在15个工作日内将检测数据整理完毕并录入系统。

②地网接地导通检测报告格式见附录2-1-18。

地网接地导通检测报告

一、基本信息

变电站		委托单位		检测单位	
检测性质		检测日期		试验人员	检测地点
报告日期		编写人员		审核人员	批准人员
检测天气		环境温度（℃）		环境相对湿度（%）	

二、检测结果

序 号	参考点	测量地点	测量值（mΩ）
1			
2			
3			
4			
5			
6			
7			
8			
9			
10			
...			
仪器型号			
结论			
备注			

变电设备主人综合业务
地网接地导通检测标准化作业指导卡

变电站名称：_____ 电压等级：_____ 被试设备名称及编号：_____

检测仪器型号：_____ 检测仪器生产厂家：_____

检测现场环境温度：____ 检测现场环境湿度：____ 指导卡编号：____

一、准备阶段

序号	准备工作	内容	√
1	召开班前会	分工明确，任务落实到人，安全措施到位，明确危险点及控制措施	
2	劳动组织及人员要求	作业人员着装符合要求，有批准权限	
3	作业人员明确作业标准	作业人员熟悉作业内容、作业标准	
4	危险点分析、预控	安全措施及危险点预控到位	
5	工器具检查、准备	电气设备地网导通测试仪，测试线、万用表等检查完好、齐全	

二、实施阶段

序号	内容	注意事项	√
1	检测仪器接地	先将仪器可靠接地	
2	将试验接线连接良好，并检查试验接线	P2、C2端子连接至参考接地点（选为参考接地点的设备接地点应为接地良好的接地点）	
		P1、C1连接到被测设备接地点	
3	接通电源	如果选用场地动力箱电源应用万用表核对电压，防止接错电源，烧损测试仪	
4	有一人负责将测试电极与被试设备充分接触，并向测试人员呼唱，可以加压	测试用应注意减小接触电阻影响	
		如果距离远，要使用对讲机	

序号	内容	注意事项	√
5	测试人员在得到许可后，按测试按钮，待读数稳定后，记录数值	数据稳定后，要填写测试记录	
		测试值在50mΩ以下，说明接地良好	
		测试值为50~200mΩ的设备，其状况尚可，以后测试中需关注	
		测试值为200~1Ω的设备，状况不佳，重要设备需检查处理	
		测试值在1Ω以上，说明与主接地网没有连接，应尽快处理	

三、结束阶段

序号	内容	注意事项	√
1	完工场地清洁	清理工作现场，将工器具全部收拢并清点，废弃物按相关规定处理，材料回收清点	
2	召开班后会	对本次作业进行总结	
3	填写相关记录	规范填写	

作业时间： 年 月 日 时 分至 年 月 日 时 分

工作人员：＿＿＿＿＿＿＿＿＿＿＿ 工作负责人：＿＿＿＿＿＿

第三章　变压器（油浸式电抗器）部分

第一节　运行维护

一、变压器、油浸式电抗器事故油池检查及清理

（一）事故油池检查

1.检查作业要求

（1）环境要求

检查均在当地大气条件下进行，且检测期间，大气环境条件应相对稳定。

①环境温度不宜低于5℃。

②风力小于5级。

③环境相对湿度不宜大于80%，若在室外不应在有雷、雨、雾、雪的环境下进行检查。

（2）人员要求

①了解变压器（油浸式电抗器）事故油池检查要点及站内油池的排油管道位置。

②具有一定的现场工作经验，熟悉并能严格遵守电力生产和工作现场的相关安全管理规定。

（3）安全要求

①应严格执行国家电网公司《电力安全工作规程（变电部分）》的相关要求。

②应在良好的天气下进行，户外作业如遇雷、雨、雪、雾不得进行该项工作，风力大于5级时，不宜进行该项工作。

③检查时应与设备带电部位保持足够的安全距离。

④在进行检查时，要防止误碰误动设备。

⑤检查时，应有专人监护，监护人在切换试验期间应始终行使监护职责，不得擅离岗位或兼任其他工作。

⑥检查时，现场出现明显异常情况时（如异音、火花等），应立即停止工作，并撤离现场。

2.检查作业周期

每季度对排油设施维护一次。

3.检查准备工作

（1）资料

标准化作业指导卡（见附录3-1-1）、检查记录等。

（2）工器具

根据检查作业内容配备合格的工器具。

4.检查作业内容

①储油池和排油设施应保持良好状态。

②油池内不应有杂物，并视积水情况，及时进行清理和抽排。

③应定期检查和清理贮油池卵石层，以不被淤泥、灰渣及积土所堵塞。

④液面不超过2/3，油不外渗。

5.填写记录

检查结束后，当天在记录簿上填写检查人的姓名、检查内容、检查结果和时间等。

（二）事故油池清理

1.清理作业要求

（1）环境要求

检查均在当地大气条件下进行，且检测期间大气环境条件应相对稳定。

①环境温度不宜低于5℃。

②风力小于5级。

③环境相对湿度不宜大于80%，若在室外不应在有雷、雨、雾、雪的环境下进行检查。

（2）人员要求

①作业人员需持特种作业操作证。

②能熟练完成事故油池清理，熟知危险点。

③具有一定的现场工作经验，熟悉并能严格遵守电力生产和工作现场的相关安全管理规定。

（3）安全要求

①应严格执行国家电网公司《电力安全工作规程（变电部分）》的相关要求。

②应在良好的天气下进行，户外作业如遇雷、雨、雪、雾不得进行该项工作，风力大于5级时，不宜进行该项工作。

③清理时，应与设备带电部位保持足够的安全距离。

④在进行清理时，要防止误碰误动设备。

⑤清理前，应打开油池盖，通风1h，或使用呼吸器。

⑥清理时，应有专人监护，监护人在切换试验期间应始终行使监护职责，不得擅离岗位或兼任其他工作。

2.清理准备工作

（1）资料

标准化作业指导卡（见附录3-1-1）、清理记录等。

（2）工器具

根据清理作业内容配备合格的工器具。

3.清理作业方法

①封堵雨水汇入点，选取离主变事故集水池最近的检修井，利用沙袋，封堵事故油池上游，并用抽水泵抽取上游检修井内的排水。

②分别在临近漏油设备检修井、事故集油井、站内污水外排点、站外污水外排点，利用移动水泵，临时水池及油罐车和时抽排事故油池，主变压器集油池的油水混合物，再用吸油毡进行回收。

③对于进入河流区域的变压器油及时放置拦油栅拦挡，控制扩散面积，利用吸油毡对浮于水面的油进行吸附回收。

④对于所有回收的变压器油，已使用的吸油毡等均交由有资质的单位进行回收。

4.填写记录

清理结束后，当天在记录簿上填写清理清理人的姓名、清理内容、清理结果和时间等。

变电设备主人综合业务
变压器、油浸式电抗器事故油池检查
及清理标准化作业指导卡

变电站名称：_____ 指导卡编号：_____

一、准备阶段

序号	准备工作	内容	√
1	召开班前会	分工明确，任务落实到人，安全措施到位，明确危险点及控制措施	
2	劳动组织及人员要求	作业人员着装符合要求，有批准权限	
3	作业人员明确作业标准	作业人员熟悉作业内容、作业标准	
4	危险点分析、预控	安全措施及危险点预控到位	
5	工器具检查、准备	检查完好、齐全	
6	材料准备	准备适量的照明用具	

二、实施阶段

序号	内容	注意事项	√
1	事故油池检查		
（1）	检查贮油池卵石层，不被淤泥、灰渣及积土所堵塞	防止误触误碰带电部位，工作中与带电部分保持足够的安全距离	
		防止跌倒	
（2）	检查事故油池内不应有杂物	防止误触误碰带电部位，工作中与带电部分保持足够的安全距离	
		防止跌倒	
（3）	检查油池内积水情况抽排液面不超过2/3，油不外渗	防止误触误碰带电部位，工作中与带电部分保持足够的安全距离	
		防止跌倒	
（4）	检查油池的排油管道应保持畅通	防止误触误碰带电部位，工作中与带电部分保持足够的安全距离	
		防止跌倒	

序号	内容	注意事项	√
2	事故油池清理		
（1）	封堵雨水汇入点	防止误触误碰带电部位，工作中与带电部分保持足够的安全距离	
		防止跌倒	
		穿绝缘靴、工作服和雨衣	
（2）	选取离主变事故集水池最近的检修井，利用沙袋，封堵事故油池上游	防止误触误碰带电部位，工作中与带电部分保持足够的安全距离	
		防止跌倒	
		穿绝缘靴、工作服和雨衣	
（3）	利用抽水泵抽取上游检修井内的排水	防止误触误碰带电部位，工作中与带电部分保持足够的安全距离	
		防止跌倒	
		穿绝缘靴、工作服和雨衣	
（4）	分别在临近漏油设备检修井、事故集油井、站内污水外排点、站外污水外排点，利用移动水泵，临时抽排事故油池	防止误触误碰带电部位，工作中与带电部分保持足够的安全距离	
		防止跌倒	
		穿绝缘靴、工作服和雨衣	
（5）	再用吸油毡进行回收	防止误触误碰带电部位，工作中与带电部分保持足够的安全距离	
		防止跌倒	
		穿绝缘靴、工作服和雨衣	
		远离明火	
（6）	对于进入河流区域的变压器油及时放置拦油栅拦挡，控制扩散面积	防止误触误碰带电部位，工作中与带电部分保持足够的安全距离	
		防止跌倒	
		穿绝缘靴、工作服和雨衣	
（7）	利用吸油毡对浮于水面的油进行吸附回收	防止误触误碰带电部位，工作中与带电部分保持足够的安全距离	
		防止跌倒	
		远离明火	

序号	内容	注意事项	√
（8）	对于所有回收的变压器油和已使用的吸油毡等均交由有资质的单位进行回收	防止误触误碰带电部位，工作中与带电部分保持足够的安全距离	
		防止跌倒	
		穿绝缘靴、工作服和雨衣	
		远离明火	

三、结束阶段

序号	内容	注意事项	√
1	完工场地清洁	清理工作现场，将工器具全部收拢并清点，废弃物按相关规定处理，材料回收清点	
2	召开班后会	对本次作业进行总结	
3	填写相关记录	规范填写	

作业时间： 年 月 日 时 分至 年 月 日 时 分

工作人员：_____ 工作负责人：_____

二、变压器冷却电源自投功能试验

(一)切换试验要求

1.环境要求

检测均在当地大气条件下进行,且检测期间大气环境条件应相对稳定。

①环境温度不宜低于5℃。

②风力小于5级。

③环境相对湿度不宜大于80%,若在室外不应在有雷、雨、雾、雪的环境下进行检查。

2.人员要求

①了解强油(气)风冷、强油水冷的变压器冷却系统特点、各组冷却器的工作状态(即工作、辅助、备用状态)切换试验和导致设备故障的基本因素,并能排除故障。

②能熟练完成变压器冷却电源自投功能试验。

③具有一定的现场工作经验,熟悉并能严格遵守电力生产和工作现场的相关安全管理规定。

3.安全要求

①应严格执行国家电网公司《电力安全工作规程(变电部分)》的相关要求。

②应在良好的天气下进行,户外作业如遇雷、雨、雪、雾不得进行该项工作,风力大于5级时,不宜进行该项工作。

③电源自投功能试验时,应与设备带电部位保持足够的安全距离。

④在进行电源自投功能试验时,要防止误碰误动设备。

⑤电源自投功能试验时,应有专人监护,监护人在切换试验期间应始终行使监护职责,不得擅离岗位或兼任其他工作。

⑥电源自投功能试验时，现场出现明显异常情况时（如异音、火花等），应立即停止工作并撤离现场。

（二）切换试验周期

主变风冷电源自投试验、切换试验、备用冷却器轮换试验每季度一次。

（三）切换试验准备工作

1.资料

标准化作业指导卡（见附录3-1-2）、清理记录等。

2.工器具

根据切换试验内容配备合格的工器具。

（四）切换试验方法

变压器的冷却电源一般都有两个独立的电源供电，在冷却器控制箱内有两个电源指示灯和控制把手，正常时"1号电源投入"指示灯亮，"2号电源投入"指示灯灭，把手的位置在"电源1工作，电源2备用"位置。打开配电屏主变风冷控制柜1电源抽屉开关，检验2电源能否自动投入，冷却器能否继续正常运行。试验正常后恢复原来的运行方式。

（五）常见故障和异常处理

风机工作电源空开从Ⅰ路无法自动投至Ⅱ路，Ⅱ路电源空开损坏处理原则：

①断开风机工作电源的上一级及I路空开，确认空开上、下端无电压，以防低压触电伤人。

②使用万用表时应档位正确，避免损坏仪器，工具需进行绝缘处理，避免造成二次短路事故。

③断开上一级电源，核对（故障空开名称）工作间名称，拉开上一级电源，并悬挂"禁止合闸，有人工作"标示牌。

④拆除Ⅱ路电源空开，确认故障空开，拉开故障空开，检查空开上下端头无电压，拆除空开的上下端接线，做好记录（按逐根拆除、包扎、标记的原则），取下故障空开。

⑤换上新空开，将贴有标签的新空开与进出线线头对应，将新空开固定于空开卡槽上，按原标记恢复接线，检查新空开接线是否正确：电源进线接进线侧，出线接出线侧。检查接线是否牢固：手轻晃接线端子无松动。

⑥检测新空开通断，将万用表调至电阻档，检测新空开通断。新空开测量完好，可以进行下一步送电。

⑦恢复送电，拆除安全措施，取下"禁止合闸，有人工作"标示牌，合上上级电源，检测新空开进线端端电压正常，拉开冷却器I路电源，主变控制箱的风机工作电源从Ⅰ路自动投至Ⅱ路，检查风机是否正常工作。

⑧变压器冷却电源自复功能试验，合上冷却器I路电源带电，主变控制箱的风机工作电源从Ⅱ路自动投至Ⅰ路，检查风机是否正常工作。

⑨恢复主变风机正常运行方式，检查风机电源已启动，将风机电源恢复初始位置，检查风机运转情况，复归监控信号。

（六）填写记录

试验结束后，当天在记录簿上填写试验人的姓名、试验内容、试验结果和时间等。

变电设备主人综合业务
变压器冷却电源自投功能试验标准化作业指导卡

变电站名称：_____   电压等级：_____

设备名称：_____   指导卡编号：_____

一、准备阶段

序号	准备工作	内容	√
1	召开班前会	分工明确，任务落实到人，安全措施到位，明确危险点及控制措施	
2	劳动组织及人员要求	作业人员着装符合要求，有批准权限	
3	作业人员明确作业标准	作业人员熟悉作业内容、作业标准	
4	危险点分析、预控	安全措施及危险点预控到位	
5	工器具检查、准备	检查完好、齐全	

二、实施阶段

序号	内容	注意事项	√
1	检查变压器冷却空开		
（1）	检查变压器冷却空开位置正常	防止误触误碰带电部位，工作中与带电部分保持足够的安全距离。	
（2）	检查各空开的引线应接触良好、无松动、无放电异音	防止误触误碰带电部位，工作中与带电部分保持足够的安全距离	
2	冷却电源切换功能试验		
（1）	汇报监控人员，检查后台信号无异常、电源无异常	防止误触误碰带电部位，工作中与带电部分保持足够的安全距离	
		防止走错间隔	
（2）	检查冷却电源上级电源在合位	防止误触误碰带电部位，工作中与带电部分保持足够的安全距离	
		防止走错间隔	
（3）	拉开冷却器I路电源	防止误触误碰带电部位，工作中与带电部分保持足够的安全距离	
		防止误拉空开	

序号	内容	注意事项	√
（4）	检查主变控制箱的风机工作电源是否从Ⅰ路自动投至Ⅱ路	防止误触误碰带电部位，工作中与带电部分保持足够的安全距离	
（5）	检查风机是工作情况，并核对后台信号	防止误触误碰带电部位，工作中与带电部分保持足够的安全距离	
		防止走错间隔	
3	变压器冷却电源自复功能试验		
（1）	合上冷却器Ⅰ路电源带电	防止误触误碰带电部位，工作中与带电部分保持足够的安全距离	
		防止误合空开	
（2）	检查主变控制箱的风机工作电源是否从Ⅱ路自动投至Ⅰ路	防止误触误碰带电部位，工作中与带电部分保持足够的安全距离	
（3）	检查风机是否正常工作，并核对后台信号	防止误触误碰带电部位，工作中与带电部分保持足够的安全距离	
4	恢复主变风机正常运行方式，检查风机电源已启动，将风机电源恢复初始位置，检查风机运转情况，复归监控信号	防止误触误碰带电部位，工作中与带电部分保持足够的安全距离	
		防止走错间隔	
5	工作结束，汇报监控人员	防止误触误碰带电部位，工作中与带电部分保持足够的安全距离	

三、结束阶段

序号	内容	注意事项	√
1	完工场地清洁	清理工作现场，将工器具全部收拢并清点，废弃物按相关规定处理，材料回收清点	
2	召开班后会	对本次作业进行总结	
3	填写相关记录	规范填写	

作业时间：　年　月　日　时　分至　年　月　日　时　分

工作人员：＿＿＿＿＿＿＿＿＿＿＿　　　工作负责人：＿＿＿＿＿＿＿

三、变压器冷却器工作状态切换试验

（一）切换试验要求

1.环境要求

检测均在当地大气条件下进行，且检测期间大气环境条件应相对稳定。

①环境温度不宜低于5℃。

②风力小于5级。

③环境相对湿度不宜大于80%，若在室外不应在有雷、雨、雾、雪的环境下进行检查。

2.人员要求

①了解强油（气）风冷、强油水冷的变压器冷却系统特点、各组冷却器的工作状态（即工作、辅助、备用状态），切换试验和导致设备故障的基本因素，并能排除故障。

②能熟练完成冷却系统切换试验。

③具有一定的现场工作经验，熟悉并能严格遵守电力生产和工作现场的相关安全管理规定。

3.安全要求

①应严格执行国家电网公司《电力安全工作规程（变电部分）》的相关要求。

②应在良好的天气下进行，户外作业如遇雷、雨、雪、雾不得进行该项工作，风力大于5级时，不宜进行该项工作。

③切换试验时应与设备带电部位保持足够的安全距离。

④在进行切换试验时，要防止误碰误动设备。

⑤切换试验时，应有专人监护，监护人在切换试验期间应始终行使监护职责，不得擅离岗位或兼任其他工作。

⑥切换试验时，现场出现明显异常情况时（如异音、火花等），应立即停止工作并撤离现场。

（二）切换试验周期

强油（气）风冷、强油水冷的变压器电源自投试验、切换试验、备用冷却器按季度进行一次轮换试验。

（三）切换试验准备工作

1. 资料

标准化作业指导卡（见附录3-1-3）、清理记录等。

2. 工器具

根据切换试验内容配备合格的工器具。

（四）切换试验方法

打开配电屏主变风冷控制柜1电源抽屉开关，检验2电源能否投入，冷却器能否继续正常运行。试验正常后恢复原来的运行方式。

（五）常见故障和异常处理

强油风冷变压器冷却器全停故障处理原则：

①检查风冷系统及两组冷却电源工作情况。

②密切监视变压器绕组和上层油温情况。

③如一组电源消失或故障，另一组备用电源自投不成功，则应检查备用电源是否正常，如正常，应立即手动将备用电源开关合上。

④若两组电源均消失或故障，则应立即设法恢复电源供电。

⑤现场检查变压器冷却装置控制箱各负载开关、接触器、熔断器和热继电器等工作状态是否正常。

⑥如果发现冷却装置控制箱内电源存在问题，则立即检查站用电低压

配电屏负载开关、接触器、熔断器和站用变压器高压侧熔断器或断路器。

⑦故障排除后，将各冷却器选择开关置于"停止"位置，再试送冷却器电源。若成功，再逐路恢复冷却器运行。

⑧若冷却器全停故障短时间内无法排除，应立即汇报值班调控人员，申请转移负荷或将变压器停运。

⑨变压器冷却器全停的运行时间不应超过规定。

（六）填写记录

试验结束后，当天在记录簿上填写试验人的姓名、试验内容、试验结果和时间等。

变电设备主人综合业务
变压器冷却器工作状态切换试验标准化作业指导卡

变电站名称：_____   电压等级：_____

设备名称：_____   指导卡编号：_____

一、准备阶段

序号	准备工作	内容	√
1	召开班前会	分工明确，任务落实到人，安全措施到位，明确危险点及控制措施	
2	劳动组织及人员要求	作业人员着装符合要求，有批准权限	
3	作业人员明确作业标准	作业人员熟悉作业内容、作业标准	
4	危险点分析、预控	安全措施及危险点预控到位	
5	工器具检查、准备	检查完好、齐全	
6	冷却装置工作方式表	检查完好、正确	

二、实施阶段

序号	内容	注意事项	√
1	检查		
（1）	检查冷却系统指示灯、空开好	防止误触误碰带电部位，工作中与带电部分保持足够的安全距离	
（2）	检查所有接口法兰应用钢板良好封堵、密封	防止误触误碰带电部位，工作中与带电部分保持足够的安全距离	
（3）	检查散热器表面清洁，无油垢	防止误触误碰带电部位，工作中与带电部分保持足够的安全距离	
2	工作状态切换试验		
（1）	汇报监控人员，检查后台信号无异常、电源无异常	防止误触误碰带电部位，工作中与带电部分保持足够的安全距离	
		防止走错间隔	

序号	内容	注意事项	√
（2）	模拟切换表中切换前方式为工作的冷却器故障信号（断开冷却器电源空开），检查备用冷却器是否正常投入，并核对后台信号	防止误触误碰带电部位，工作中与带电部分保持足够的安全距离	
		防止误拉空开	
（3）	将切换表中切换前为运行中的冷却器依次切至停用位置，并核对后台信号	防止误触误碰带电部位，工作中与带电部分保持足够的安全距离	
（4）	将电源Ⅰ段抽屉开关断开	防止误触误碰带电部位，工作中与带电部分保持足够的安全距离	
		防止走错间隔	
（5）	检查Ⅱ段电源是否正确投入，并核对后台信号	防止误触误碰带电部位，工作中与带电部分保持足够的安全距离	
（6）	检查切换正确后，再合上电源Ⅰ段抽屉开关	防止误触误碰带电部位，工作中与带电部分保持足够的安全距离	
（7）	将运行中备用冷却器（切换表中切换前方式为备用）切至停用位置	防止误触误碰带电部位，工作中与带电部分保持足够的安全距离	
（8）	将冷却装置电源切换把手切至Ⅱ电源工作位置，检查电源指示灯指示及交流接触器的吸合情况是否正确并核对后台信号	防止误触误碰带电部位，工作中与带电部分保持足够的安全距离	
（9）	按照方式表将切换表中切换前方式为停用的冷却器组切至工作位置，并核对后台信号	防止误触误碰带电部位，工作中与带电部分保持足够的安全距离	
（10）	按照上述步骤依次将切换表中切换前方式为辅助的冷却器组切至工作位置	防止误触误碰带电部位，工作中与带电部分保持足够的安全距离	
（11）	按照方式表将切换表中切换前方式为工作的一个冷却器组切至备用位置；将切换表中切换前方式为工作的一个冷却器组切至辅助位置，将剩余切换表中切换前方式为工作冷却器切至停用位置	防止误触误碰带电部位，工作中与带电部分保持足够的安全距	

序号	内容	注意事项	√
（12）	正常方式切换完成后，再模拟切换表中切换前方式为停用的一个冷却器故障信号（断开冷却器电源空开），检查切至备用冷却器是否正常投入	防止误触误碰带电部位，工作中与带电部分保持足够的安全距离	
（13）	方式切换完毕后，全面检查冷却装置运行情况并用红外测温仪进行测温，主要观察交流接触器、转换电源开关、切换把手等接触点处无异常发热现象，确保冷却装置正常运行	防止误触误碰带电部位，工作中与带电部分保持足够的安全距离	
（14）	工作结束，汇报监控人员	防止误触误碰带电部位，工作中与带电部分保持足够的安全距离	

三、结束阶段

序号	内容	注意事项	√
1	完工场地清洁	清理工作现场，将工器具全部收拢并清点，废弃物按相关规定处理，材料回收清点	
2	召开班后会	对本次作业进行总结	
3	填写相关记录	规范填写	

作业时间： 年 月 日 时 分至 年 月 日 时 分

工作人员：_____ 工作负责人：_____

四、变压器、油浸式电抗器冷却系统指示灯及空开状态检查

（一）检查要求

1.环境要求

检测均在当地大气条件下进行，且检测期间大气环境条件应相对稳定。

①环境温度不宜低于5℃。

②风力小于5级。

③环境相对湿度不宜大于80%，若在室外不应在有雷、雨、雾、雪的环境下进行检查。

（4）在检测时应避免手电筒、照相机闪光灯等光源信号的干扰。

2.人员要求

①了解变压器（油浸式电抗器）冷却系统指示灯、空开的结构特点、工作原理、运行状况和导致设备故障的基本因素，并能排除故障。

②能熟练完成冷却系统指示灯、空开更换。

③具有一定的现场工作经验，熟悉并能严格遵守电力生产和工作现场的相关安全管理规定。

3.安全要求

①应严格执行国家电网公司《电力安全工作规程（变电部分）》的相关要求。

②应在良好的天气下进行，户外作业如遇雷、雨、雪、雾不得进行该项工作，风力大于5级时，不宜进行该项工作。

③检查时，应与设备带电部位保持足够的安全距离。

④检查时，要防止误碰误动设备。

⑤更换故障部件时，应有专人监护。监护人在检测期间应始终行使监护职责，不得擅离岗位或兼任其他工作。

⑥更换部件时，现场出现明显异常情况时（如异音、火花等），应立即停止工作并撤离现场。

（二）检查周期

每季度进行一次变压器（油浸式电抗器）冷却系统指示灯、空开状态进行检查，发现问题及时维护。

（三）检查准备工作

1.资料

标准化作业指导卡（见附录3-1-4）、清理记录等。

2.工器具

根据检查内容配备合格的工器具。

（四）检查方法

①检查变压器（油浸式电抗器）冷却系统指示灯及空开指示标志正确。

②检查空开位置正常，所对应的冷却系统指示灯亮。

③各空开的引线应接触良好、不发热、无松动、无放电异音。

④检查空开标志牌是否齐全，空开数量是否齐全。

（五）常见故障和异常处理

1.变压器（油浸式电抗器）冷却系统空开烧损处理原则

①断开所换空开的上一级空开，确认空开上、下端无电压，以防低压触电伤人。

②使用万用表时应档位正确，避免损坏仪器，工具需进行绝缘处理，避免造成二次短路事故。

③断开上一级电源，核对（故障空开名称）工作间名称，拉开上一级

电源，并悬挂"禁止合闸，有人工作"标示牌。

④拆除故障空开，确认故障空开，拉开故障空开，检查空开上下端头无电压，拆除空开的上下端接线，做好记录（按逐根拆除、包扎、标记的原则），取下故障空开。

⑤换上新空开，将贴有标签的新空开与进出线线头对应，将新空开固定于空开卡槽上，按原标记恢复接线，检查新空开接线是否正确：电源进线接进线侧，出线接出线侧。检查接线是否牢固：手轻晃接线端子无松动。

⑥检测新空开通断，将万用表调至电阻档，检测新空开通断。新空开完好，可以进行下一步送电。

⑦恢复送电，拆除安全措施，取下"禁止合闸，有人工作"标示牌，合上级电源，检测新空开进线端电压正常，合上新空开，检测上端电压，新空开上下端电压一致，可以投入运行。

2.变压器（油浸式电抗器）冷却系统工作，变压器（油浸式电抗器）冷却系统指示灯灭处理原则

①到达现场后，检查带电运行设备与工作区域安全距离是否满足设备不停电的安全距离，在作业区域挂指示牌。

②切断指示灯控制电源，仔细核对所工作的设备及周边设备带电情况，防止误碰有电设备。不得误动、误碰屏后的所有二次线，用万用表测试指示灯两侧电压并确认无电，拆下指示灯电源线。拆线后，用绝缘胶布进行包扎并做好标记，防止误碰其他带电部位。

③拧下指示灯固定圈，拆下指示灯，安装新指示灯，拧上固定圈，依次去掉电源线上的绝缘胶带，恢复指示灯电源接线，并确认连接紧固可靠，合上指示灯控制电源开关，检查指示灯工作是否正常。

④变压器冷却系统指示灯更换结束后，检查指示灯的亮度是否合格，检查指示灯显示状态与当前设备运行状态是否一致，检查指示灯电压是否

正常稳定。

（六）填写记录

检查结束后，当天在记录簿上填写检查人的姓名、检查内容、检查结果和时间等。

变电设备主人综合业务
变压器、油浸式电抗器冷却系统指示灯及空开状态
检查标准化作业指导卡

变电站名称：_____ 电压等级：_____

设备名称：_____ 指导卡编号：_____

一、准备阶段

序号	准备工作	内容	√
1	召开班前会	分工明确，任务落实到人，安全措施到位，明确危险点及控制措施	
2	劳动组织及人员要求	作业人员着装符合要求，有批准权限	
3	作业人员明确作业标准	作业人员熟悉作业内容、作业标准	
4	危险点分析、预控	安全措施及危险点预控到位	
5	工器具检查、准备	检查完好、齐全	

二、实施阶段

序号	内容	注意事项	√
1	检查变压器（油浸式电抗器）冷却系统指示灯及空开指示标志正确	防止误触误碰带电部位，工作中与带电部分保持足够的安全距离	
		防止错入间隔	
2	检查空开位置正常，所对应的冷却系统指示灯亮	防止误触误碰带电部位，工作中与带电部分保持足够的安全距离	
		防止错入间隔	
3	检查各空开的引线应接触良好、不发热、无松动、无放电异响	防止误触误碰带电部位，工作中与带电部分保持足够的安全距离	
		防止错入间隔	
4	检查空开标志牌是否齐全，空开数量是否齐全	防止误触误碰带电部位，工作中与带电部分保持足够的安全距离	
		防止错入间隔	

三、结束阶段

序号	内容	注意事项	√
1	完工场地清洁	清理工作现场，将工器具全部收拢并清点，废弃物按相关规定处理，材料回收清点	
2	召开班后会	对本次作业进行总结	
3	填写相关记录	规范填写	

作业时间： 年 月 日 时 分至 年 月 日 时 分

工作人员：_____ 工作负责人：_____

五、变压器呼湿器硅胶更换

（一）作业条件

1.环境要求

（1）室内作业

①通风完好。

②照明完好。

③变压器无故障。

（2）室外作业

①无系统接地。

②应在无雷、雨、雾、雪的环境下进行作业。

③变压器无故障。

④风力小于5级。

2.人员要求

①具有一定的现场工作经验，熟悉并能严格遵守电力生产和工作现场的相关安全管理规定。

②熟悉被更换部件的结构及工作原理。

③经过上岗培训考试合格。

3.安全要求

①应严格执行国家电网公司《电力安全工作规程（变电部分）》的相关要求。

②更换工作不得少于两人。作业负责人应由有经验的人员担任开始作业前，作业负责人应向全体作业人员详细布置作业中的安全注意事项。

③在作业时应与带电部分保持一定的安全距离，防止误碰带电设备造成人身触电。

④更换吸湿器及吸湿剂期间，应将相应重瓦斯保护改投信号，对于有

载分接开关还应联系调控人员将AVC调档功能退出。

⑤拆卸安装吸湿器过程中，防止吸湿器玻璃罩损坏。

⑥作业现场出现明显异常情况时，应立即停止作业工作。

（二）更换前准备工作

1.资料

作业所需的资料包括标准化作业指导卡（见附录3-1-5）、记录本等。

2.工具

作业所需的工具见表3-1-1。

表3-1-1　工具

序号	名称	型号	单位	数量
1	棘轮扳手	8-24	套	1
2	活扳手	300mm	把	2
3	钢丝钳	—	把	1
4	一字螺丝刀	6mm×125mm	把	1
5	漏斗	—	个	1
6	塑料桶	3kg	个	2
7	绑绳	Φ0.5mm×500mm	条	1
8	毛刷	20mm	把	2

3.材料

作业所需的材料见表3-1-2。

表3-1-2　材料

序号	名称	型号	单位	数量
1	硅胶	颗粒直径4～7mm	kg	2
2	密封垫	—	个	3
3	清洗液	—	kg	1
4	变压器油	45#	kg	2
5	破布	—	kg	1
6	毛巾	—	条	1

（三）更换

①确认作业地点及核对设备名称。

②申请退出重瓦斯保护压板或改投信号，对有载分接开关还应联系调控人员将AVC调档功能退出。

③取下吸湿器油杯。

④用工具将吸湿器从变压器上卸下，拆卸中须有专人扶持，防止吸湿器滑落损坏，并妥善放置。

⑤取下密封垫，用干燥的毛巾包住呼吸导管。

⑥用工具拧松吸湿器固定螺栓，取下上盖，倒出内部硅胶，取下玻璃罩、滤网、密封垫。

⑦检查玻璃罩外观无破损，并清洁内部。

⑧检查密封垫应完好，必要时更换密封垫。

⑨组装吸湿器时密封垫压缩量为1/3（胶棒压缩1/2），把干燥硅胶装入吸湿器玻璃罩内，距离顶盖留下1/6～1/5高度空隙，有滤网的注意玻璃罩中滤网放置位置。

⑩取下毛巾，将吸湿器安装好，密封垫压缩量为1/3（胶棒压缩1/2）。

⑪将油杯内注入干净变压器油，加油至正常油位线。

⑫复装油杯，油面应高于呼吸管口，检查呼吸正常、密封完好。

⑬按规程规定申请投入重瓦斯保护，对有载分接开关还应联系调控人员将AVC调档功能投入。

（四）作业现场整理

1.工具及材料整理

将作业现场使用的工具及材料整理好。

2.清扫现场

检查并清扫工作现场，将垃圾运出作业场地。

（五）填写记录

更换结束后，当天在记录簿上填写更换人的姓名、更换内容、更换结果和时间等。

变电设备主人综合业务
变压器呼湿器硅胶更换标准化作业指导卡

变电站名称：_____ 设备名称：_____ 指导卡编号：_____

一、准备阶段

序号	准备工作	内容	√
1	召开班前会	分工明确，任务落实到人，安全措施到位，明确危险点及控制措施	
2	劳动组织及人员要求	作业人员着装符合要求，有批准权限	
3	作业人员明确作业标准	作业人员熟悉作业内容、作业标准	
4	危险点分析、预控	防止发生火灾，措施：工作现场严禁吸烟，严禁私自动火	
		触电伤害，措施：与带电部位保持足够的安全距离	
5	工器具检查、准备	检查完好、齐全。所需工器具：扳手、螺丝刀、手套等	
6	材料准备	准备适量变压器油、硅胶、抹布等	

二、实施阶段

序号	内容	注意事项	√
1	申请退出重瓦斯保护压板	按调度管辖范围，向所属调度申请退出相关压板	
2	先取下油杯，再将吸湿器从变压器上卸下，随即用干燥的毛巾包住呼吸导管，妥善放置，倒出内部硅胶	卸下过程中时应注意玻璃罩安全	
3	检查玻璃罩，清洁内部，必要时更换密封垫	玻璃罩清洁完好，密封良好，注意玻璃罩中滤网放置位置	
4	把干燥硅胶装入吸湿器，离顶盖留下1/6～1/5高度空隙	新装硅胶应经干燥，颗粒直径4～7mm	

序号	内容	注意事项	√
5	吸湿器安装	坚固良好	
6	复装油杯（紧固螺丝或旋紧油杯），确保吸湿器畅通	加油至正常油位线能起到呼吸作用，复装后观察吸湿器正常	
7	按规程规定申请投入重瓦斯保护	按调度管辖范围，向所属调度申请投入相关压板	

三、结束阶段

序号	内容	注意事项	√
1	完工场地清洁	清理工作现场，将工器具全部收拢并清点，废弃物按相关规定处理，材料回收清点	
2	复核工作质量	对本次作业内容进行全面检查	
3	填写修试记录	规范填写	
4	召开班后会	对本次作业进行总结	

作业时间：　年　月　日　时　分至　年　月　日　时　分

工作人员：_____　　工作负责人：_____

六、变压器（油浸式电抗器）油中溶解气体检测

（一）检测条件

1.环境要求

①环境温度不宜低于5℃。

②相对湿度不大于80%。

③取样应在良好的天气下进行。

2.待试样品要求

①用洁净的100ml玻璃注射器（经检验：密封性合格、刻度清晰），从设备下部取样口全密封采样50～100ml。

②当设备存在特殊情况时，可在上、下部位取样，必要时在气体继电器的放气口取样。

③样品在运输、保管过程中要注意样品的防尘、防震、避光和干燥等，油样保存不得超过4天。

3.人员要求

检测人员需具备如下基本知识与能力：

①熟悉气相色谱仪的基本原理和技术标准。

②了解气相色谱仪的技术参数和性能。

③掌握气相色谱仪操作方法和影响因素。

④熟悉油中溶解气体检测仪的工作原理、操作方法。

⑤了解被检测设备的结构特点、工作原理、运行状况。

⑥掌握油中溶解气体的分析及诊断方法。

⑦经过上岗培训并考试合格。

4.安全要求

①执行国家电网公司《电力安全工作规程（变电部分）》相关要求。

②现场取样至少由2人进行。

③取样过程中应有防漏油、喷油措施。

④仪器接地应良好。

⑤使用的高压氮气瓶、标准气瓶及其管路，应经过渗漏检查，防止漏气。

⑥使用中的高压氮气瓶、标准气瓶出口阀（减压阀）不得沾有油脂，气瓶应置于阴凉处，不得暴晒。

⑦高压氮气瓶、标准气瓶应采取固定装置，防止倾倒。

5.仪器主要技术指标

仪器外观图如图3-1-1所示。

①测量对象：H_2、CO、CO_2、CH_4、C_2H_4、C_2H_6、C_2H_2。

②最小检测浓度（20℃）：$H_2 \leqslant 2\mu L/L$，烃类 $\leqslant 0.1\mu L/L$，$CO \leqslant 5\mu L/L$，$CO_2 \leqslant 10\mu L/L$。

③温控精度：±0.1℃。

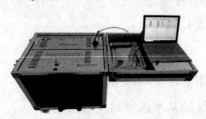

图3-1-1　ZF-2000Plus 便携式全自动气相色谱仪

6.检测仪操作方法

（1）通信连接的方式

通信连接，连接方式有两种，分别是USB连接和Wi-Fi连接。

①使用USB连接：将USB通信线的一端连接在主机上面板上，另一端连接到计算机的USB插口上。

②使用Wi-Fi连接：将计算机的Wi-Fi选择为当前主机编号并连接。

（2）电源连接

电源连接，取交流220V电源，将计算机、便携主机的电源线一端连接到各自的电源插座上。

（3）打开顺序

打开氮气瓶、标气瓶开关阀，打开主机电源开关，打开计算机。

（4）运行色谱工作站软件

检查通信是否正常（各路温度应有室温附近的显示，压力、流量应指示正常），此时工作站的智能控制功能会启动，自动判断工况，在适宜的时候升温、点火、加桥流。

（5）工作站启动

如图3-1-2所示界面。

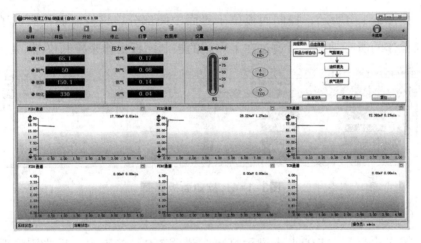

图3-1-2　工作站主界面

（6）工具栏快捷按钮栏界面

图3-1-3　工具栏界面

如图3-1-3所示，界面左上方部分为"快捷按钮栏"，主要由"标样""样品""开始""停止""归零/切换""数据库""设置"八个快捷按钮组成。

①标样：点击标样即可进入标样分析操作。

②样品：点击样品即可进入样品分析操作。

③开始及停止：开始及停止代表了工作站是否正在采集谱图，自动色谱的工作站是自动采集，此功能一般无须手动操作。

④归零/切换：用于将检测器输出信号电压值调整到零点附近，方便观察基线。

⑤数据库：通过数据库可进入单位信息、标样、样品及计算结果的查看及修改。

⑥设置：通过设置按键可对工作站进行一些系统设定。

（7）控制面板

如图3-1-4所示，控制面板位于界面中间部分，该控制面板集成了色谱仪操作的所有功能，可通过在工作站的控制面板操作来控制仪器。

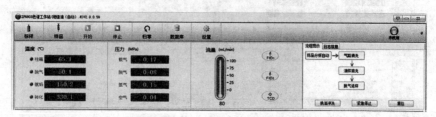

图3-1-4 控制面板界面

①控温灯：在温度显示前面，如红灯常亮则进入升温，灰色则退温。

②点火显示：FID点火显示灯亮，说明FID已经点火，反之则说明未点火。

③加桥流显示：TCD运行显示灯亮说明TCD桥流已加，反之则未加桥流。

④状态灯：灯灰色状态说明设备未就绪，绿灯亮说明仪器正常，红灯亮说明仪器异常，请检查仪器各气路是否打开、温度是否显示正常。

⑤流程图示/日志信息：流程图示可在样品分析过程中实时显示设备正在进行的流程。日志信息为设备执行指令的日志。

⑥换油冲洗/紧急停止/复位：为三个辅助按钮。当进行高浓度样品分

析后建议用待测油样或空白油样冲洗设备。当出现紧急情况需要停止流程或采集过程时可点击紧急停止。复位为设备恢复到正常分析状态。

注：控温、FID、TCD状态按钮除可显示状态外，还可通过点击该按钮进行温控、点火及桥流的控制。

（8）标样

工具栏中的标样键是用来进行标样采集的相关设定的，点击标样进入标样采集设定界面，如图3-1-5所示。

图3-1-5 标样采集界面

设置完毕后点击确定，工作站开始进入自动进标样状态，无须手动操作，设备即会自动进样及采集，并进入数据分析界面。

（9）样品

工具栏中的样品键是用来进行样品采集的相关设定的，点击样品进入样品采集设定界面，如图3-1-6所示。

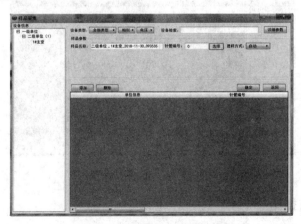

图3-1-6 样品设定界面

在需要做样时，点击样品，首先选择所进油样的单位及设备信息，然后对油样参数信息进行修改，确认信息无误后点击确定。工作站即会自动进入样品采集操作，整个过程为自动运行，无须手动操作。进样完成后系统会自动将计算结果存储到记录库中，可在数据库的样品库及记录库的相应单位信息下查找谱图及分析结果。

（10）开始、停止

开始及停止按键对应采集的两种状态，当不处于采集状态时这两个按键是灰色的。当进入预备采集状态后，即准备开始采集但还未采集时，开始键点亮，停止键灰色。当谱图开始采集后，开始键灰色，停止键点亮。

可通过这两个键的点亮状态来判断当前的谱图采集状态，也可手动点击开始或停止进行谱图的采集。自动色谱无论是进标样或者是进样品均为自动操作，工作站会自动地控制状态进入开始或停止，一般无须人工手动操作。

（11）归零

归零的功能是用于将检测器输出信号电压值调整到零点附近，方便观察基线。点击工具栏中的"归零"按键即可将当前检测器的输出信号调整到零点。

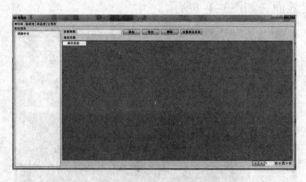

图3-1-7　数据库界面

（12）数据库

点击主界面上方"数据库"功能键，会出现如图3-1-7所示界面。

在界面内左上角为单位库、标样库、样品库和记录库。

①单位库：可进行单位与设备的添加、修改及删除。

②标样库：查询现有标样谱图，对标样谱图进行编辑。

③样品库：查询现有样品谱图，对样品谱图进行编辑。

④记录库：查询样品的计算结果。

（13）设置

点击菜单栏的设置键，进入设置界面，如图3-1-8所示：

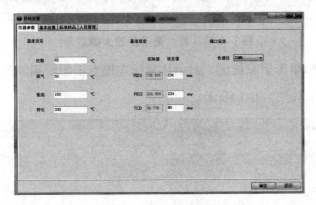

图3-1-8　设置界面

设定界面共有四个选项，分别为"仪器参数""基本设置""标准样品""人员管理"。

①仪器参数：进行温度、基流的查询及设置、端口号的设置等。

②基本设置：方法变更、打印功能设置、数据备份等。

③标准样品：标准样品浓度的输入。

④人员管理：操作人员管理。

（14）设置谱图编辑功能

首先打开数据库的样品库，找出需要进行编辑的谱图，然后依次进行峰的放大、删除、添加和修改等操作。

①放大峰在每个通道的右上角均有一个放大/恢复键，单击此键可将此通道谱图放大，再次单击恢复。在进行修峰时可先将通道结果放大，如果

还想继续对某个峰放大可用按住鼠标左键，将想放大的峰拉住，再松开左键。此时之前拉住的那个峰就会放大了，如图3-1-9所示。

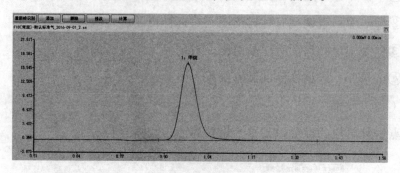

图3-1-9　放大通道及放大峰效果

②删除峰单击删除按键，然后用鼠标左键点击想要删除的峰，即可将这个峰删除，如图3-1-10所示。

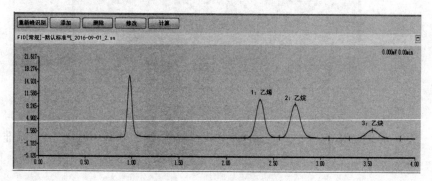

图3-1-10　删除峰效果

③添加峰单击添加按键，然后用鼠标分别点击想要添加的峰两侧拐点处，即可完成此峰的添加，如图3-1-11所示。

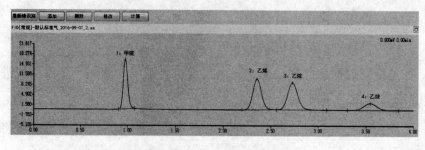

图3-1-11　添加峰效果

④修改峰对峰的修改是谱图编辑中常用的功能，点击修改按键，然后点击想要修改的峰，此时在峰两侧拐点位置即会出现两条竖线。选中其中一条竖线，向前后拖动，拖动至认为合理的峰拐点处，松开鼠标左键即可完成峰单侧的修改。同样的方法进行另一侧的修改，如图3-1-12所示。

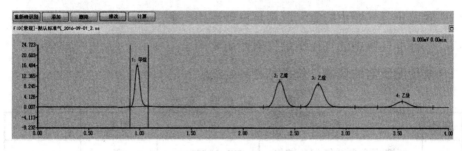

图3-1-12　修改峰效果

⑤峰定性在想要修改的峰上单击鼠标右键，即可打开此峰的信息。在下拉列表中有当前通道下所有组分的信息，可根据实际需求选择对应的组分名称，点击确定，即可完成对此峰的定性修改，如图3-1-13所示。

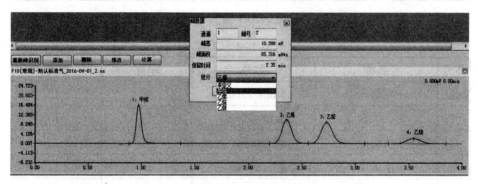

图3-1-13　峰定性效果

（二）检测准备

①现场试验前，应详细了解设备的运行情况，制定相应的技术措施、安全措施及事故应急处理措施。

②应配备与工作情况相符的上次检测的记录、标准化作业指导卡（标准化作业指导卡见附录3-1-7）、合格的仪器仪表、工具等。

③检查环境、人员、仪器、设备满足检测条件。

④按相关安全生产管理规定办理工作许可手续。

⑤检查仪器完整性和各通道完好性，确认仪器能正常工作，现场交流电源满足仪器使用要求。

⑥高压氮气瓶中的氮气压满足仪器使用要求。

⑦标准气瓶中的气压满足仪器使用要求。

⑧检测所需的仪器、仪表见表3-1-3。

表3-1-3　仪器、仪表

序号	名称	型号	单位	数量
1	便携式全自动气相色谱仪	ZF-2000Plus	套	1
2	计算机	—	台	1
3	万用表	—	块	1
4	温湿度计	—	块	1

⑨油、气取样所需的工具见表3-1-4。

表3-1-4　工具

序号	名称	型号	单位	数量
1	一字螺丝刀	5mm×75mm	把	1
2	十字螺丝刀	5mm×75mm	把	1
3	管钳子	300mm	把	1
4	活扳手	250mm	把	1
5	小胶帽	—	个	5
6	取样管	—	套	2
7	注射器	100mL	支	2
8	定量注射器	0.5mL	支	1
9	定量注射器	1mL	支	1
10	针头	牙科5号	个	5
11	烧杯	1000mL	只	1

序号	名称	型号	单位	数量
12	医用三通阀	—	个	2
13	托盘	—	个	1
14	废油桶	—	个	1
15	签字笔	—	支	1
16	工具车	—	个	1

⑩检测所需的材料见表3-1-5。

表3-1-5　材料

序号	名称	规格及型号	单位	数量
1	无毛纸	—	盒	1
2	样品标签	—	个	5
3	抹布	—	kg	0.5

（三）取样及检测

①将取样用工具运到取样现场。

②核对设备双重名称。

③抄录设备信息。

④抄录样品标签，包括样品编号、取样部位、取样日期、取样原因、环境温度、湿度、设备名称、电压等级，并将样品标签贴在注射器有刻度侧。

1.取气样

①将气体继电器内气体转移至集气盒。

第一，用无毛纸擦拭集气盒下部放油嘴防尘帽，取下防尘帽。

第二，用无毛纸擦拭集气盒下部放油嘴，检查无渗漏。

第三，连接放油管路，将三通阀打至与废油容器（1000mL烧杯）连通状态，用活扳手缓慢打开放油阀，进行排油，直到集气盒中液面稳定，表明气体继电器内气体已完全转移至集气盒。

第四，关闭放油阀门，手持无毛纸取下放油管路，排净管路中的油。

第五，用无毛纸擦拭集气盒下部放油嘴，检查无渗漏 盖上防尘帽。

②用无毛纸擦拭集气盒上部取气阀防尘帽，取下防尘帽，检查无渗漏。

③连接取气管路、气样注射器及三通阀，将三通阀打至与气样注射器隔绝状态，用活扳手缓慢打开取气阀门，直至有气体流出，用瓦斯气冲洗管路。

④第一次清洗，将三通阀打至与大气隔绝同时与注射器连通状态，气体进入注射器中。注射器中取气大于30mL左右时，将三通阀打至与取气阀隔绝与气样注射器连通状态，排出注射器内气体，按照同样方法进行第二次清洗。

⑤将三通阀打至与取气阀隔绝状态，取气大于30mL左右时，关闭放气阀。

⑥将三通阀打至与注射器隔绝状态，取下气样注射器，排出小胶帽内空气，迅速盖上小胶帽。

⑦检查三通阀与1000mL烧杯连通状态，用活扳手缓慢打开取气阀，排出集气盒内残留气体，直至取气管中无气泡有稳定油流流出，表明集气盒内气体已全部排尽，关闭取气阀。

⑧手持无毛纸取下管路，排净取气管路内的油。

⑨用无毛纸擦拭集气盒上部取气嘴，检查无渗漏，盖上防尘帽。

2.取油样

①用无毛纸擦拭取样阀防尘帽，用管钳子拧下防尘帽，用一字（十字）螺丝刀检查取样阀在关闭状态。

②取新无毛纸擦拭取油嘴，检查取油嘴无渗漏。

③将取样管与取油嘴相连接，末端放置在烧杯内。

④连接三通阀、取样管路和注射器，将三通阀打至与注射器隔绝状态

（此时三通阀状态与取油嘴通至废油），用活扳手缓慢打开取样阀，排出死油，直至油的颜色变为清亮，关闭取样阀。

⑤将三通阀打至与废油容器隔绝状态同时与注射器连通，缓慢打开取样阀，取油样30mL左右至注射器，关闭取样阀。

⑥将三通阀打至注射器与废油容器连通状态，拉动注射器内芯至100mL，首先缓缓推出注射器内气泡并排净油样，完成第一次润洗。

⑦重复⑥步骤，完成第二次润洗。

⑧再将三通阀打至取样阀与注射器连通状态（此时三通阀与废油容器是隔绝状态）。

⑨用一字（十字）螺丝刀缓慢打开取样阀，取 80～100mL油样至注射器，关闭取样阀。

⑩再将三通阀打至注射器与废油容器连通状态，缓慢推出注射器内油样气泡至废油容器内。

⑪取下油样注射器，排出少许油滴进小胶帽内并排出小胶帽内气体，迅速将小胶帽盖在注射器上。

⑫手持无毛纸取下取油管路。

⑬用无毛纸擦拭取油嘴，检查取油嘴处无渗漏。

⑭拧上防尘帽，并用管钳子拧紧，擦拭防尘帽外部油渍。

整理取样工作现场，将工器具全部收拢并清点，废弃物按相关规定处理，材料回收清点。

3.样品检测

将样品运输至室内进行检测。

4.检测

①通讯连接，使用USB连接：将USB通讯线的一端连接在主机上面板上，另一端连接到电脑的USB插口上。

②电源连接，取交流220V电源，将电脑、便携主机的电源线一端连接

到各自的电源插座上。

③打开高压氮气瓶、标气瓶开关阀，打开主机电源开关，打开电脑。

④运行色谱工作站软件，检查通信是否正常。

⑤检查高压氮气瓶、标气瓶及其他管路连接良好。

⑥检查工作站在自动绝缘油状态，各模块工况正常，正常指示绿灯亮。检查色谱工作站中标气各组分浓度与所使用标气瓶标签上各组分浓度一致，有效期一致。

⑦检查标气瓶减压阀压力在0.3MPa。

5.标样分析

①点击标样，名称前加上变电站名称+设备名称+编号，进样次数1次。

②分析过程中抄录试验报告3、4部分。

③标样分析完毕弹出校正曲线图，点击确定。

④将油样注射器内的油滴出少许至三通阀内防止产生气泡，三通阀打至注射器与主机连接状态。

（1）油样分析

①点击样品，进样方式自动，填写大气压力、温度、湿度等信息，点击确定。

②分析过程中打印标样试验报告，点击数据库、标样库，找到自己命名的标样打印报告，将峰高校正因子填写在试验报告中，填写峰高校正因子时需小数点后保留五位数字。

③油样分析完毕后，弹出显示框，点击打印、保存。

（2）气样分析

①在数据工作站中选择手动（瓦斯气）方法，待各模块正常。

②点击数据库，标样库，二组标气任选一组，点击计算、采用，该组标气名称前出现采用字样。

③点击样品，进样方式手动，填写好温度、湿度等信息，进样量为0.5ml。

④空气润洗定量注射器两次，瓦斯气润洗两次，取0.5ml瓦斯气后注入仪器进样口（取瓦斯气过程中有推注射器内芯动作），0.5ml定量注射器扎进进样口要快，注入瓦斯气要快，拔针要快。

⑤分析过程中填写报告中油样浓度部分。

⑥分析完毕后，弹出窗口，对图谱进行检查处理，正确无误后再进行打印、保存报告，将工作站切回自动绝缘油状态。

⑦填写试验报告中气样浓度和折算到油中理论值部分。

⑧正确得出结论。

6.整理工作

整理检测工作现场，将工器具全部收拢并清点，废弃物按相关规定处理，材料回收清点。

（四）检测原始数据和报告

①现场检测结束后，应在15个工作日内将检测数据整理完毕并录入系统。

②SF_6气体组分分析检测报告格式见附录3-1-6。

（五）检测过程中常见问题及处理

1.串口连接问题

如果色谱仪已通过正确的方法和电脑相连，并且串口已经选择正确，工作站打开后，可以在分析窗口中随时间走动的基线，并可以看到温控、压力均有数字显示，这是代表工作站正常工作。如果采集窗口右上角的电压值常见不跳动，或一直为0.00mV，并且采集窗口上方出现了提示：该通道五秒内无数据上传，请检查。如图3-1-14所示。这时代表工作站和色谱主机没有正常通信，需要进行以下检查：检查色谱和电脑的连线是否正确。如果数据线连接有误请重新连接。

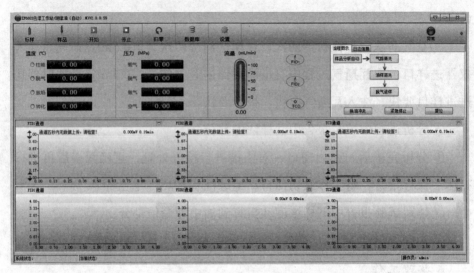

图3-1-14　设备未连接

　　这时候如果确定设备和电脑的连接正常，并且色谱仪电源已经打开。可在设置仪器参数中的端口设置对色谱仪进行端口选择，然后点击确定保存，如图3-1-15所示。

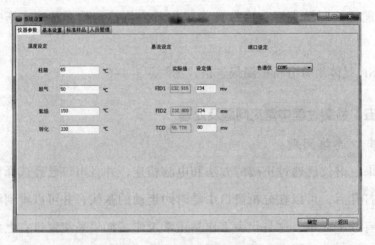

图3-1-15　色谱端口设定

2.样品计算

　　样品分析结束会自动计算并弹出的计算窗口。如各组分能观察到明显认峰，而计算的各组分浓度值均为0，此时为工作站计算问题，可从以下方面查找问题原因：

①标气浓度未输入，重新输入标气浓度并再次进样即可。

②将标样重新调出并计算，再次计算样品。

3.氢空压力过低

设备氢空气采用发生器，正常开机后几分钟内氢空压力应升到正常状态（氢气压力一般为0.1~0.2MPa，空气压力一般为0.02~0.06MPa）。如长时间氢空气压力过低，可首先检查净化管连接口是否正常，可使用皂液涂抹净化管快插接头看是否有鼓泡。如果快插接头处漏气，可重新插拔或更换配件中的快插接头。

如最近更换过变色硅胶，可检查净化管两端盖子是否压到脱脂棉导致漏气。

4.载气漏气

如发现载气钢瓶漏气或钢瓶压力降低过快（一般1L钢瓶充满后可使用20~30h），可检查钢瓶连接快插接头及充气接头是否漏气。如快插接头漏气可更换配件中的快插接头。

5.弹窗报警

工作站内置了一些常见的故障判断及报警功能，可根据弹出内容进行简单的故障排查及处理，如表3-1-6所示。

表3-1-6　报警消息及原因

序号	弹窗消息	出现时间及原因
1	柱箱/脱气/氢焰/转化超温	设备启动及运行过程中出现。一般为温控铂电阻断路导致，联系生产商处理
2	载气压力低，请检查	载气压力过低时出现，可能为载气钢瓶未打开或钢瓶压力过低
3	正在进行其他操作，已关闭标样（样品）分析流程	点击标样（样品）分析时出现，因正在运行手动冲洗等流程，不可以进行标样（样品）分析

序号	弹窗消息	出现时间及原因
4	正在进行标样或样品分析，已停止手动冲洗	点击手动冲洗时出现，因正在进行标样/样品分析，不可以进行手动冲洗
5	载气流量过低（大）请检查	载气流量异常时出现（流量＞120m/min或＜20m/min），载气钢瓶未打开或设备存在漏气（重点检查进样口是否漏气）
6	氢气（空气）压力过低! 请检查	设备启动时出现，温度已升到设定值但氢空压力偏低，一般为氢空发生器故障
7	进油异常，请检查连接管路是否漏气	样品分析时出现，进油时脱气压力未降低，油样未正常进入设备，一般为进油管路未打开或漏气
8	进油异常，请检查是否堵塞	样品分析时出现，脱气压力一直过低。一般为进油管路堵塞、阀未打开或针管卡涩
9	脱气超压	设备运行过程中可能出现，脱气压力超过0.4MPa时报警。一般为设备内部故障，联系生产商处理

（六）载气瓶充气方法

当仪器中的载气瓶气压不满足检测要求时，可用大氮气瓶对载气瓶补充气体，具体方法如下：

1.连接

关闭载气瓶（小瓶）的总阀（下方为总阀），用活口扳手卸掉小载气瓶总阀旁边的堵帽，然后将高压充气管一端（带有放气阀端）连接小载气瓶，另一端连接大氮气瓶。

2.清洗气路

缓慢打开大钢瓶的总阀（旋开量不要过多，将流速控制在较小的范围内），将充气管放气开关阀打开放气，当有气体从充气管放气口排出时，停留一段时间（30~60s，根据放气时的流速确定），保证气路管中的空气排净，然后关闭充气管放气开关阀。

3.充气

缓慢打开小瓶总阀，进行充气，旋开量不要过多，将速度控制在

2MPa/分向小瓶中充气，此时小瓶的压力逐渐升高，如果小瓶壁过热，可以关闭小瓶总阀，等待小瓶降温后继续充气。当小瓶压力和大钢瓶的压力平衡时（听不到气体流动的声音）分别关闭小瓶和大瓶总阀，完成充气过程。

4.拆卸

打开充气管放气开关阀，将高压充气管中的残余气体放出，然后将充气管卸掉，将小气瓶上堵帽拧紧即可。

（七）检测数据分析与处理

油浸式变压器、电抗器运行中油中溶解气体含量满足下列标准时，认为试验合格：

①乙炔≤1μL/L（330kV 及以上）、乙炔≤5μL/L（其他）。

②氢气≤150μL/L。

③总烃≤150μL/L。

④绝对产气速率：≤12mL/d（隔膜式）或≤6mL/d（开放式）。

⑤相对产气速率：≤10%/月。

油中溶解气体检测报告

一、基本信息						
变电站		检测单位		运行编号		
检测性质		检测日期		检测人员		检测地点
报告日期		编写人员		审核人		批准人
检测天气		环境温度（℃）		环境相对湿度（%）		大气压力（kPa）
取样日期						

二、设备铭牌				
设备信息	设备名称	型号		电压等级（kV）
	容量（MVA）	油重（t）		油种
	出厂序号	出厂年月		投运日期
	冷却方式	调压方式		油保护方式
取样条件	取样原因	油温（℃）		负荷（MVA）

三、标准气体信息				
标准气体批号		标准气体状态	□正常 □异常	最佳使用期限

四、检测数据			
相别			
H_2（μL/L）			
CO（μL/L）			
CO_2（μL/L）			
CH_4（μL/L）			
C_2H_4（μL/L）			
C_2H_6（μL/L）			
C_2H_2（μL/L）			
总烃（μL/L）			
仪器型号			
结论			
备注			

变电设备主人综合业务
油中溶解气体检测标准化作业指导卡

变电站名称：_____ 电压等级：_____ 被试设备名称及编号：_____

检测仪器型号：_____ 检测仪器生产厂家：_____

检测现场环境温度：_____ 检测现场环境湿度：_____ 指导卡编号：_____

一、准备阶段

序号	准备工作	内容	√
1	召开班前会	分工明确，任务落实到人，安全措施到位，明确危险点及控制措施	
2	劳动组织及人员要求	作业人员着装符合要求，有批准权限	
3	作业人员明确作业标准	作业人员熟悉作业内容、作业标准	
4	危险点分析、预控	安全措施及危险点预控到位	
5	工器具检查	检查工具是否齐全、良好	
6	材料准备	准备齐全、完好	

二、实施阶段

序号	内容	注意事项	√
1	取样前准备工作	核对设备铭牌、设备名称，明确工作范围，记录环境温、湿度等信息	
2	取样	检查设备、取样阀门正常，正确连接取样管路	
		正确完成取油样	
		正确完成瓦斯气体转移及取气样	
		关闭阀门，整理现场，恢复设备初始状态	
3	色谱仪标定	检查色谱仪运行正常	
		正确完成仪器标定	
4	检测实施	正确进行样品分析	
		正确进行油样分析及图谱处理	
		正确进行瓦斯气样分析及图谱处理	
		打印分析结果原始数据、图谱	
		正确计算样品油的理论浓度	

三、结束阶段

序号	内容	注意事项	√
1	完工场地清洁	清理工作现场，将工器具全部收拢并清点，设备恢复至许可前状态	
2	复核工作质量	对本次作业内容进行全面检查	
3	填写修试记录	规范填写	
4	召开班后会	对本次作业进行总结	

作业时间：　年　月　日　时　分至　年　月　日　时　分

工作人员：_____　工作负责人：_____

第二节 状态评价

一、变压器（油浸式电抗器）噪声检测

（一）检测条件

1.环境要求

①环境温度不宜低于5℃。

②环境相对湿度不宜大于80%。

③应在良好的天气下进行，户外作业如遇雷、雨、雪、雾等恶劣天气和5级以上风力时，不宜进行该项工作。

④附近无其他外部作业。

⑤检测时应避免对讲机、手机等无线信号的干扰。

2.待测设备要求

①设备金属外壳应可靠接地，且外观无异常。

②正常运行的设备，电压、电流值稳定。

③新安装及检修设备投入时，运行时间30min以上。

④设备外壳清洁、无覆冰，设备上无其他作业。

3.人员要求

进行设备机械振动检测的人员经过上岗培训后，应具备如下条件：

①熟悉设备机械振动检测技术的基本原理、诊断程序和缺陷分析的方法。

②了解设备机械振动检测仪器的工作原理、技术参数和仪器性能,掌握机械振动检测仪器的操作程序和使用方法。

③了解被测设备的结构特点、工作原理、运行状况和导致设备故障的基本因素。

④具有一定的现场工作经验,熟悉并能严格遵守电力生产和工作现场的相关安全管理规定。

4.安全要求

①应严格执行国家电网公司《电力安全工作规程(变电部分)》的相关要求。

②振动检测工作不得少于三人。检测负责人应由有经验的人员担任,开始检测前,检测负责人应向全体检测人员详细布置检测中的安全注意事项,交代邻近间隔的带电部位,以及其他安全注意事项。

③应有专人监护,监护人在检测期间应始终行使监护职责,不得擅离岗位或兼职其他工作。

④检测时,检测人员及检测仪器应与设备带电部位保持足够的安全距离。

⑤不得踩踏设备和仪表,并防止误碰、误动设备。

⑥行走中注意脚下状况,防止人员摔倒或脚部扭伤。

⑦防止振动传感器坠落而碰伤设备和仪表。

⑧检测时应戴绝缘手套,防止检测人员触电。

⑨现场出现明显异常时(如噪声、振动等异常),应立即停止检测并撤离现场。

5.仪器要求

设备机械振动检测宜采用传感器与主机分离的分体式振动测量分析仪器,推荐使用ICP压电加速度传感器,主机由信号滤波、信号放大、信号处理和分析诊断等单元组成。

（1）主要技术指标

①传感器频响范围：2～1 000Hz。

②传感器质量（包括磁座）建议10g以内（以不影响振动的真实性为准）。

③仪器量程范围：振动位移0～1mm（p-p），振动速度0～100mm/s（rms）。

④仪器准确度：±1%。

⑤仪器谱线数：1 600线以上。

⑥仪器储存容量：8MB以上。

（2）功能要求

①可显示振动位移峰峰值大小。

②可显示振动速度有效值大小。

③可实时显示振动波形。

④具有频谱分析功能。

⑤测试数据和图形可存储、导出。

⑥检测仪器具备抗外部干扰的能力。

⑦电池供电时，工作时间不少于4h。

（二）检测准备

①了解被测设备的型号、制造厂家、安装日期等信息。

②了解被测设备的检修情况、运行状况。

③掌握被测设备振动检测的历史数据。

④配备与检测工作相符的数据记录表格，上次检测的记录、标准化作业指导卡（见附录3-2-2）。

⑤现场具备安全可靠的独立电源，禁止从运行设备上接取检测用电源。

⑥按相关安全生产管理规定办理工作许可手续。

⑦被检设备操作过程中严禁检测。

⑧准备工具、仪器等，并运至检测现场，工器具准备见表3-2-1。

表3-2-1　工器具准备

序号	名称	规格	单位	数量	备注
1	分体式振动测量分析仪	VC63B	套	1	
2	温湿度计	—	块	1	
3	一字螺丝刀	5mm×75mm	把	1	
4	十字螺丝刀	5mm×75mm	把	1	

（三）检测方法

1.检测接线

①设备机械振动检测原理图见图3-2-1。

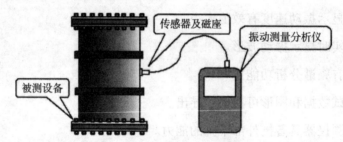

图3-2-1　设备机械振动检测原理图

②设备机械振动测点位置见图3-2-2。

2.检测步骤

①检测前，记录被测设备运行参数，如电压、电流等。

②按照被测设备结构细分测试区域，确认测点位置并编号标注见图3-2-2，历次检测位置应相对固定。

③将传感器旋入磁座并拧紧，传感器正确连接到振动测量分析仪相应通道。

④振动测量分析仪主机开机，设置传感器型式、灵敏度和测量类型等参数。

⑤将传感器放置在任意一个振动测点上，观察检测信号和仪器读数，确认仪器工作正常。

⑥将传感器逐一放置在振动测点上，读取并记录各测点振动位移值。

⑦对于振动超标的测点，排除干扰后，除测量振动位移外，还应检测并保存振动波形和频谱。

⑧检测结束后，再次确认电压、电流等运行参数稳定。

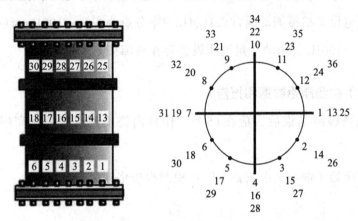

图3-2-2　设备机械振动测点位置

（四）检测验收

①检查检测数据是否准确、完整。

②对有疑问的数据进行复测，确认数据正确。

③整理仪器、仪表和工器具，检查并清扫作业现场。

（五）检测数据分析与处理

①检测完成后，在记录表格中标出振动值超过标准的测点，与上次数据比较后计算出各测点的振动变化量。

②根据振动检测数据，对比如下振动标准，并进行横向比较和纵向比较，判断设备的运行状况。

第一，油浸式变压器：在额定电压、额定电流、额定频率和允许谐波电流分量下，油箱壁振动优良值≤60μm（p-p），油箱壁振动最大值≤100μm（p-p），油箱底部振动≤30μm（p-p），油箱壁振动变化量≤20μm（p-p）。

第二，干式电抗器为夹件最大振动值≤100μm（p-p）。

③当振动或者振动变化量超过标准时，结合振动波形和频谱，初步分析设备振动原因。

④变电设备机械振动通常以100Hz频率分量为主，<100Hz为单纯的机械振动，>100Hz的振动分量说明设备存在故障征兆。

（六）检测原始数据和报告

①现场检测结束后，应在15个工作日内将检测数据整理完毕并录入系统。

②变压器（油浸式电抗器）噪声检测报告格式见附录3-2-1。

变压器（油浸式电抗器）噪声检测报告

一、基本信息

变电站		委托单位		试验单位		运行编号	
试验性质		试验日期		试验人员		试验地点	
报告日期		编写人		审核人		批准人	
试验天气		环境温度（℃）		环境相对湿度（%）			

二、设备铭牌

生产厂家		出厂日期		出厂编号	
设备型号		额定电压（kV）		额定电流（A）	
接线相别		相数			

三、检测数据

运行电压（kV）			负荷电流（A）		
检测位置	振动位移（μm）	与上次比较振动变化（μm）	检测位置	振动位移（μm）	与上次比较振动变化（μm）
1			19		
2			20		
3			21		
4			22		
5			23		
6			24		
7			25		
8			26		
9			27		
10			28		
11			29		

检测位置	振动位移（μm）	与上次比较振动变化（μm）	检测位置	振动位移（μm）	与上次比较振动变化（μm）
12			30		
13			31		
14			32		
15			33		
16			34		
17			35		
18			36		
振动范围			振动变化最大		
超标点及频谱					
仪器型号					
结论		（正常/异常）			
备注					

变电设备主人综合业务
变压器（油浸式电抗器）噪声检测标准化作业指导卡

变电站名称：_____ 电压等级：_____ 被试设备名称及编号：_____

检测仪器型号：_____ 检测仪器生产厂家：_____

检测现场环境温度：_____ 检测现场环境湿度：_____ 指导卡编号：_____

一、准备阶段

序号	准备工作	内容	√
1	召开班前会	分工明确，任务落实到人，安全措施到位，明确危险点及控制措施	
2	劳动组织及人员要求	作业人员着装符合要求，有批准权限	
3	作业人员明确作业标准	作业人员熟悉作业内容、作业标准	
4	危险点分析、预控	安全措施及危险点预控到位	
5	工器具检查、准备	分体式振动测量分析仪，温湿度计等检查完好、齐全	

二、实施阶段

序号	内容	注意事项	√
1	进入检测场地	核对设备名称，明确工作范围	
		记录设备信息、检测时间、环境温湿度、电压、电流等信息	
		仪器、工器具摆放整齐	
2	确认测点位置	按照被测设备结构细分测试区域，确认测点位置并编号标注，历次检测位置应相对固定	
3	仪器设置	正确连接仪器（传感器、振动测量分析仪、被测设备）	
		设定仪器参数：传感器型式、灵敏度和测量类型等参数设置正确	
		检查确认仪器通信连接、同步等状态	
		仪器自检，将传感器放置在任意一个振动测点上，观察检测信号和仪器读数，确认仪器工作正常	

序号	内容	注意事项	√
4	信号检测	将传感器放置在任意一个振动测点上,观察检测信号和仪器读数,确认仪器工作正常	
		将传感器逐一放置在振动测点上,读取并记录各测点振动位移值	
		待信号稳定后,观察、记录信号特征	
		对于振动超标的测点,排除干扰后,除测量振动位移外,还应检测并保存振动波形和频谱	
		如存在异常信号,应与背景比较初步判断信号可能来源,并充分利用仪器的带宽调整等自带功能进行信号分析	
5	判断依据	根据振动检测数据,对比如下振动标准,进行横向比较和纵向比较,判断设备的运行状况: ①油浸式变压器:在额定电压、额定电流、额定频率和允许谐波电流分量下,油箱壁振动优良值≤60μm(p-p),油箱壁振动最大值≤100μm(p-p),油箱底部振动≤30μm(p-p),油箱壁振动变化量≤20μm(p-p) ②干式电抗器为夹件最大振动值≤100μm(p-p) ③当振动或者振动变化量超过标准时,结合振动波形和频谱,初步分析设备振动原因 ④变电设备机械振动通常以100Hz频率分量为主,<100Hz为单纯的机械振动,>100Hz的振动分量说明设备存在故障征兆	
6	报告编写	检测结束后,在15个工作日内将检测数据整理完毕并录入系统,并编写检测报告	

三、结束阶段

序号	内容	注意事项	√
1	完工场地清洁	清理工作现场,将工器具全部收拢并清点,废弃物按相关规定处理,材料回收清点	
2	召开班后会	对本次作业进行总结	
3	填写相关记录	规范填写	

作业时间: 年 月 日 时 分至 年 月 日 时 分

工作人员:_____ 工作负责人:_____

二、变压器铁芯、夹件接地电流测试

（一）检测条件

1.环境要求

①在良好的天气下进行检测。

②环境温度不宜低于5℃。

③环境相对湿度不大于80%。

2.待测设备要求

①设备处于运行状态。

②被测变压器铁芯、夹件（如有）接地引线引出至变压器下部并可靠接地。

3.人员要求

进行变压器铁芯（夹件）接地电流检测的人员应具备如下条件：

①熟悉变压器铁芯（夹件）接地电流带电检测技术的基本原理、诊断分析方法。

②了解钳形电流表和专用变压器铁芯（夹件）接地电流带电检测仪器的工作原理、技术参数和性能。

③掌握钳形电流表和专用变压器铁芯（夹件）接地电流带电检测仪器的操作流程和使用方法。

④了解变压器的结构特点、工作原理、运行状况和故障分析的基本知识。

⑤熟悉本标准，接受过变压器铁芯（夹件）接地电流带电检测的培训，具备现场检测能力。

⑥具有一定的现场工作经验，熟悉并能严格遵守电力生产和工作现场的相关安全管理规定。

⑦人员须经上岗培训，考试合格。

4.安全要求

①应严格执行国家电网公司《电力安全工作规程（变电部分）》的相关要求。

②检测工作不得少于2人。试验负责人应由有经验的人员担任，开始试验前，试验负责人应向全体试验人员详细布置试验中的安全注意事项，交代邻近间隔的带电部位，以及其他安全注意事项。

③应在良好的天气下进行，户外作业如遇雷、雨、雪、雾不得进行该项工作，风力大于5级时，不宜进行该项工作。

④检测时应与设备带电部位保持相应的安全距离。

⑤在进行检测时，要防止误碰误动设备。

⑥行走中注意脚下，防止踩踏设备管道。

⑦测试前必须认真检查表计倍率、量程、零位，均应正确无误。

5.仪器要求

变压器铁芯（夹件）接地电流检测装置一般分为：钳形电流表和变压器铁芯（夹件）接地电流检测仪。钳形电流表具备电流测量、显示及锁定功能。变压器铁芯（夹件）接地电流检测仪（铁芯接地电流检测仪如图3-2-3所示）具备电流采集、处理、波形分析及超限告警等功能。

（1）主要技术指标

①检测电流范围：AC1～10 000mA。

②满足抗干扰性能要求。

③分辨率：不大于1mA。

④检测频率范围：20～200Hz。

⑤测量误差要求：±1%或±1mA（测量误差取两者最大值）

⑥温度范围：-10℃～50℃。

⑦环境相对湿度：5%～90%RH。

（2）功能要求

变压器铁芯（夹件）接地电流检测装置应具备以下基本功能：

①钳形电流互感器卡钳内径应大于接地线直径。

②检测仪器应有多个量程供选择，且具有量程200mA以下的最小档位。

③检测仪器应具备电池等可移动式电源，且充满电后可连续使用4h以上。

④变压器铁芯（夹件）接地电流检测仪还应具备以下功能：

A.变压器铁芯（夹件）接地电流检测仪具备数据超限警告，检测数据导入、导出、查询、电流波形实时显示功能。

B.变压器铁芯（夹件）接地电流检测仪具备检测软件升级功能。

C.变压器铁芯（夹件）接地电流检测仪具备电池电量显示及低电量报警功能。

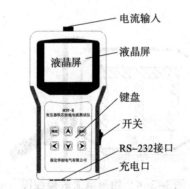

图3-2-3　铁芯接地电流检测仪主机

（二）检测准备

①掌握设备型号、制造厂家、安装日期等信息，以及运行情况。

②掌握被试设备及参考设备历次停电例行试验和带电检测数据及被试设备运行状况、历史缺陷以及家族性缺陷等信息。

③确认变压器铁芯（夹件）接地引线可靠接地。

④检查钳形电流表卡钳钳口闭合是否良好。

⑤确认检测仪引线导通良好。

⑥变压器启、停运过程中严禁检测。

⑦配备与检测工作相符的数据记录表格，上次检测的记录、标准化作业指导卡（见附录3-2-4）。

⑧准备工具、仪器等，并运至检测现场，工器具准备见表3-2-2。

表3-2-2　工器具准备

序号	名　称	规格	单位	数量	备　注
1	温湿度计		个	1	
2	钳形电流表		块	1	检测仪表之一
3	变压器铁芯接地电流检测仪		台	1	检测仪表之一
4	绝缘垫		个	1	
5	绝缘手套		副	1	

（三）检测方法

1.检测原理图

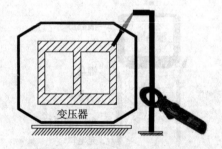

图3-2-4　钳形电流表接线图

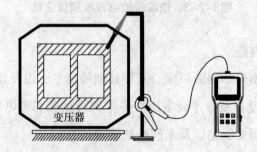

图3-2-5　变压器铁芯接地电流检测仪接线图

2.检测步骤

①打开测量仪器，电流选择适当的量程，频率选取工频（50Hz）量程进行测量，尽量选取符合要求的最小量程，确保测量的精确度。

②在接地电流直接引下线段进行测试（历次测试位置应相对固定，将钳形电流表置于器身高度的下1/3处，沿接地引下线方向，上下移动仪表观察数值应变化不大，测试条件允许时还可以将仪表钳口以接地引下线为轴左右转动，观察数值也不应有明显变化）。

③使钳形电流表与接地引下线保持垂直。

④待电流表数据稳定后，读取数据并做好记录。

（四）检测验收

①检查数据是否准确、完整。

②检测完毕后，进行现场清理，确保无遗漏。

（五）检测数据分析与处理

1.铁芯接地电流检测结果

铁芯接地电流检测结果应符合以下要求：

①1000kV变压器：≤300mA（注意值）。

②其他变压器：≤100mA（注意值）。

③与历史数值比较无较大变化。

2.综合分析

①当变压器铁芯（夹件）接地电流检测结果受环境及检测方法的影响较大时，可通过历次试验结果进行综合比较，根据其变化趋势作出判断。

②数据分析还需综合考虑设备历史运行状况、同类型设备参考数据，同时结合其他带电检测试验结果，如油色谱试验、红外精确测温及高频局部放电检测等手段，进行综合分析。

③接地电流大于300 mA应考虑铁芯（夹件）存在多点接地故障，必要时串接限流电阻。

④当怀疑有铁芯多点间歇性接地时可辅以在线检测装置进行连续检测。

3.故障分析判断

变压器铁芯（夹件）多点接地故障分析判断：

如果铁芯（夹件）接地电流测量结果和初值比较有明显增长，大于300 mA应考虑存在变压器铁芯多点接地故障，可以从以下几方面分析判断：

①设备停电测量铁芯的绝缘电阻，如绝缘电阻为零或很低时，则可能铁芯有多点接地故障。

②设备不停电利用气相色谱分析法，对油中含气量进行分析，也可有效地发现多点接地。

③设备不停电监视接地线中的环流。如变压器铁芯接地小套管引线上有环流，可能铁芯有接地点，应进一步检查。

对于铁芯和上夹件分别引出油箱外接地的变压器。如测出夹件对地电流为I1和铁芯对地电流为I2，根据经验可判断出铁芯故障的大致部位，其判断方法是：

I1=I2，且数值在数安以上时，夹件与铁芯有连接点。

I2>>I1，I2数值在数安以上时，铁芯有多点接地。

I1>>I2，I1数值在数安以上时，夹件碰壳。

在采用钳形电流表测试电流时，应注意干扰。测量时可先将钳形电流表紧靠接地线，读取第一次电流值，然后再将地线钳入，读取第二次电流值，两次差值即为实际接地电流。

注："">>"为绝对大于。

4.变压器铁芯常见的故障类型

①铁芯碰壳、碰夹件。安装完毕后，由于疏忽，未将油箱顶盖上运输

用得稳（定位）钉翻转过来或拆除掉，导致铁芯与箱壳相碰。铁芯夹件支板碰触铁芯柱。硅钢片翘曲触及夹件肢板。铁芯下夹件垫脚与铁轭间纸板脱落，垫脚与硅钢片相碰。温度计座套过长与夹件或铁轭、芯柱相碰等。

②穿芯螺栓钢座套过长与硅钢片短接。

③油箱内有异物，使硅钢片局部短路。

④铁芯绝缘受潮或损伤，如箱底沉积油泥及水分，绝缘电阻下降，夹件绝缘、垫铁绝缘、铁盒绝缘（纸板或木块）受潮或损坏等，导致铁芯高阻多点接地。

⑤潜油泵轴承磨损，金属粉末进入油箱中，堆积在底部，在电磁引力作用下形成桥路，使下铁轭与垫脚或箱底接通，造成多点接地。

（六）检测原始数据和报告

①现场检测结束后，应在15个工作日内将检测数据整理完毕并录入系统。

②变压器铁芯（夹件）接地电流检测报告格式见附录3-2-3。

附录3-2-3：变压器铁芯（夹件）接地电流检测报告

变压器铁芯（夹件）接地电流检测报告

一、基本信息

变电站		委托单位		检测单位		
检测性质		检测日期		检测人员		检测地点
报告日期		编制人		审核人		批准人
检测天气		温度（℃）		湿度（%）		

二、设备铭牌

运行编号		生产厂家		额定电压（kV）	
投运日期		出厂日期		出厂编号	
设备型号		额定容量			

三、检测数据

铁芯接地电流（mA）	
夹件接地电流（mA）	
仪器型号	
结论	
备注	

变电设备主人综合业务
变压器铁芯、夹件接地电流测试标准化作业指导卡

变电站名称：_____ 电压等级：_____ 被试设备名称及编号：_____

检测仪器型号：_____ 检测仪器生产厂家：_____

检测现场环境温度：____ 检测现场环境湿度：____ 指导卡编号：____

一、准备阶段

序号	准备工作	内容	√
1	召开班前会	分工明确，任务落实到人，安全措施到位，明确危险点及控制措施	
2	劳动组织及人员要求	作业人员着装符合要求，有批准权限	
3	作业人员明确作业标准	作业人员熟悉作业内容、作业标准	
4	危险点分析、预控	安全措施及危险点预控到位	
5	工器具检查、准备	变压器铁芯接地电流检测仪，钳形电流表，温湿度计等检查完好、齐全	

二、实施阶段

序号	内容	注意事项	√
1	进入测试场地	核对设备名称，明确工作范围	
		记录设备信息、检测时间、环境温湿度等信息	
		仪器、工器具摆放整齐	
		确认变压器铁芯（夹件）接地引线可靠接地	
2	仪器设置	正确连接仪器	
		设定仪器参数：电流选择适当的量程，频率选取工频（50Hz）量程	

序号	内容	注意事项	√
3	接地电流测试	打开仪器，进行测试： ①在接地电流直接引下线段进行测试（历次测试位置应相对固定，将钳形电流表置于器身高度的下1/3处，沿接地引下线方向，上、下移动仪表观察数值应变化不大，测试条件允许时还可以将仪表钳口以接地引下线为轴左右转动，观察数值也不应有明显变化） ②使钳形电流表与接地引下线保持垂直	
		读取数据并做好记录	

三、结束阶段

序号	内容	注意事项	√
1	完工场地清洁	清理工作现场，将工器具全部收拢并清点，废弃物按相关规定处理，材料回收清点	
2	召开班后会	对本次作业进行总结	
3	填写相关记录	规范填写	

作业时间：　年　月　日　时　分至　年　月　日　时　分

工作人员：_____　工作负责人：_____